Office 自学经典
Word/Excel/PPT
高效办公

钱慎一　金松河　编著

U0393245

清华大学出版社

北京

内 容 简 介

本书以微软 Office 2013 为写作平台，以"理论+应用"为写作指导，从易教、易学的角度出发，用通俗的语言、典型的范例对 Word、Excel 和 PowerPoint 的高效应用进行了全面介绍。

全书共 14 章。其中，Word 部分的内容包括 Word 文档的基本操作、文档页面设置、文本字体与段落格式的设置、目录与索引、脚注与尾注、表格的应用、文本框的应用、审阅功能的应用以及文档的打印等。Excel 部分的内容包括工作簿的操作与保护、工作表数据的录入与编辑、公式与函数、图表的创建与编辑、排序与筛选、分类汇总、合并计算、数据透视表与数据透视图、工作表的输出与共享等。PPT 部分的内容包括演示文稿的创建、幻灯片的基本操作、艺术字的应用、母版的应用、图片与图形的应用、声音和视频的应用、切换效果的设置、动画效果的制作、幻灯片的放映等。

本书结构清晰、思路明确、内容丰富、语言简炼，解说详略得当，介绍了大量的基础性知识，又有很强的实用价值。

本书既可作为在职人员学习电脑办公知识的参考用书，又可作为高等院校及大中专院校计算机文化基础课的必备教材。同时，也适合作为社会电脑办公培训班的首选读本。

图书在版编目(CIP)数据

Office 自学经典：Word/Excel/PPT 高效办公 / 钱慎一，金松河编著. —北京：清华大学出版社，2016
(自学经典)
ISBN 978-7-302-40923-6

Ⅰ．①O… Ⅱ．①钱… ②金… Ⅲ．①办公自动化—应用软件—自学参考资料 Ⅳ．①TP371.1

中国版本图书馆 CIP 数据核字(2015)第 166119 号

责任编辑：杨如林
装帧设计：刘新新
责任校对：徐俊伟
责任印制：何　芊

出版发行：清华大学出版社
　　　　网　　　址：http://www.tup.com.cn，http://www.wqbook.com
　　　　地　　　址：北京清华大学学研大厦 A 座　　　　邮　　编：100084
　　　　社 总 机：010-62770175　　　　　　　　　　邮　　购：010-62786544
　　　　投稿与读者服务：010-62776969，c-service@tup.tsinghua.edu.cn
　　　　质量反馈：010-62772015，zhiliang@tup.tsinghua.edu.cn
印 装 者：三河市金元印装有限公司
经　　销：全国新华书店
开　　本：188mm×260mm　　　印　　张：27.75　　　字　　数：714 千字
　　　　（附光盘 1 张）
版　　次：2016 年 3 月第 1 版　　　　　　　　　　印　　次：2016 年 3 月第 1 次印刷
印　　数：1～3000
定　　价：59.80 元

产品编号：063952-01

随着科技的进步，目前很多企事业单位已实现了无纸化办公，因此掌握最基本的电脑办公知识是所有在职人员的必备功课。实际应用中的电脑办公多是围绕Microsoft Office展开的（目前该套软件的最新版本为Office 2013），其中最为常用的有Word、Excel和PowerPoint等。本书将以这三大组件为介绍对象，全面阐述其使用方法与操作技巧，以帮助广大读者在短时间内掌握尽可能多的电脑办公知识与技能。

本书特色

本书特点概括如下：

- 结构合理、全程图解。书中内容遵循由浅入深、循序渐进的原则，完全符合大部分读者的学习习惯。同时，全程采用一步一图的方式进行讲解。
- 知识全面、操作性强。本书内容涵盖了Office办公的方方面面，每一个知识点都配有相应的案例进行有针对性地介绍，真正实现了"理论+实践"的结合。
- 通俗易懂、易学易用。书中语言描述简洁准确、操作步骤详细明了，读者可跟随书中介绍进行学习，每章结尾还安排了相应的拓展练习。
- 案例丰富、素材完备。全书列举了上百个案例，这些案例所用的素材文件均做过系统地整理，读者可以随时调用进行实践。

内容概述

全书共分14章，各章节的内容概括如下。

章　节	内　容
第1章～第4章	主要介绍了Word文档的编辑操作，知识点涵盖了Word文档的基本操作、文本内容的编辑、图片的编排、表格的绘制、文档的美化、目录的提取、脚注与尾注的添加、标签的设置、文档的审阅与修订、文件的打印等
第5章～第10章	主要介绍Excel表格的编辑操作，知识点涵盖了Excel工作表的基本操作、工作表的编辑与美化、公式与函数的使用、数据的排序与筛选、数据的分类汇总与合并计算、图表的创建与编辑、数据透视表与透视图的创建与编辑、工作表的打印与输出等
第11章～第14章	主要介绍PowerPoint演示文稿的编辑操作，知识点涵盖了演示文稿的创建、幻灯片的基本操作、幻灯片主题的应用、幻灯片版式的应用、艺术字的应用、母版的应用、文本内容的编辑、表格的创建、图片的修饰、多媒体效果的创建、切换效果的添加、动画效果的设计、幻灯片的放映以及演示文稿的输出等

适用读者

本书专为使用电脑办公的初、中级用户编写，适合以下读者学习使用：

- 使用Word处理办公事务的办公文员、公务员以及排版人员；
- 使用Excel进行报表制作、数据统计与分析的人员；
- 使用PowerPoint制作各种类型多媒体演示产品的人员；
- 在校学生以及社会培训班学员；
- 广大中小学生以及中老年朋友；
- 电脑办公初学者与电脑爱好者。

本书由钱慎一、金松河老师编写，其中第1章～第5章由钱慎一老师编写，第6章～第10章由金松河老师编写，第11章由张静、谢世玉老师编写，第12章由张晨晨、朱艳秋、张双双老师编写、第13章由石翠翠、王园园老师编写，第14章由蔺双彪、代娣老师编写，附录部分由李鹏燕、郑菁菁、张素花老师编写，在此向参与本书编写、审校以及光盘制作的老师表示感谢。最后特别感谢郑州轻工业学院教务处对本书的大力支持。

本书在编写过程中力求严谨细致，但由于时间与精力有限，疏漏之处在所难免，望广大读者批评指正。

作　者

目 录

第3章 轻松驾驭图文混排 50

第 4 章　灵活使用审阅与打印 75

第 6 章

使用公式与函数 138

第9章　数据透视表确实很好用 244

第12章 轻松设计幻灯片 328

第 1 章
与文档的初次邂逅

📽 **本章概述**　　　Word是一款文字处理软件，是微软公司推出的Office系列办公软件的重要组成部分。其功能非常强大，可用于撰写贸易合同、商业信函、论文、报告，制作简历、海报、封面等多种文档。它适用于人们工作中的方方面面，是工作中的好帮手。为了使读者能够尽早熟练地使用Word 2013软件办公，本章将首先对Word 2013文档的基本操作进行介绍。

📖 **知识要点**　● 文档的基本操作；　　　　　　● 几种不同的视图模式；
　　　　　　　　● 窗口的基本操作；　　　　　　● 文本的输入和编辑。

1.1　第一次操作文档

当用户成功安装Office 2013后，便可以自己动手创建第一个文档了。在此将首先对文档的基本操作进行详细介绍。

1.1.1　轻松创建新文档

启动Word 2013应用程序，系统会默认进入新建页面，从中选择新建文档的类型即可，如图1-1所示。可采用下述两种方法之一新建文档。

（1）通过菜单命令新建文档

单击"文件"按钮，选择"新建"命令，然后选择"空白文档"选项，即可创建一个空白文档。

（2）通过快捷键新建文档

按键盘组合键Ctrl+N，也可新建文档。

图1-1　"新建"命令

1.1.2 保存新文档

用户创建好新文档后，可将编辑好的文档保存起来，以备下次使用。保存新建文档操作方法有两种。

（1）通过菜单命令保存

单击"文件"按钮，选择"保存"命令，或按组合键Ctrl+S，即可完成保存操作。

（2）通过快速访问工具栏保存

当文档编辑完成后，直接单击快速访问工具栏上的"保存"按钮，就可以完成对文档的保存。

在首次保存的时候，将弹出如图1-2所示的"另存为"对话框，从中可以设置文档的名称和保存路径，设置完成后单击"保存"按钮即可。

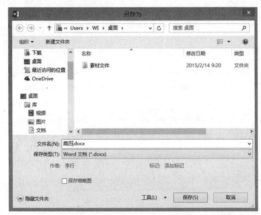

图1-2 "另存为"对话框

1.1.3 快速打开文档的几种方法

用户将文档保存后，就可以关闭文档了。当用户再次需要用这个文档时，可以通过以下三种方法打开该文档。

（1）菜单命令法

单击"文件"按钮，选择"打开"命令，单击"浏览"按钮，弹出"打开"对话框，从中选择需要打开的文档，然后单击"打开"按钮即可，如图1-3所示。

（2）鼠标双击法

找到需要的文档，使用鼠标双击该文档即可打开。

图1-3 "打开"对话框

（3）组合键法

在Word 2013应用程序中，直接按组合键Ctrl+O可弹出"打开"对话框，选择文档后单击"打开"按钮即可。

1.1.4 更改保存文档的格式

Office 2013应用程序编辑的文档可以保存成多种格式，如Web页面格式、PDF格式等等。下面介绍在Word中更改保存文档格式的操作方法。

1. 更改为PDF格式

【例1-1】将Word文档格式更改为PDF格式。

01 打开需要转换成PDF文档的Word文档，单击"文件"按钮，选择"导出"命令，单击"创建PDF/XPS"按钮，如图1-4所示。

02 打开"发布为PDF或XPS"对话框，在"文件名"文本框中输入文档名称，在"保存类型"下拉列表中选择"PDF（*.pdf）"类型，然后单击"发布"按钮即可，如图1-5所示。

图1-4　单击"创建PDF/XPS"按钮

图1-5　"发布为PDF或XPS"对话框

2. 更改为网页格式

Word、Excel和PowerPoint都能够将文档保存为Web页面。将文档保存为网页格式，文档就可以方便地在互联网上或者单位内部的局域网上发布。

【例1-2】将Word文档格式更改为网页格式。

01 打开需要转换的Word文档，单击"文件"|"另存为"命令，单击"计算机"按钮，再单击右侧区域中的"浏览"按钮，如图1-6所示。

02 打开"另存为"对话框，单击"保存类型"文本框的下拉按钮，从中选择"网页（*.htm;*.html）"选项，如图1-7所示。

图1-6　单击"浏览"按钮

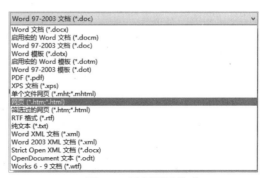

图1-7　选择网页格式

03 单击"更改标题"按钮，打开"输入文字"对话框，在"页标题"文本框中输入网页的页标题，如"著名的雪山"，单击"确定"按钮，如图1-8所示。

04 返回"另存为"对话框后，单击"保存"按钮，即可将Word文档转化成网页文件。转换结果如图1-9所示。

图1-8 设置页标题

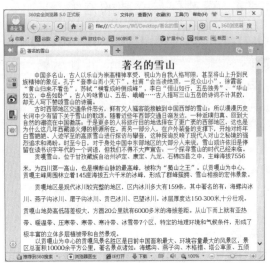

图1-9 在浏览器中查看网页文档

1.2 初次编辑文档样式

样式是某个特定文本所有格式的集合。在Word文档中，如果存在多处文本需要使用相同的格式，就可以将这些格式定义为一种样式。在使用时直接运用定义好的样式，可一次性完成多方面的格式设置，节省用户时间。本节介绍文档样式的相关操作。

1.2.1 一步创建文档样式

创建一篇文档，如果里面有很多段落需要使用同一种格式时，就可以将这种相同的格式定义为一种样式，在需要的时候应用这种样式即可。要应用样式，首先需要创建样式，下面将介绍创建样式的方法。

【例1-3】为文档创建"图注"样式（字体格式为宋体、小五、居中显示）。

01 打开"开始"选项卡，单击"样式"命令组的"其他"按钮，弹出下拉列表，从中选择"创建样式"选项，如图1-10所示。

02 弹出"根据格式设置创建新样式"对话框，在"名称"文本框中输入样式名称"图注"，然后单击"修改"按钮，如图1-11所示。

图1-10 选择"创建样式"选项

图1-11 单击"修改"按钮

03 打开"根据格式设置创建新样式"对话框，将图注设置为"宋体""小五""居中"，设置好后单击"确定"按钮，如图1-12所示。

04 关闭"根据格式设置创建新样式"对话框。返回文档编辑区，在图片的下方添加图注，然后单击"样式"按钮，从弹出的下拉列表中选择"图注"选项，如图1-13所示，即可应用该样式。

图1-12 "根据格式设置创建新样式"对话框

图1-13 应用"图注"样式

1.2.2 编辑文档样式

用户创建样式以后，还可以对自定义的样式进行修改。下面将具体介绍修改样式的相关操作。

【例1-4】将"图注"样式修改为红色文字。

01 打开"开始"选项卡，单击"样式"按钮，弹出下拉列表，在需要修改的样式上右击，弹出快捷菜单，从中选择"修改"选项，如图1-14所示。

02 打开"修改样式"对话框，单击"格式"按钮，弹出下拉列表，从中选择"字体"选项，如图1-15所示。

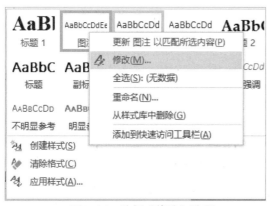

图1-14 选择"修改"选项

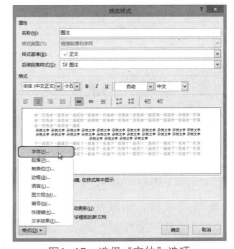

图1-15 选择"字体"选项

03 弹出"字体"对话框，将字体的颜色设置为红色，然后单击"确定"按钮，如图1-16所示。

04 返回"修改样式"对话框，再次单击"确定"按钮，关闭对话框。这时该字体样式被修改，如图1-17所示。

图1-16 "字体"对话框

图1-17 修改后的样式

📝 **知识点拨**

　　如果用户想要删除某个样式，可以单击"样式"命令组中的对话框启动器按钮 ⬛，弹出"样式"窗格，在要删除的样式上右击，比如在"图注"样式上右击，从弹出的快捷菜单中选择"删除'图注'"选项，即可删除该样式，如图1-18所示。

图1-18 选择"删除'图注'"选项

1.3 认识视图与操作文档窗口

　　为了方便用户查看和编辑文档的内容，往往需要对文档的窗口进行一些操作，如改变文档窗口的大小。视图指的是文档窗口的显示方式。视图包括好几种类型，使用不同的视图可以方便用户对文档进行不同的操作。

1.3.1 认识不同的视图模式

　　在Word中有五种视图模式，包括阅读视图、页面视图、Web版式视图、大纲视图和草稿。用户可以根据需要，选择合适的视图模式。

● 阅读视图：阅读文档的最佳方式，当用户阅读文档时，可以选择该视图模式。打开"视图"选项卡，单击"阅读视图"按钮来切换到该视图模式。

● 页面视图：系统默认的视图模式，在创建和编辑文档时，可以选择该视图模式。打开"视图"选项卡，单击"页面视图"按钮来切换到该视图模式。

● Web版式视图：主要用于查看网页形式的文档。打开"视图"选项卡，单击"Web版式视图"按钮来切换到该视图模式。

● 大纲视图：主要用于在文档中创建标题和移动整个段落。打开"视图"选项卡，单击"大纲视图"按钮来切换到该视图模式。

● 草稿：主要用于快速编辑文档中的文本。打开"视图"选项卡，单击"草稿"按钮来切换到该视图模式。

✑ 知识点拨

除了通过功能按钮切换视图模式外，还可以通过状态栏中的视图按钮 🖷 🗐 🗐 来切换视图模式。在状态栏中，用户可以切换阅读视图、页面视图和Web版式视图三种视图模式。

1.3.2 显示文档结构图和缩略图

文档结构图和缩略图能够帮助用户把握文档的整体结构和页面效果，并且可以快速切换到指定的页面，方便用户对文档进行编辑和修改。下面介绍显示文档结构图和缩略图的方法。

1. 显示文档的结构图

打开"视图"选项卡，勾选"显示"命令组中的"导航窗格"复选框，在文档窗口的左侧弹出"导航"窗格，如图1-19所示。单击窗格中带有▷的标签，将相应的项展开，可以查看它的下级结构，如图1-20所示。用户选择"导航"窗格中的一个选项，文档就会切换到该选项所在的页面。

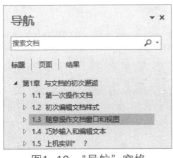
图1-19 "导航"窗格

图1-20 显示下级结构

2. 显示文档的缩略图

在"导航"窗格中，单击"页面"按钮（见图1-21所示），窗格中会显示文档各页面的缩略图，如图1-22所示。单击某页面缩略图，就可以切换到该页面，然后用户就可以对该页面进行编辑了。

图1-21 单击"页面"按钮

图1-22 显示缩略图

✑ 知识点拨

用户如果不想使用"导航"窗格了，可以单击"导航"窗格右上角的关闭按钮×，即可关闭"导航"窗格。

若打开"视图"选项卡，勾选"显示比例"命令组的"标尺"和"网格线"复选框，可在窗口中显示标尺和网格线。

1.3.3 更改文档显示比例

为了方便查看和编辑文档，可以改变文档显示比例的大小。缩小文档的显示比例可令同一个屏幕上显示更多的内容。下面介绍更改文档显示比例的相关操作。

【例1-5】按照60%的比例缩小文档显示比例。

01 打开文档，打开"视图"选项卡，在"显示比例"命令组中单击"显示比例"按钮，如图1-23所示。

02 打开"显示比例"对话框，在"百分比"增量框中输入文档显示的缩放百分比，如"60%"，然后单击"确定"按钮，如图1-24所示。文档显示就会按照60%的比例缩小。

图1-23 单击"显示比例"按钮

图1-24 将文档缩小到"60%"显示

【例1-6】通过"整页"或"多页"单选项缩小文档显示比例。

01 打开文档，进入"视图"选项卡，在"显示比例"命令组中单击"显示比例"按钮，打开"显示比例"对话框，选择"整页"单选项，文档窗口中将显示整页的内容，如图1-25所示。

02 如果选择"多页"单选项，文档窗口中将显示多个页面的内容，如图1-26所示。

图1-25 整页显示文档

图1-26 多页显示文档

【例1-7】通过"单页"或"多页"按钮改变文档显示比例。

01 打开"视图"选项卡，单击"显示比例"命令组的"单页"按钮，即可显示整页的内容。

02 如果单击"多页"按钮，在文档窗口中将会同时显示两页的内容。图1-27所示为"显示比例"命令组。

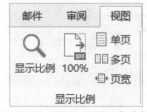

图1-27 "显示比例"命令组

【例1-8】通过"缩放级别"滚动条将文档显示比例缩小到37%。

01 将鼠标移动到状态栏中"显示比例"滚动条的滑块上，按住鼠标左键进行拖动，就可以直接改变文档在窗口中的显示比例，如图1-28所示。

02 单击状态栏中的"缩放级别"按钮（即百分比数值），如图1-29所示。可以打开"显示比例"对话框，通过"显示比例"对话框也可以缩小文档。

图1-28　拖动滑块缩放显示比例

图1-29　弹出"显示比例"对话框

知识点拨

如果用户想要同时查看一篇文档的开头和结尾，可以打开"视图"选项卡，单击"窗口"命令组中的"拆分"按钮，将文档窗口变成上下两个窗口。此时，用户可以在两个窗口中查看文档不同部分的内容。

1.4 输入与编辑文本

创建各种类型的文档，需要先输入和编辑文本，然后保存编辑好的文档，才算完成了文档的创建。本节将介绍文本的输入和编辑操作。

1.4.1 输入文字和特殊符号

文档编辑前，常常需要先在文档中输入文本。在打开的文档中，会出现一条不停闪烁的短竖线▶，也就是光标插入点，它表示文本的输入将从该插入点开始。下面介绍文字和特殊符号的输入方法。

1. 输入文字

【例1-9】在文档中输入文字。

01 当鼠标指针进入文档页面时就会变成 I ，用户将鼠标移动到需要插入文本的地方，单击鼠标左键，该位置就会出现不停闪烁的光标插入点，如图1-30所示。

02 此时，就可以在此位置输入文字了。输入完成后的效果如图1-31所示。

图1-30　插入光标　　　　　　　　　　　图1-31　输入文字

2. 输入特殊符号

【例1-10】在文档中插入特殊符号"③"。

01 打开"开始"选项卡，单击"符号"按钮，在下拉列表框中选择"其他符号"选项，如图1-32所示。

02 打开"符号"对话框，从中选择符号"③"，然后单击"插入"按钮即可插入该符号，如图1-33所示。

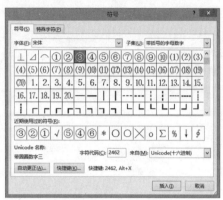

图1-32　符号下拉列表　　　　　　　　　图1-33　"符号"对话框

1.4.2　选择和编辑文本

用户输入文本后，需要对文本进行编辑，这时首先需要选择文本，然后才能去编辑它们。下面介绍如何选择和编辑文本。

1. 选择文本

【例1-11】 用鼠标选择文本。

01 将鼠标指针移动到文档页面左侧的空白处，当鼠标指针变成 ⤢ 时，单击鼠标左键，将会选中光标所指那一行的文本，如图1-34所示。

02 如果双击鼠标左键，则会选中指向的那个段落。

03 如果三击鼠标左键，则会选中整篇文档。

【例1-12】 拖动鼠标选择文本。

01 在被选文本的起始位置插入光标，按住鼠标左键不放。

02 拖动鼠标至所选文本的结束位置，释放鼠标左键，被选文本的背景色变成灰色，表示已经被选中，如图1-35所示。

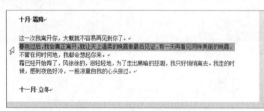

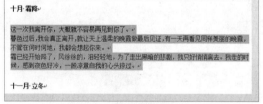

图1-34　选择一行文本　　　　　　　　　图1-35　鼠标拖动选择文本

【例1-13】 通过"选择"按钮下拉列表选择文本。

01 打开"开始"选项卡，单击"选择"按钮，弹出下拉列表，如图1-36所示。

02 选择"全选"选项，即可选中整篇文档；选择"选择对象"选项，可以选择指定的对象，而不选择其他内容；选择"选定所有格式类似的文本"选项，则会选择文本格式相似的文本。

图1-36　"选择"按钮下拉列表

2. 编辑文本

在文档中输入文本后，就可以编辑该文本了。常用的编辑操作有复制、移动、剪切和粘贴等。

图1-37 "复制"按钮

（1）复制文本

选中需要复制的文本内容，打开"开始"选项卡，单击"剪贴板"命令组的"复制"按钮，即可对选中的内容进行复制，如图1-37所示。

知识点拨

除了上述方法，用户还可以在所选文本上单击右键，在弹出的快捷菜单中选择"复制"选项进行复制；还可以按Ctrl+C组合键进行复制。

（2）移动文本

选中需要移动的文本内容，在选中的内容上按住鼠标左键不放，拖动鼠标移动到合适位置后，释放鼠标左键，选中的文本就被移动到新的位置，如图1-38所示。

（3）剪切文本

首先，选中需要剪切的内容，在上面右击，弹出快捷菜单，从中选择"剪切"选项即可，如图1-39所示。

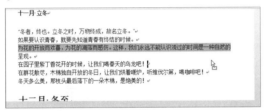

图1-38 移动文本

图1-39 "剪切"选项

知识点拨

除了上述方法，用户还可以通过剪贴板中的"剪切"按钮完成剪切操作；或者按Ctrl+X组合键完成剪切操作。

（4）粘贴之本

将光标插入需要粘贴文本的位置，然后按组合键Ctrl+V，即可将"复制"操作中复制的文本内容粘贴到指定位置；也可以通过剪贴板中的"粘贴"按钮完成粘贴操作，或者通过快捷菜单中的"粘贴"选项完成粘贴操作。

1.4.3 查找和替换文本

当需要在文档中快速查找或替换文字或图形时，如果一行一行地查找，会花费大量的时间和精力。如何才能快速查找和替换文档中的内容呢？下面就介绍这部分操作。

1. 查找文本

【例1-14】通过"导航"窗格查找"程序界面"。

01 打开"开始"选项卡，单击"编辑" | "查找"按钮，将会在页面左边打开"导航"窗格，如图1-40所示。

02 在窗格的"搜索文档"文本框中输入需要查找的内容，单击"搜索"按钮 🔍，"导航"窗口中将会突出显示包含查找文字的段落，如图1-41所示。同时，被查找的文字也会在文档中突出显示。用户可以单击 ▼ 按钮，查找下一处搜索结果。

图1-40 "导航"窗格   图1-41 突出显示文档包含的段落

【例1-15】通过"查找和替换"对话框查找"视图"。

01 单击"编辑" | "查找"下拉按钮，选择下拉列表中的"高级查找"选项，如图1-42所示。

02 弹出"查找和替换"对话框，在"查找内容"文本框中输入需要查找的文字，单击"查找下一处"按钮，如图1-43所示，则从此处开始向下搜索。当找到时，该文字将会被突出显示。如果还要继续查找，继续单击"查找下一处"按钮即可。

图1-42 选择"高级查找"选项   图1-43 "查找和替换"对话框

2. 替换文本

【例1-16】用"Step"替换文档中的"步骤"。

01 打开文档，在"开始"选项卡中单击"查找"按钮，弹出"导航"窗格，单击窗格中的"搜索更多内容"按钮，在弹出的下拉列表中选择"替换"选项，如图1-44所示。

02 打开"查找和替换"对话框，在"查找内容"文本框中输入需要替换的文字，如"步骤"，在"替换为"文本框在输入新的内容，比如"Step"，然后单击"全部替换"按钮，如图1-45所示。随后会弹出提示对话框，单击"确定"按钮后，文档中所有的"步骤"都会被替换为"Step"。

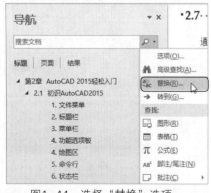

图1-44 选择"替换"选项   图1-45 "查找和替换"对话框

【例1-17】删除文档中所有空行（用"^p"替换"^p^p"）。

01 打开"导航"窗格，单击"搜索更多内容"按钮，弹出下拉列表，从中选择"替换"选项，如图

1-46所示。

02 弹出"查找和替换"对话框，单击"更多"按钮，如图1-47所示。

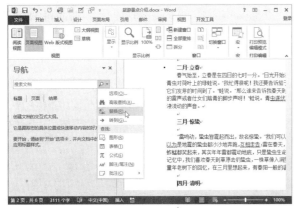

图1-46　选择"替换"选项　　　　　　　图1-47　单击"更多"按钮

03 此时，对话框将被展开，将光标放入"查找内容"文本框中，单击"特殊格式"按钮，在弹出的下拉列表中选择"段落标记"选项，如图1-48所示。

04 此时在"查找内容"文本框中出现"^p"。用同样的操作，在"查找内容"文本框中再次插入"^p"，在"替换为"文本框中也插入一个"^p"，如图1-49所示。

图1-48　选择"段落标记"选项　　　　　　图1-49　添加段落标记

05 单击"确定"按钮后，将弹出提示对话框，再次单击"确定"按钮，如图1-50所示。

06 返回文档编辑区，可以看到文档中的空行全部被删除了，如图1-51所示。

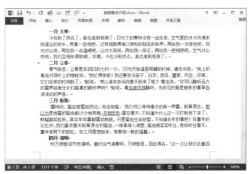

图1-50　提示对话框　　　　　　　　图1-51　删除空行的效果

1.5 上机实训

通过对本章内容的学习，读者对Word 2013软件的基本操作有了更深地了解，下面再通过两个实训操作来温习和拓展前面所学的知识。

1.5.1 输入公式很简单

在编辑数学、物理和化学等理科类文档时，经常需要输入公式，这些公式不仅结构复杂，而且要用到特殊符号。本节以二项式定理公式和样本标准方差公式为例，介绍在文档中输入公式的方法。

01 在文档合适位置单击鼠标，打开"插入"选项卡，单击"符号"按钮，弹出下拉列表。由于"符号"下拉列表中已有"二项式定理"选项，因此直接选择"公式" | "二项式定理"选项即可，如图1-52所示。

02 此时在指定位置就插入了公式。用户不仅可以直接插入已有的公式，还可以插入新公式。单击"符号"按钮，弹出下拉列表，从中选择"公式" | "插入新公式"选项，如图1-53所示。

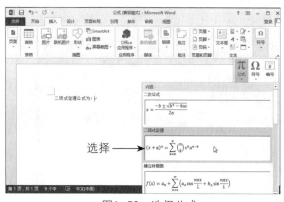

图1-52 选择公式

图1-53 选择"插入新公式"选项

03 此时，在文档中插入了对象框，同时弹出"公式工具"活动标签。打开"设计"选项卡，单击"根式"按钮，弹出下拉列表，从中选择"平方根"选项，如图1-54所示。

04 单击输入框，接着单击"分数"按钮，从弹出的下拉列表中选择"分数（竖式）"选项，如图1-55所示。

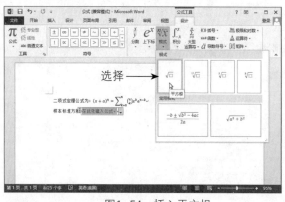

图1-54 插入平方根

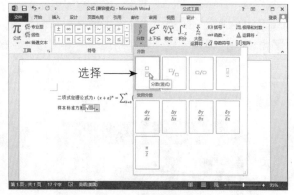

图1-55 插入分数

05 在插入的输入框中分别输入"i"和"n-1"，然后将光标移到分数后面，单击"大型运算符"按钮，从弹出的下拉列表中，选择"求和"选项，如图1-56所示。

06 在插入的求和运算符输入框中输入需要的字符后，单击"上下标"按钮，从弹出的下拉列表中选择"上标"选项，如图1-57所示。

图1-56　插入求和运算符

图1-57　插入上标

07 单击中间的输入框，单击"括号"按钮，从弹出的下拉列表中，选择"方括号"选项，如图1-58所示。

08 此时插入了一对括号。选中括号中的输入框，单击"上下标"按钮，从弹出的下拉列表中选择"下标"选项，如图1-59所示。

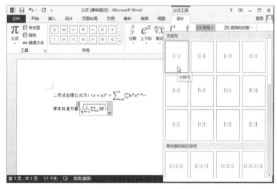

图1-58　插入括号

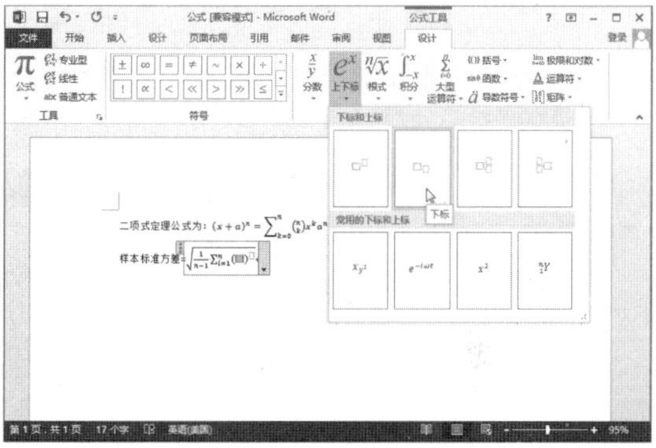

图1-59　插入下标

09 此时括号中插入了两个输入框。选中中间的输入框并输入"x"，选中右下角的输入框输入"i"，再将光标移动到该式的右侧，输入"-m"，然后选中括号外的上标，在其中输入"2"，如图1-60所示。

10 输入完成后，单击文档空白处，可查看最终的效果，如图1-61所示。

图1-60　输入上标数字

图1-61　最终效果

1.5.2 轻松替换文档中的图片

前面已经介绍了查找和替换文本的相关知识，其实，在Word中不仅可以替换文本和特殊格式，还可以使用图片来替换文本。下面将介绍如何使用鼠标图片替换文档中的"鼠标"二字。

01 复制图片到剪贴板中，打开"开始"选项卡，单击"查找"按钮，弹出"导航"窗格。在窗格中单击"搜索更多内容"按钮，从弹出的下拉列表中选择"替换"选项，如图1-62所示。

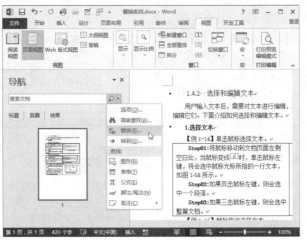

图1-62　选择"替换"选项

02 弹出"查找和替换"对话框，在"查找内容"文本框中输入"鼠标"，在"替换为"文本框中输入特殊符号"^c"，然后单击"全部替换"按钮，如图1-63所示。

图1-63　"查找和替换"对话框

03 弹出提示对话框，显示出共完成了几处替换，单击"确定"按钮，如图1-64所示。

04 返回文档编辑区，可以看到文字"鼠标"已经被替换为鼠标图片，如图1-65所示。

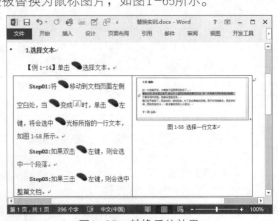

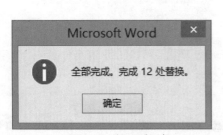

图1-64　提示对话框

图1-65　替换后的效果

下面将对学习过程中常见的疑难问题进行汇总，以帮助读者更好地理解前面所讲的内容。

Q：如何使用Word 2003应用程序打开Word 2013应用程序的文档？

A：在Word 2013应用程序下使用"另存为"对话框，将文档保存为"Word 97-2003文档（*.doc）"格式，这种格式的文档可以在Word 2003中打开。

Q：如何输入标准的中文简写数字"0"？

A：打开"插入"选项卡，单击"符号"命令组中的"符号"按钮，弹出下拉列表，从中选择"其他符号"选项，打开"符号"对话框，从中选择"0"选项即可。

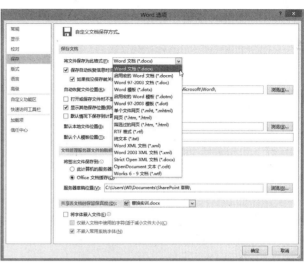

Q：如何设置默认的保存格式？

A：单击"文件"按钮，选择"选项"命令，弹出"Word选项"对话框。在该对话框中选择"保存"选项，在"将文件保存为此格式"下拉列表中选择默认的文档保存格式即可，如图1-66所示。

图1-66 "Word选项"对话框

Q：如何用简便的方法得到各式各样的下划线？

A：在文档每一行的开头处，分别输入三个或三个以上的特殊符号，如输入"~~~""###"或"***"，然后按Enter键，就会得到一些特殊的下划线了，如图1-67所示。

图1-67 下划线

Q：如何隐藏两页之间的空白？

A：将鼠标指针移动到两页之间的空白处，当鼠标指针变成 形状时，单击鼠标即可隐藏空白区域。如果想要显示空白区域，可以在两页面连接处再次单击鼠标即可。

Q：如何在Word中输入商标等符号？

A：用户可以通过组合键完成一些常用符号的输入，如表1-1所示。

表1-1 常用符号快捷键

按Ctrl+Alt+C组合键	可输入版权符号"©"
按Ctrl+Alt+R组合键	可输入注册符号"®"
按Ctrl+Alt+E组合键	可输入欧元符号"€"
按Shift+Ctrl+Alt+? 组合键	可输入上下颠倒的问号"¿"

1.7 拓展应用练习

为了让读者能够更好地掌握文档的基本操作、文本的输入和编辑操作、查找和替换操作，可以做下面的练习。

◉ 用表格替换图片

本例将在文档中用表格替换图片。首先将表格复制到剪贴板，然后使用搜索代码搜索图片，再用表格替换图片如图1-68和图1-69所示。

图1-68　单击"更多"按钮　　　　　　　　图1-69　"查找和替换"对话框

操作提示

01 复制表格到剪贴板中。

02 打开"查找和替换"对话框。

03 在文本框中输入搜索代码。

04 单击"替换"按钮。

◉ 将文档保存到OneDrive

本例将文档保存到OneDrive。登录OneDrive，如图1-70所示。打开"另存为"对话框，将指定的文档保存到OneDrive文件夹，如图1-71所示。

图1-70　登录OneDrive　　　　　　　　图1-71　"OneDrive"文件夹

操作提示

01 选择"另存为"命令，选择OneDrive选项。

02 登录到OneDrive。

03 打开"另存为"对话框。

04 将文档保存到OneDrive文件夹。

第2章

使文档更加美观

📷本章概述　用户使用Word创建文档后，往往需要输入很多内容，这些内容基本上都是由文字段落组成的。为了使这些内容更加符合工作的要求，需要对它们进行编辑，这时格式的设置就必不可少了。所谓格式，是指为文字、字符和段落等内容设置指定的外观效果，比如文字的字体、段落的对齐方式等。本章将介绍字体、段落等格式的设置方法，帮助用户创建更加美观和实用的文档。

📖知识要点
- 设置段落格式；
- 设置字体格式；
- 设置页眉和页脚；

- 设置目录和索引；
- 设置脚注和尾注。

2.1　页面设置

　　设置页面也就是对文档的页面布局进行设置，包括设置页边距、纸张大小、页面方向和版式等。本节介绍设置页面的相关操作。

2.1.1　设置纸张和页边距

　　设置纸张也就是设置页面的大小。用户根据需要选择不同的纸张类型，就可以设置页面的大小了。页边距是指页面的正文区域和纸张边缘之间的空白距离，设置页边距也就可以增大或减少正文区域的大小。页面边距不仅会影响整个页面的美观，也对文档的排版与打印至关重要。下面介绍设置纸张和页边距的操作步骤。

1. 设置纸张

【例2-1】设置文档的纸张大小为10.48厘米 × 24.13厘米，纸张方向为横向，然后修改纸张大小为15厘米 × 15厘米。

01 打开"页面布局"选项卡，在"页面设置"命令组中，单击"纸张大小"按钮，弹出下拉列表，从中选择需要的纸张大小即可，如图2-1所示。设置完成后的效果如图2-2所示。

图2-1　设置纸张大小

图2-2　纸张变小

⓿2 设置纸张的方向。单击"纸张方向"按钮，弹出下拉列表，选择页面方向为"横向"或"纵向"。本例选择"横向"，如图2-3所示。之后，页面发生变化，如图2-4所示。

 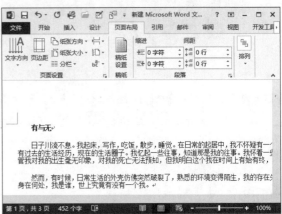

图2-3 设置页面方向   图2-4 横向页面

⓿3 除了通过功能按钮实现纸张的设置操作外，还可以通过"页面设置"对话框进行设置。单击"页面设置"命令组中的对话框启动器按钮，打开"页面设置"对话框，在"纸张"选项卡中，设置纸张的高度和宽度，就可以更改纸张大小了，如图2-5所示。

⓿4 设置完成后，单击"确定"按钮，关闭对话框，页面随之发生变化，如图2-6所示。

 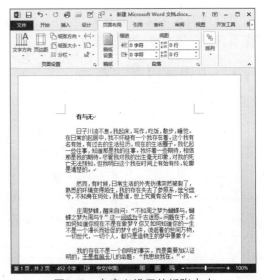

图2-5 "页面设置"对话框   图2-6 自定义设置的纸张大小

2. 设置页边距

【例2-2】为文档指定页边距（上2.54厘米、下2.54厘米、左5.08厘米、右5.08厘米），并再次手动修改边距值（上2.54厘米、下2.54厘米、左3.17厘米、右3.17厘米）。

⓿1 打开"页面布局"选项卡，单击"页面设置"命令组中的"页边距"按钮，弹出下拉列表，从中选择合适的页边距（即上2.54厘米、下2.54厘米、左5.08厘米、右5.08厘米）即可，如图2-7所示。

⓿2 单击"页面设置"命令组的对话框启动器按钮，打开"页面设置"对话框，在"页边距"选项卡中，精确设置页面左右上下的距离（即上2.54厘米、下2.54厘米、左3.17厘米、右3.17厘米）。设置完成后，单击"确定"按钮，即可完成页面的最终设置，如图2-8所示。

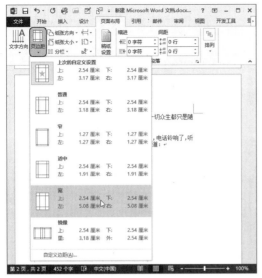

图2-7 设置页边距

图2-8 "页面设置"对话框

2.1.2 设置边框和底纹

用户还可以为页面添加边框和底纹来美化页面，下面介绍添加边框和底纹的操作步骤。

1.设置边框

【例2-3】为文档页面添加蓝色、1.5磅边框，并设置边距（上下左右都为24磅）。

01 打开需要设置边框的文档，然后打开"设计"选项卡，单击"页面背景"命令组的"页面边框"按钮，打开"边框和底纹"对话框。

02 在"边框和底纹"对话框的"页面边框"选项卡中，单击"方框"按钮，在样式列表框中选择合适的样式，将边框颜色设置为蓝色，然后单击"选项"按钮，如图2-9所示。此时将打开"边框和底纹选项"对话框，从中设置边框的边距，即各边距都为24磅，如图2-10所示。

图2-9 设置边框样式和颜色

图2-10 设置边框的边距

03 当所有的设置完成后，单击"确定"按钮。返回页面后，可以看到设置好的边框，如图2-11所示。

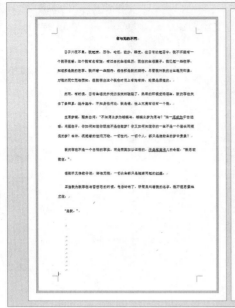
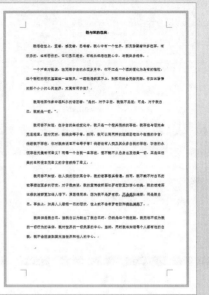

图2-11　添加了边框的文档

2. 设置底纹

文字和段落都可以添加底纹，但是底纹不能添加到整个页面。用户可以通过为文字和段落添加底纹来间接美化页面。

【例2-4】为文档标题添加绿色底纹（"填充"为浅绿色，"样式"为5%）。

01 在文档中选择需要添加底纹的文字或段落，打开"设计"选项卡，单击"页面边框"按钮，弹出"边框和底纹"对话框，打开"底纹"选项卡。

02 选择底纹的填充颜色（浅绿色）和填充样式（5%），如图2-12所示，然后单击"确定"按钮，关闭对话框。

03 返回文档页面后，即可看到选中的文字被添加了底纹，如图2-13所示。

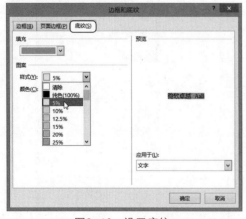

图2-12　设置底纹

图2-13　添加底纹后的效果

2.1.3　设置文档分栏

分栏是将Word文档中的内容设置为两栏或是多栏，使页面呈现两栏或多栏的排版样式，以方便用户阅读文档。分栏的用处很广，如广告的排版。本节将介绍分栏的相关操作。

1. 新建分栏

【例2-5】将文档页面分两栏显示。

01 选中文档中需要分栏的部分，打开"页面布局"选项卡，单击"页面设置"命令组中的"分栏"按钮，在打开的下拉列表中选择需要的分栏样式，本例选择"两栏"，如图2-14所示。

02 此时选中的部分就会变成所选分栏的样式，即分为两栏显示，如图2-15所示。

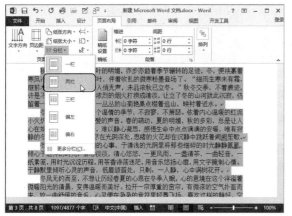

图2-14 选择分栏样式

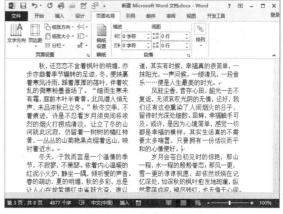

图2-15 分成两栏的效果

除了直接通过"分栏"按钮新建分栏外，还可以通过"分栏"对话框，进行自定义分栏。

【例2-6】将文档页面分四栏显示。

01 首先选中需要分栏的内容，单击"分栏"按钮，从下拉列表中选择"更多分栏"选项，打开"分栏"对话框，从中设置"栏数"为"4"，如图2-16所示。

02 设置好后，单击"确定"按钮。返回页面后，可以看到分成四栏的效果，如图2-17所示。

图2-16 自定义分栏格式

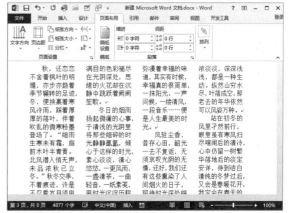

图2-17 分成四栏的效果

2. 分隔线和栏距的设置

【例2-7】为三栏文档添加分隔线。

01 打开"页面布局"选项卡，单击"分栏"按钮，选择"更多分栏"选项，打开"分栏"对话框，从中设置"栏数"为"3"，勾选"分隔线"复选框，接着设置栏的宽度和间距，如图2-18所示。

02 设置完成后，单击"确定"按钮。返回页面后，可看到文档分为三栏并添加了分隔线，如图2-19所示。

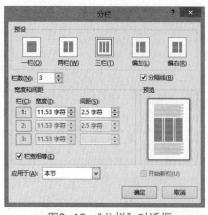
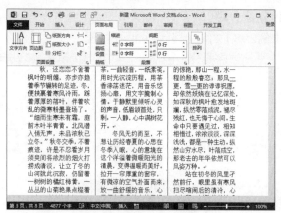

图2-18 "分栏"对话框

图2-19 设置后的效果

2.2 轻松设置段落格式

段落是指一个或多个包含连续主题的句子。在Word文档中，也就表现为两个回车符之间的文本内容。段落是文档的重要组成部分，设置段落格式也就显得极其重要。段落格式包含很多方面的内容，包括缩进、行间距以及对齐方式等。本节将介绍如何设置段落格式。

2.2.1 设置间距

行距是指段落中行与行之间的距离，段落间距是指段落与段落之间的距离。合适的行距和段落间距可以起到美化页面、提高阅读效率的作用。下面介绍设置行距和段落间距的相关操作。

1. 设置行距

【例2-8】设置行间距为1.5倍。

01 将光标插入点放置到需要设置行距的段落中，打开"开始"选项卡，单击"段落"命令组的"行和段落间距"按钮，弹出下拉列表，如图2-20所示。

02 从中选择合适的行距，本例为1.5倍行距。返回页面后，就可看到设置行距为1.5倍后的效果了，如图2-21所示。

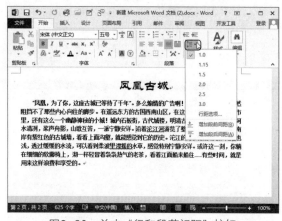
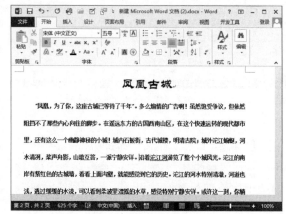

图2-20 单击"行和段落间距"按钮

图2-21 设置行距后

2. 设置段落间距

【例2-9】设置段前间距为0.5行，段后间距为1行。

01 将光标插入点放置到需要设置段落间距的段落中，打开"页面布局"选项卡，可以看到"段落"命令组中分为 "缩进"和"间距"两栏，如图2-22所示。

02 在"间距"栏中设置"段前"和"段后"的精确间距，本例为段前间距0.5行，段后间距1行。设置后的效果如图2-23所示。

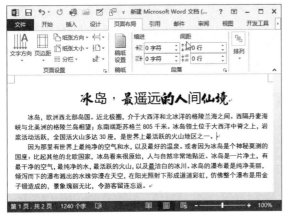

图2-22 设置段落间距

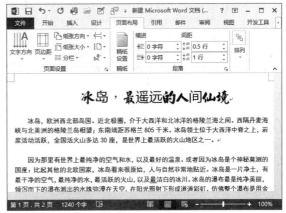

图2-23 设置间距后的效果

2.2.2 设置段落的对齐与缩进

段落的对齐方式共有5种，分别是左对齐、居中、右对齐、两端对齐和分散对齐。段落缩进是指一个段落的首行和左右两边距离页面左右两侧以及相互之间的距离关系，包括左缩进、首行缩进等4种缩进方式。设置段落对齐和缩进可以使段落间更加整齐、美观。下面介绍设置段落对齐和缩进的相关操作。

1. 设置段落对齐方式

【例2-10】为不同的段落设置不同的对齐方式（标题居中显示，段落设置为分散对齐和右对齐）。

01 单击标题中的任意位置，打开"开始"选项卡，单击"段落"命令组的"居中"按钮，如图2-24所示。标题将居中显示，如图2-25所示。

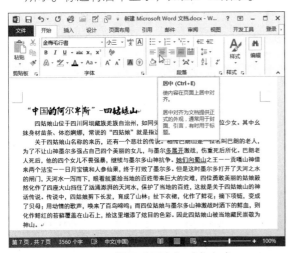

图2-24 设置"居中"对齐方式

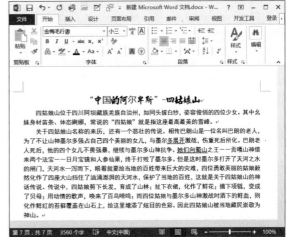

图2-25 标题居中的效果

02 单击段落中任意位置，打开"开始"选项卡，单击"段落"命令组的"对话框启动器"按钮，弹出"段落"对话框，如图2-26所示。单击"对齐方式"下拉按钮，从下拉列表中选择合适对齐方式，如"分散对齐"或者"右对齐"，设置后的效果分别如图2-27和图2-28所示。

图2-26 "段落"对话框

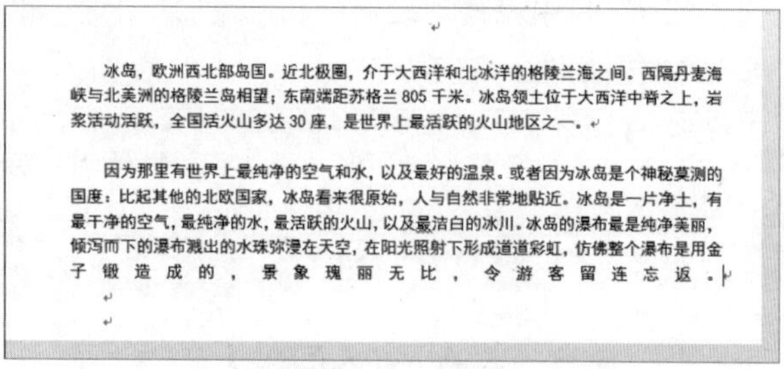

冰岛，欧洲西北部岛国。近北极圈，介于大西洋和北冰洋的格陵兰海之间。西隔丹麦海峡与北美洲的格陵兰岛相望。东南端距苏格兰805千米。冰岛领土位于大西洋中脊之上，岩浆活动活跃，全国活火山多达30座，是世界上最活跃的火山地区之一。

因为那里有世界上最纯净的空气和水，以及最好的温泉。或者因为冰岛是个神秘莫测的国度：比起其他的北欧国家，冰岛看来很原始，人与自然非常地贴近。冰岛是一片净土，有最干净的空气，最纯净的水，最活跃的火山，以及最洁白的冰川。冰岛的瀑布是最纯净美丽，倾泻而下的瀑布溅出的水珠弥漫在天空，在阳光照射下形成道道彩虹，仿佛整个瀑布是用金子锻造成的，景象瑰丽无比，令游客留连忘返。

图2-27 分散对齐

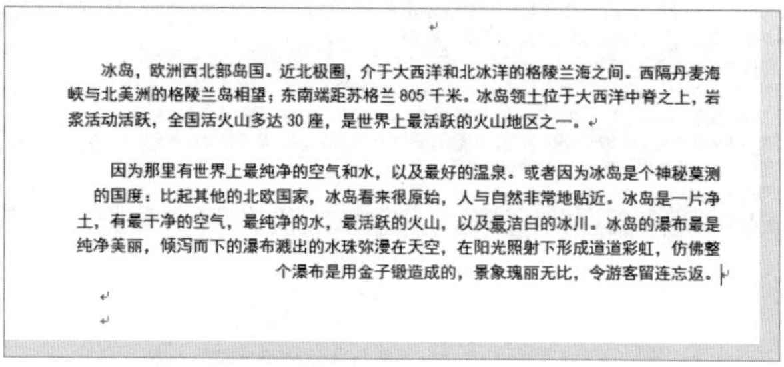

冰岛，欧洲西北部岛国。近北极圈，介于大西洋和北冰洋的格陵兰海之间。西隔丹麦海峡与北美洲的格陵兰岛相望。东南端距苏格兰805千米。冰岛领土位于大西洋中脊之上，岩浆活动活跃，全国活火山多达30座，是世界上最活跃的火山地区之一。

因为那里有世界上最纯净的空气和水，以及最好的温泉。或者因为冰岛是个神秘莫测的国度：比起其他的北欧国家，冰岛看来很原始，人与自然非常地贴近。冰岛是一片净土，有最干净的空气，最纯净的水，最活跃的火山，以及最洁白的冰川。冰岛的瀑布是最纯净美丽，倾泻而下的瀑布溅出的水珠弥漫在天空，在阳光照射下形成道道彩虹，仿佛整个瀑布是用金子锻造成的，景象瑰丽无比，令游客留连忘返。

图2-28 右对齐

2.设置段落缩进方式

【例2-11】为第二段设置悬挂缩进，缩进2字符。

01 在段落上右击，弹出快捷菜单，从中选择"段落"选项，如图2-29所示。

02 此时将打开"段落"对话框，单击"特殊格式"下拉按钮，从下拉列表中选择"悬挂缩进"选项，"缩进值"选"2字符"，如图2-30所示。

03 单击"确定"按钮，完成悬挂缩进的设置，如图2-31所示。

用同样的方法也可以设置首行缩进。

图2-29 快捷菜单

图2-30 "段落"对话框

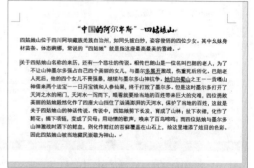

图2-31 悬挂缩进效果

【例2-12】为段落设置左缩进（缩进4字符）。

01 将光标插入点放在段落中，单击功能区"段落"命令组的"增加缩进量"按钮，即可设置左缩进，如图2-32所示。

02 或者勾选"视图"选项卡"显示"下拉按钮下的"标尺"复选框，显示标尺，然后拖动标尺上的"左缩进"标记来设置段落的左缩进，如图2-33所示。

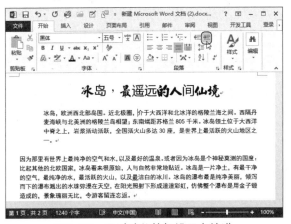

图2-32 通过功能按钮设置左缩进

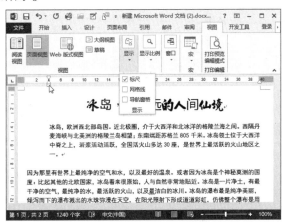

图2-33 通过标尺设置左缩进

2.2.3 设置分页和分节

编辑Word 文档内容时，当文档页面被内容充满直到最后一行最后一个位置时，继续输入内容就会开启新的一页，而输入的内容就会被添加到新的页面中，这就是Word的自动分页功能。用户可不可以自己决定在何处分页呢？答案是肯定的。如果将"分页符"插入到指定位置，就可以进行强制分页。如果插入"分节符"，就可以开启新的一节。不同的节可以使用不同的格式。

1. 插入分页符

【例2-13】在指定位置插入分页符。

01 将光标定位到一个段落的开头（此段落将做为下一页的开头），然后打开"页面布局"选项卡，单击"分隔符"按钮，从下拉列表中选择"分页符"选项，如图2-34所示。

02 随即可看到光标后（即插入分页符处）的内容放到下一页中，如图2-35所示。

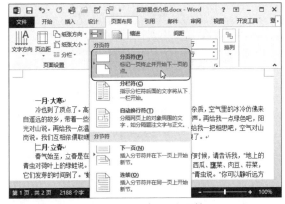

图2-34 插入分页符

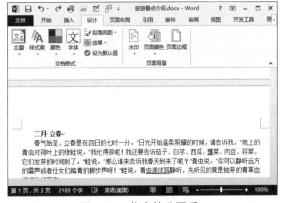

图2-35 将文档分页后

除了上述方法，还可以打开"插入"选项，单击"页面"命令组中的"分页"按钮来实现分页。

✎ 知识点拨

在"段落"对话框（见图
2-36）中，勾选"段中不分页"复
选框，文档将会按段落的起止来分
页；勾选"段前分页"复选框，可
以在段落前指定分页；勾选"与下
段同页"复选框，则可以使前后两
个关联密切的段落放在同一页中；
勾选"孤行控制"复选框，则会在
页面的顶部或底部放置段落的两行
以上的文字。

图2-36 "段落"对话框

2. 插入分节符

【例2-14】在文档第二段插入"连续"型分隔符。

01 打开文档，在需要分节的段落前插入光标，如本例放在第二段开头。打开"页面布局"选项卡，
单击"页面设置"命令组的"分隔符"按钮，从下拉列表中选择"连续"选项，如图2-37所示。

02 这样就插入了一个分节符。表面上看文档并没有任何变化，但是分书符已经将文档分成了两个部
分，这两个部分可以使用不同的格式。

03 选中第一节（标题和第一段），然后打开"页面布局"选项卡，单击"页面设置"命令组的"纸
张大小"按钮，选择"信封B5"选项，此时会发现第一部分的页面缩小了。为了方便比较，这里
将页面设置成紧邻的显示效果，前后两个部分用了不同的纸张大小，如图2-38所示。

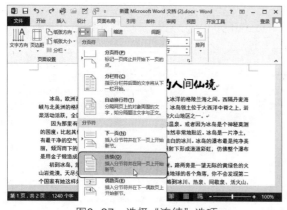

图2-37 选择"连续"选项

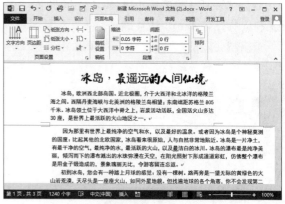

图2-38 分节后设置不同的纸张大小

2.2.4 使用项目符号和编号

在文档中，一些同类型的段落之间有先后关系，或者对有并列关系的段落进行数量统计
时，编号就是个好帮手，此外，用户还可以为一组并列关系的段落添加项目符号，这样能够使
文档条理清楚、层次分明，也更加容易阅读。

1. 项目符号的使用

【例2-15】在文档中插入项目符号。

01 将光标放置到需要插入项目符号的段落中，打开"开始"选项卡，单击"段落"命令组的"项目符号"下拉按钮，在其下拉列表中选择合适的项目符号即可，如图2-39所示。接着为其他的段落也添加项目符号，最终效果如图2-40所示。

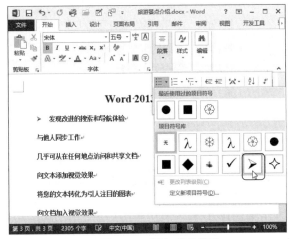

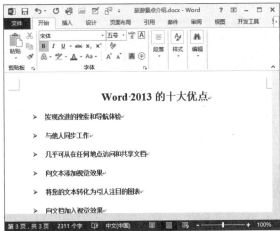

图2-39　添加项目符号　　　　　　　图2-40　添加项目符号后的效果

02 如果用户对下拉列表中的预设符号不满意，还可以选择下拉列表中的"定义新项目符号"选项，打开"定义新项目符号"对话框进行设置。单击该对话框的"符号"按钮，如图2-41所示。

03 此时将弹出"符号"对话框，从中选择合适的符号，如图2-42所示，然后单击"确定"按钮关闭"符号"对话框，返回"定义新项目符号"对话框。再次单击"确定"按钮，即可将新的项目符号应用到段落中了。

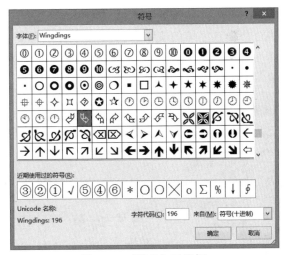

图2-41　"定义新项目符号"对话框　　　　　图2-42　"符号"对话框

2. 编号的使用

【例2-16】在文档中插入技巧编号。

将光标放置到需要插入编号的段落中，打开"开始"选项卡，单击"段落"命令组的"编号"下拉按钮，在下拉列表中选择合适的编号格式即可，如图2-43所示。接着为其他的段落也添加编号，最终效果如图2-44所示。

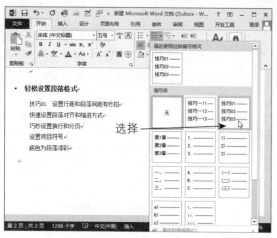

图2-43　选择合适的编号格式　　　　　　　图2-44　添加编号后的效果

2.3 设置字体格式很简单

文字是一篇文档的"细胞"，每一篇文档都是由不同样式、大小和颜色的文字构成的。不同文字格式的应用，可以使得文档的内容主次分明，结构一目了然，也更方便读者阅读。

2.3.1 自由设置字体和字号

字体指的是某种语言字符的样式，字号则表示字符的大小。用户在文档中输入文字后，可以对其进行编辑，更改字体的样式和大小，使其更加符合需求。

1. 设置字体

【例2-17】将字体设置为"金梅毛行书"。

选中需要设置字体的文字，打开"开始"选项卡，单击"字体"命令组的"字体"下拉按钮，弹出下拉列表，从中选择合适的字体，如本例需要的字体"金梅毛行书"，如图2-45所示。设置后的字体如图2-46所示。

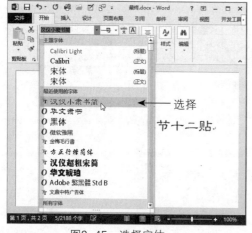

图2-45　选择字体

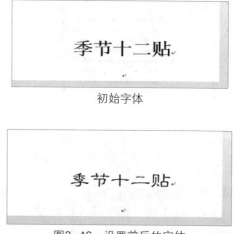

图2-46　设置前后的字体

2. 设置字号

【例2-18】将标题字号设置为"二号"。

选中需要设置的文字,打开"开始"选项卡,单击"字体"命令组的"字号"下拉按钮,弹出下拉列表,从中选择合适的字号,本例为"二号",如图2-47所示。设置后的字号如图2-48所示。

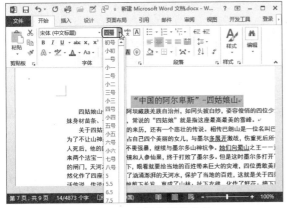

图2-47 选择合适的字号

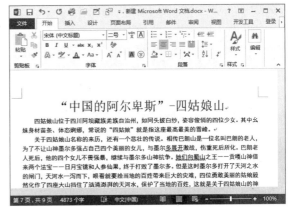

图2-48 设置字号后的效果

知识点拨

也可用"字体"对话框进行字体的设置。选中需要更改的文字,在上面右击,弹出快捷菜单,从中选择"字体"选项,如图2-49所示。打开"字体"对话框,在对话框中对文字的字体、字号进行设置,如图2-50所示。然后单击"确定"按钮即可。"字体"对话框也可通过在"开始"选项卡中单击"字体"命令组的对话框启动器按钮 ▫ 打开。

图2-49 选择"字体"选项

图2-50 "字体"对话框

2.3.2 字形和颜色随意挑

字形是文字的字符格式,包括文字的加粗、倾斜、底纹和边框等。文字的颜色不仅可以是黑色的,还可以设置其他颜色。

1. 设置字形

【例2-19】为文字设置加粗、倾斜和底纹。

01 选中需要设置的文字,打开"开始"选项卡,单击"字体"命令组的"加粗"按钮,如图2-51所示。最终效果如图2-52所示。

图2-51 设置加粗

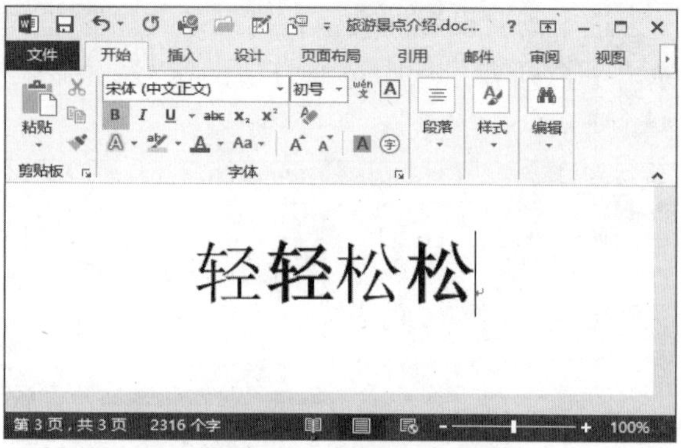

图2-52 加粗后的效果

02 选中需要设置的文字，单击"字体"命令组的"倾斜"按钮，然后单击"下划线"下拉按钮，弹出下拉列表，从中选择需要的下划线，如图2-53所示。设置后的效果如图2-54所示。

图2-53 设置倾斜和下划线

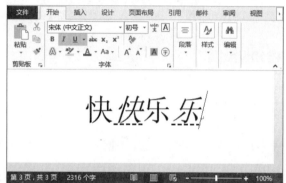

图2-54 最终效果

03 选中需要设置的文字，依次单击"字符边框"按钮和"字符底纹"按钮，如图2-55所示。设置后的效果如图2-56所示。

图2-55 设置字符的边框和底纹

图2-56 设置后的效果

2. 设置文字颜色

【例2-20】将标题文字颜色设置为"绿色"。

选中需要设置颜色的文字，打开"开始"选项卡，单击"字体"命令组的"字体颜色"下拉按钮，如图2-57所示。在弹出的下拉列表中选择需要的颜色即可，如本例的"绿色"，设置后的效果如图2-58所示。

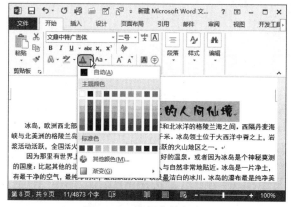
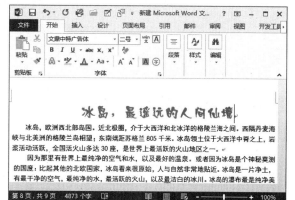

图2-57 选择字体颜色　　　　　　　　　图2-58 字体颜色变成"绿色"

2.3.3 设置字符间距

文档中两个字符之间的距离被称为字符间距。当文档的字符间距过小时，文字都挤在一起，就会影响读者的阅读，这时候就需要加大字符间距。

【例2-21】将字符间距设置为15磅。

01 选中需要设置字符间距的文字，在文字上单击右键，弹出快捷菜单，从中选择"字体"选项，打开"字体"对话框。

02 在对话框中打开"高级"选项卡，先在"间距"下拉列表框中选择"加宽"选项，然后在"磅值"框中输入"15磅"，如图2-59所示。

03 单击"确定"按钮，完成设置。设置结果如图2-60所示。

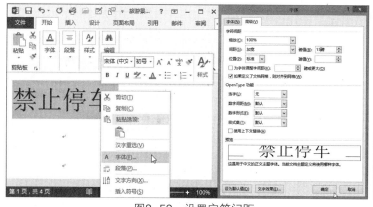

图2-59 设置字符间距　　　　　　　　　图2-60 设置后的效果

知识点拨

在"字体"对话框的"高级"选项卡中，"缩放"下拉列表框用于调整文字横向缩放的大小；"间距"下拉列表框用于调整文字间的间距；"位置"下拉列表框用于调整字符在垂直方向上的位置。

2.3.4 设置文本效果和版式

设置文本效果和版式可使文字更加立体、直观，更符合人们审美的要求。

【例2-22】设置文字为"填充-蓝色，着色1，轮廓-背景1，清晰阴影-着色1"，添加发光效果为"发光-金色，18pt发光，着色4"，设置阴影效果为"阴影-靠下"。

01 打开"开始"选项卡，单击"文本效果和版式"下拉按钮，弹出下拉列表，从中选择"填充-蓝色，着色1，轮廓-背景1，清晰阴影-着色1"选项，如图2-61所示。

02 单击"文本效果和版式"下拉按钮，弹出下拉列表，从中选择"发光-金色，18pt发光，着色4"选项，如图2-62所示。

图2-61　设置整体效果

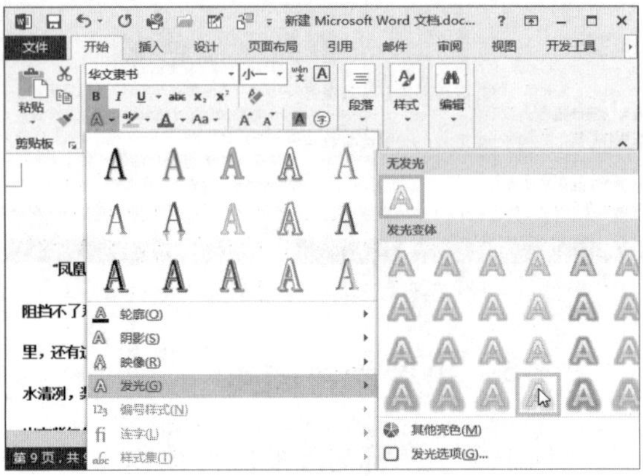

图2-62　设置发光效果

03 单击"文本效果和版式"下拉按钮，弹出下拉列表，从中选择"阴影-靠下"选项，如图2-63所示。经过上述操作，被选中文字的最终效果如图2-64所示。

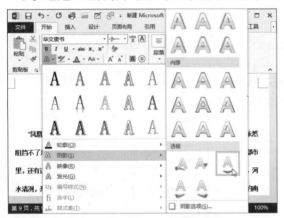
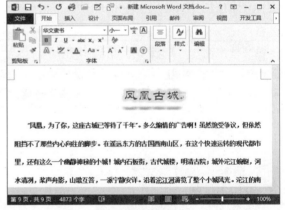

图2-63　设置阴影

图2-64　最终效果

2.4　巧用页眉和页脚

页眉和页脚通常用来显示文档的附加信息，如时间、日期、页码、单位名称等。页眉位于页面的顶部，页脚位于页面的底部。本节将介绍设置页眉和页脚的相关操作。

2.4.1　插入页眉和页脚

在进行文档编辑时，用户并不需每次增加一页后，都添加一次页眉和页脚，Word可以直接为文档全部页面添加页眉和页脚。

【例2-23】为文档添加空白页眉，输入页眉标题，将页眉标题居中显示；为文档添加页脚为"离子（深色）"，并在页脚中输入标题和作者名。

01 打开"插入"选项卡，单击"页眉和页脚"命令组的"页眉"按钮，弹出下拉列表，从中选择空白页眉，如图2-65所示。

02 在页眉中输入页眉标题，如输入"大众食品有限公司授权书"，然后将光标放到标题前，打开
"页眉和页脚工具" | "设计"选项卡，单击"位置"命令组的"插入'对齐方式'选项卡"按
钮，如图2-66所示。

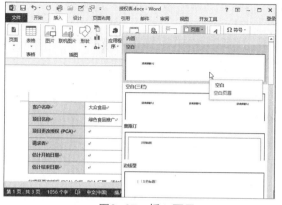

图2-65 插入页眉

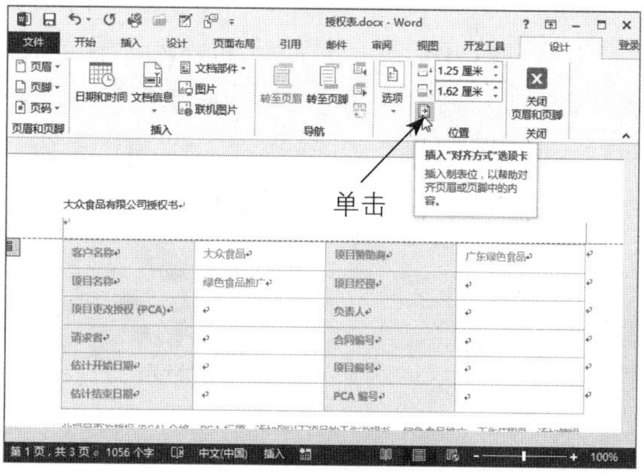

图2-66 输入页眉标题

03 弹出"对齐制表位"对话框，从中选择"居中"单选项，单击"确定"按钮，如图2-67所示。

04 单击"设计"选项卡中的"页脚"按钮，弹出下拉列表，从中选择"离子（深色）"选项，如图
2-68所示，即可插入页脚。

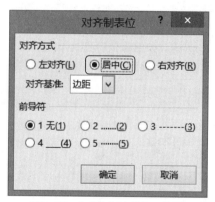

图2-67 "对齐制表位"对话框

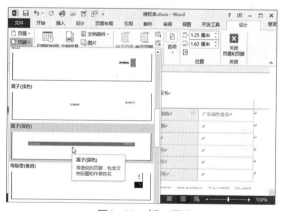

图2-68 插入页脚

05 插入页脚后，输入文档标题为"授权书"，输入文档作者为"大众食品有限公司"，如图2-69所示。

06 单击"关闭页眉和页脚"按钮，退出页眉和页脚编辑状态。插入的页眉和页脚如图2-70所示。

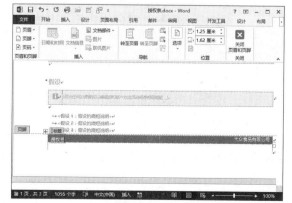

图2-69 输入页脚标题

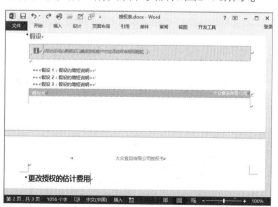

图2-70 插入的页眉和页脚

2.4.2 编辑页眉和页脚

用户在插入页眉和页脚后，如果对效果不满意，还可以进行设置以达到要求。

【例2-24】沿用上例，将页眉标题字体设置为微软雅黑、二号、蓝色；并将标题一分为二，其中"大众食品有限公司"设置为左对齐，"授权书"设置为居中对齐；然后在页眉中添加右对齐的时间信息；最后为文档添加有带状物装饰的页码。

01 在页眉上单击右键，选择"编辑页眉"选项，如图2-71所示。

02 进入页眉和页脚的编辑状态。选中需要编辑的文字，打开"开始"选项卡，在"字体"命令组中设置文字的字体、字号和字形等，如图2-72所示。

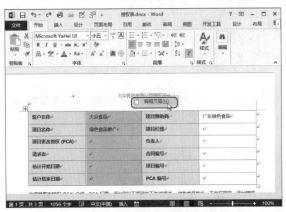

图2-71 选择"编辑页眉"选项　　　　　　　图2-72 设置页眉标题

03 将光标放在"大"字前，单击"插入'对齐方式'选项卡"按钮，如图2-73所示。

04 在弹出的"对齐制表位"对话框中选择"左对齐"单选项，单击"确定"按钮，如图2-74所示。

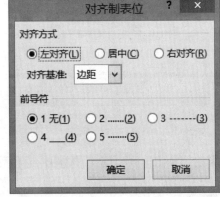

图2-73 单击"插入'对齐方式'选项卡"按钮　　　图2-74 "对齐制表位"对话框

05 将光标插入"授权书"的"授"字前，用同样的方法将"授权书"设置成"居中"对齐方式。然后将光标放到"授权书"后，单击"日期和时间"按钮，如图2-75所示。

06 弹出"日期和时间"对话框，从中选择合适的时间样式，其他保持默认状态，然后单击"确定"按钮，插入时间，如图2-76所示。

07 将光标放到时间前，单击"插入'对齐方式'选项卡"按钮，从"对齐制表位"对话框中选择"右对齐"单选项，然后单击"确定"按钮。

08 设置好页眉后，单击"页码"按钮，选择"带状物"选项，如图2-77所示，为页面插入页码。修改后的最终效果如图2-78所示。

图2-75　单击"日期和时间"按钮

图2-76　"日期和时间"对话框

图2-77　插入页码

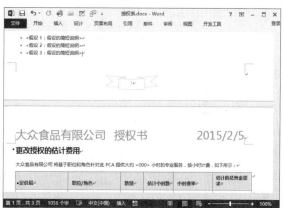

图2-78　设置后的效果

2.5　快速设置目录和索引

目录作为一种联系文献与需求者之间的媒介或纽带，以最大限度满足人们的书目情报需求为目的，对文献信息进行科学地揭示和有效地报道，并且不受时间和空间的限制。它是书籍的必备工具，可以方便人们对书籍内容进行查找。索引是将文献中具有检索意义的事项，比如人名、概念等，按照一定的方式有序地编排起来，供用户检索。本节将介绍设置目录和索引的相关操作。

2.5.1　目录很重要

用户创建了一篇文档，想要为它添加一个目录，如果自己手动编写目录，会非常耗时耗力，这时可以用Word从文档中直接提取目录。

1. 提取文档目录

【例2-25】为文档中所有标题设置标题样式，并在指定位置插入一个列示到4级标题的目录。

01 为文档中所有的标题设置标题样式，分成几个级别。比如章的标题就使用"样式1"，节的标题就使用"样式2"，第三级标题就使用"样式3"，第四级标题就使用"样式4"，依次类推。

02 设置好所有标题样式后，打开"视图"选项卡，勾选"显示"命令组的"导航窗格"复选框，会自动弹出"导航"窗格。在"导航"窗格中可以清晰地看到文档的结构。将光标放到要插入目录的位置，如图2-79所示。

03 打开"引用"选项卡，单击"目录"按钮，弹出下拉列表，从中选择合适的目录样式。本例因为要列示到4级目录，因此选择"自定义目录"选项，如图2-80所示。

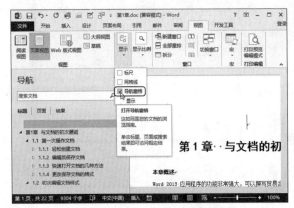 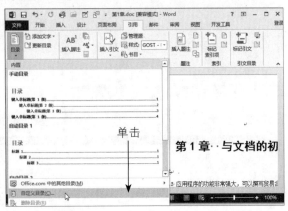

图2-79 显示文档的结构　　　　　　　　图2-80 选择"自定义目录"选项

04 打开"目录"对话框，从中设置目录的显示级别，本例设置为"4"，单击"确定"按钮，如图2-81所示。返回文档编辑页面后，可以看到文档中已经插入了目录，如图2-82所示。

 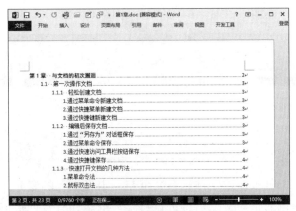

图2-81 "目录"对话框　　　　　　　　图2-82 文档中插入的目录

2. 更新目录

当用户对文档内容进行修改后，相对应的目录也需要更新，才能和文档内容保持一致。

【例2-26】更新文档中的目录。

01 打开"引用"选项卡，单击"更新目录"按钮，如图2-83所示。

02 弹出"更新目录"对话框，从中选择"更新整个目录"单选项，单击"确定"按钮，如图2-84所示。

 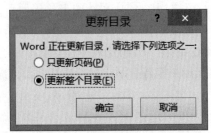

图2-83 单击"更新目录"按钮　　　　　　图2-84 "更新目录"对话框

知识点拨

当用户不再需要目录时，可以将目录删除。选中整个目录后，按Delete或Backspace键即可删除；也可以单击"引用"选项卡的"目录"按钮，从下拉列表中选择"删除目录"选项进行删除。

2.5.2 索引很实用

索引能够方便用户对文档中的信息进行查找，是很便利的检索工具。

1. 插入索引

【例2-27】为文档二级标题添加索引标记，并在指定位置插入二级标题索引。

01 打开"引用"选项卡，单击"索引"命令组的"标记索引项"按钮，如图2-85所示。

02 弹出"标记索引项"对话框。在文档中选择需要标记的内容作为索引项，单击"主索引项"文本框，这时选择的内容就会自动添加到该文本框中，然后单击"标记"按钮，如图2-86所示。

03 重复上面的操作标记其他索引项，当所有的索引都标记好后，单击"关闭"按钮。

图2-85 单击"标记索引项"按钮

图2-86 "标记索引项"对话框

04 将光标放到合适的位置上，单击"索引"命令组的"插入索引"按钮，弹出"索引"对话框，在对话框中对索引进行设置，然后单击"确定"按钮，如图2-87所示。

05 返回页面编辑区，可以看到在文档指定位置已经出现了索引，如图2-88所示。

图2-87 "索引"对话框

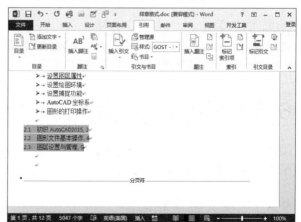

图2-88 在文档中插入了索引

2. 设置索引

如果用户对插入的索引不满意，还可以对索引进行设置。

【例2-28】修改文档中的索引样式，改为微软雅黑、四号、倾斜、两端对齐。

01 打开"引用"选项卡，单击"插入索引"按钮，打开"索引"对话框，单击"修改"按钮，如图2-89所示。

02 弹出"样式"对话框，从中选择需要修改的索引，然后单击"修改"按钮，如图2-90所示。

图2-89 单击"修改"按钮

图2-90 "样式"对话框

03 弹出"修改样式"对话框，从中设置索引的样式，如选择"微软雅黑"字体，"四号"字，设置字体倾斜，然后单击"确定"按钮，如图2-91所示。

04 返回文档编辑区后，可以看到设置后的索引样式，如图2-92所示。

图2-91 "修改样式"对话框

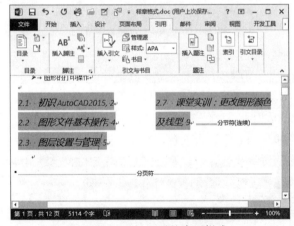

图2-92 设置后的索引样式

2.6 使用脚注和尾注

脚注是在页面的底部添加的对本页标记内容所做的说明性文字。尾注位于文档最后一页最后一个段落的下方，可以用来说明引用文献的来源。

2.6.1 插入脚注和尾注

脚注与尾注虽然在形式上有所不同，但在Word中它们的插入方法却非常相似。

1. 插入脚注

【例2-29】为文档添加脚注并输入内容。

① 打开需要插入脚注的文档，将光标放置到需要引用脚注的位置上，打开"引用"选项卡，单击"脚注"命令组的"插入脚注"按钮，如图2-93所示。

② 光标将自动定位到该页面底部，用户就可以在脚注中输入内容了，如图2-94所示。

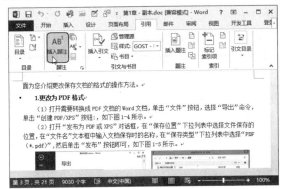

图2-93　单击"插入脚注"按钮

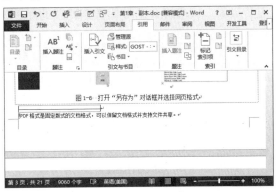

图2-94　插入的脚注

2. 插入尾注

【例2-30】为文档添加尾注并输入内容。

① 打开需要插入尾注的文档，将光标放置到需要引用尾注的位置上，打开"引用"选项卡，单击"脚注"命令组的"插入尾注"按钮，如图2-95所示。

② 光标会自动定位到最后一页最后一段下面，用户就可以在尾注中输入内容了，如图2-96所示。

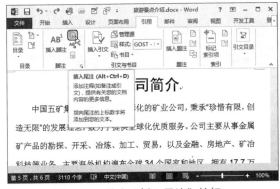

图2-95　单击"插入尾注"按钮

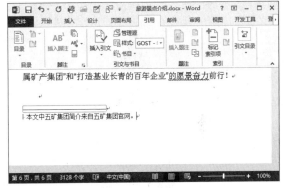

图2-96　插入的尾注

2.6.2　编辑脚注和尾注

用户插入尾注和脚注后，可以对插入的尾注和脚注进行编辑，还可以删除脚注和尾注。

【例2-31】编辑文档中的脚注（放置在页面底端、应用于整篇文档），删除脚注。

① 打开"引用"选项卡，单击"脚注"命令组的"对话框起动器"按钮 🔚。

② 弹出"脚注和尾注"对话框，从中选择"脚注"单选项，并对其进行设置，完成后单击"插入"按钮即可，如图2-97所示。

③ 当用户不再需要文档中的脚注和尾注时，可以将脚注和尾注删除。选中脚注或尾注的参考标记，然后按Delete键，即可将选中的脚注或尾注删除。

图2-97　"脚注和尾注"对话框

2.7 添加文档背景

为文档添加背景可以使文档更加美观。文档背景可以是纯色背景、水印背景、图片背景或填充背景等。本节将介绍设置文档背景的相关操作。

2.7.1 使用纯色背景和图片的背景

有些文档的篇幅较长、文字较多，读者长时间阅读会产生一种厌烦感。如果为这些文档添加适宜的背景，不仅可以增强文档的可读性，而且能降低读者的视觉疲劳。纯色背景是指用单一颜色作为页面的背景，图片背景是指用图片作为页面的背景。

1. 添加纯色背景

【例2-32】为文档添加纯色背景（浅绿色背景和浅黄色背景）。

01 打开"设计"选项卡，单击"页面背景"命令组的"页面颜色"下拉按钮，从下拉列表中选择"浅绿色"选项，如图2-98所示。

02 要选择颜色列表中没有的颜色，可以从下拉列表中选择"其他颜色"选项，如图2-99所示。

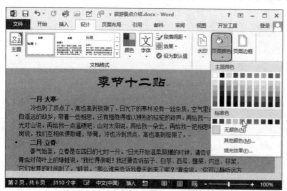

图2-98 将背景设置为"浅绿色"　　　　图2-99 选择"其他颜色"选项

03 打开"颜色"对话框，从"标准"或者"自定义"选项卡中选择需要的颜色，如图2-100所示。

04 单击"确定"按钮后，返回文档编辑区。可以看到设置后的效果如图2-101所示。

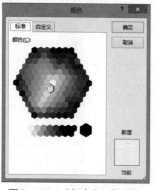

图2-100 "颜色"对话框　　　　图2-101 设置背景颜色后的效果

2. 添加图片背景

【例2-33】为文档添加图片背景。

01 打开"设计"选项卡，单击"页面背景"命令组的"页面颜色"下拉按钮，从下拉列表中选择"填充效果"选项，如图2-102所示。

02 弹出"填充效果"对话框，打开"图片"选项卡，单击"选择图片"按钮，如图2-103所示。

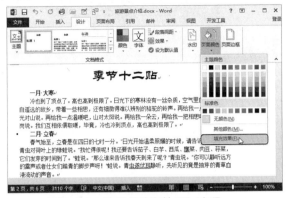

图2-102　选择"填充效果"选项

图2-103　"填充效果"对话框

03 出现加载图片页面。如果计算机中保存有合适的图片，可以单击"脱机工作"按钮，弹出"选择图片"对话框，选择合适的图片后，单击"插入"按钮，如图2-104所示。

04 返回"填充效果"对话框，单击"确定"按钮即可。最终效果如图2-105所示。

图2-104　"选择图片"对话框

图2-105　设置图片背景的效果

2.7.2　填充背景和水印背景

除了设置纯色背景和图片背景外，用户还可以设置填充背景和水印背景。下面介绍设置填充背景和水印背景的相关操作。

1. 设置填充背景

【例2-34】为文档添加渐变色背景（浅绿色、角部辐射）。

01 打开"设计"选项卡，单击"页面背景"命令组的"页面颜色"下拉按钮，从下拉列表中选择"填充效果"选项。

02 弹出"填充效果"对话框，打开"渐变"选项卡，选择"单色"单选项，将颜色1选为"绿色"，移动"颜色深浅"滚动条上的滑块，调节颜色深浅，然后在"底纹样式"选项组中选择"角部辐射"单选项，如图2-106所示。

03 单击"确定"按钮，完成设置后，返回文档编辑区。最终效果如图2-107所示。

📝 **知识点拨**

用户还可以通过"填充效果"对话框，为文档设置纹理背景和图案背景。

图2-106　设置渐变背景

图2-107　渐变背景的效果

2. 设置水印背景

【例2-35】为文档添加"严禁复制"（华文隶书、96磅、蓝色）水印。

01 打开"设计"选项卡，单击"页面背景"命令组的"水印"按钮，从弹出的下拉列表中选择合适的水印样式即可，如图2-108所示。

02 返回文档编辑区后，查看添加水印的效果，如图2-109所示。

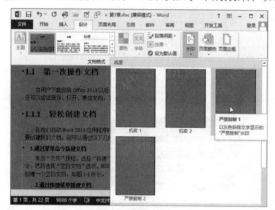

图2-108　选择需要添加的水印

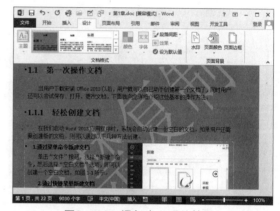

图2-109　添加水印后的效果

03 如果用户没有找到满意的水印，还可以自定义水印。打开"水印"按钮的下拉列表，从中选择"自定义水印"选项，打开"水印"对话框，设置需要的水印效果。本例字体为华文隶书，96号字，颜色为蓝色，如图2-110所示。

04 单击"确定"按钮，返回文档编辑页面，可看到设置的水印，如图2-111所示。

图2-110　设置水印

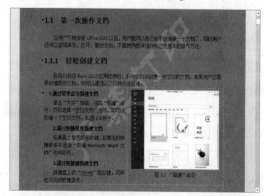

图2-111　添加水印后的效果

知识点拨

如果用户想要删除水印，可以打开"水印"按钮的下拉列表，从中选择"删除水印"选项即可。

2.8 上机实训

通过对本章内容的学习，读者应该对Word文档相关格式的设置有了更深地理解。本节将通过下面两个实训练习，来帮助读者回顾和拓展所学知识。

2.8.1 将文档分为三栏

将文档改成三栏，并在栏中添加分隔线。

① 选中需要分栏的段落，打开"页面布局"选项卡，单击"页面设置"命令组的"分栏"按钮，弹出下拉列表，从中选择"三栏"选项，如图2-112所示。

② 再次单击"分栏"按钮，从弹出的下拉列表中选择"更多分栏"选项，如图2-113所示。

图2-112 选择"三栏"选项　　　　图2-113 选择"更多分栏"选项

③ 在弹出的"分栏"对话框中勾选"分隔线"复选框，然后单击"确定"按钮，如图2-114所示。

④ 返回文档编辑区，可以看到文档被分为了三栏，并且中间添加了分栏线，如图2-115所示。

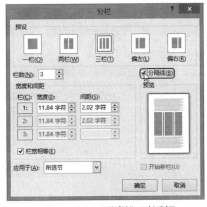

图2-114 "分栏"对话框

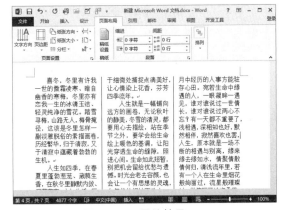

图2-115 最终效果

2.8.2 制作名片

Word不仅可以创建文档，还可以制作名片、封面、信封等。下面介绍制作名片的具体步骤。

01 创建一个新文档，打开"插入"选项卡，单击"文本"命令组的"文本框"下拉按钮，弹出下拉列表，从中选择"绘制文本框"选项，如图2-116所示。

02 在文档中拖动鼠标绘制一个文本框，在弹出的"绘图工具"｜"格式"选项卡中，精确设置文本框的高度和宽度，如图2-117所示。

图2-116 选择"绘制文本框"选项　　　　图2-117 设置文本框的大小

03 设置好文本框的大小后，在文本框中输入文字，并对输入的文字进行设置。图2-118所示为输入文字后的文本框。

04 打开"绘图工具"｜"格式"选项卡，在"形状样式"命令组中单击"形状轮廓"按钮，从弹出的下拉列表中选择"无轮廓"选项，取消文本框的边框，如图2-119所示。

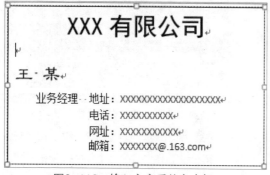

图2-118 输入文字后的文本框

图2-119 取消文本框的边框

05 打开"邮件"选项卡，单击"创建"命令组的"标签"按钮，如图2-120所示。

06 弹出"信封和标签"对话框，单击"选项"按钮，如图2-121所示。

图2-120 单击"标签"按钮

图2-121 "信封和标签"对话框

07 弹出"标签选项"对话框，在"产品编号"列表框中选择"东亚尺寸"选项，然后单击"确定"

按钮，如图2-122所示。

⑧ 返回"信封和标签"对话框，单击"新建文档"按钮，如图2-123所示。

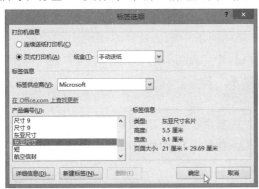

图2-122 "标签选项"对话框

图2-123 单击"新建文档"按钮

⑨ 弹出一个新文档，该文档依据刚创建的文本框大小创建了表格。返回创建名片的文档，选中"名片"文本框，单击右键，从弹出的快捷菜单中选择"复制"选项。

⑩ 回到新创建的标签文档，打开"开始"选项卡，单击"剪贴板"命令组的"粘贴"下拉按钮，从下拉列表中选择"选择性粘贴"选项，如图2-124所示。

⑪ 弹出"选择性粘贴"对话框，在"形式"列表框中选择"图片（增强型图元文件）"选项，单击"确定"按钮，如图2-125所示。

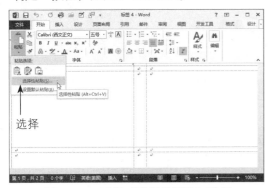

图2-124 选择"选择性粘贴"选项

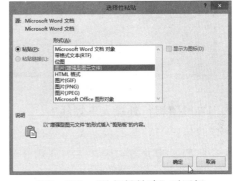

图2-125 "选择性粘贴"对话框

⑫ 这样名片就被粘贴到单元格中了。调整名片大小，使其和单元格匹配，如图2-126所示。

⑬ 复制调整好的名片，粘贴到其他单元格中，这样就制作了一批名片，方便名片的打印操作，如图2-127所示。

图2-126 调整大小

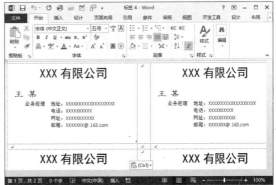

图2-127 最终效果

下面对学习过程中常见的疑难问题进行汇总，以帮助读者更好地理解前面所讲的内容。

Q：如何解决字符间距过大无法调整的问题？

A： 由于Word默认不允许在单词中间断开换行，这个默认设置会造成行末剩余空间排不下的英文单词、数字和一些英文符号，整个自动跳到下一行，致使前面的文字分散、字符间距拉大，无法调整。要想解决这个问题，可以打开"段落"对话框，勾选"允许西文在单词中间换行"复选框，然后单击"确定"按钮即可，如图2-128所示。

Q：如何给文字添加拼音？

A： 选中需要添加拼音的文字，打开"开始"选项卡，单击"字体"命令组的"拼音指南"按钮变，弹出"拼音指南"对话框，从中设置拼音格式，单击"确定"按钮，即可为所选的文字添加拼音，如图2-129所示。

图2-128 "段落"对话框　　　　图2-129 "拼音指南"对话框

Q：如何在段落换行处输入下划线？

A： 很多时候同一段落的换行处不能添加空格，这就导致基于空格的下划线输入失败。为了解决这个问题，用户可以按Ctrl+Tab组合键插入一个制表符，然后选中插入的制作符添加下划线即可。

Q：如何使Word文档中每页的页眉都不相同？

A： 打开"页面设置"选项卡，单击"分隔符"按钮，从弹出的下拉列表中选择"分页符"选项，在文档中插入分页符，使每一页都是一节，这样就可以设置不同的页眉了。

Q：如何输入字母的上标？

A： 在文档中首先输入字母，打开"开始"选项卡，单击"字体"命令组的"上标"按钮，此时，光标插入点就移动到字母的右上角，输入上标字符即可。

Q：如何切换插入和改写模式？

A： 单击文档状态栏中的"插入"按钮 插入 ，即可切换到改写模式，如果单击"改写"按钮 改写 ，就会切换到插入模式。用户还可以通过按Insert键来切换这两种模式。

Q：如何隐藏功能区？

A： 单击功能区右下角的"折叠功能区"按钮 ⌃ ，即可隐藏功能区。如果要显示功能区，单击功能区右上角的"功能区显示选项"按钮 ⊡ ，弹出下拉列表，从中选择"显示选项卡和命令"选项即可显示功能区。

2.10 拓展应用练习

为了让读者更好地掌握本章的知识，可以做做下面的两个练习。

◉ 制作书法字帖

本例练习书法字帖的制作。通过"增减字符"对话框选择字符，将字添加到字帖中，如图2-130所示。然后对添加的字符进行设置，最终的效果如图2-131所示。

图2-130 "增减字符"对话框

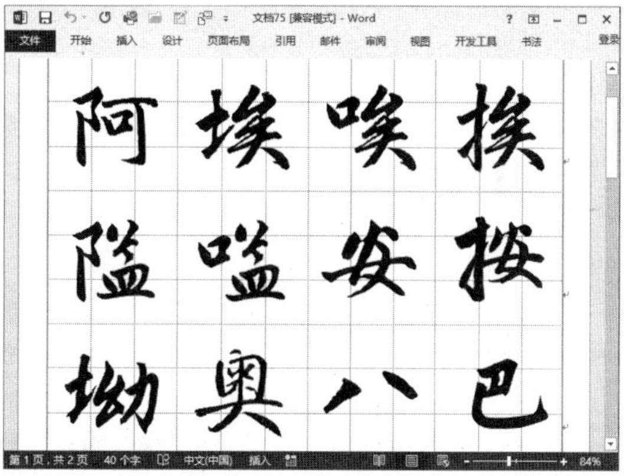

图2-131 最终效果

操作提示

01 选择"新建"｜"书法字帖"选项。

02 打开"增减字符"对话框。

03 选择字符，添加到字帖中。

04 设置字帖的网格样式，并设置字帖的字体样式。

◉ 设置文档的段落格式

本例练习设置段落的格式，包括文字的字体、字号、对齐方式，段落的缩进方式等。初始效果和最终效果如图2-132和图2-133所示。

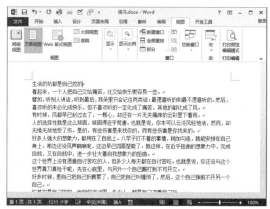
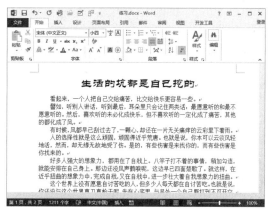

图2-132 初始效果

图2-133 最终效果

操作提示

01 设置标题的字体为"华文隶书"，字号为"小一"。

02 设置标题居中显示。

03 将段落设置为"首行缩进""2字符"。

04 将正文设置为"宋体""小四"。

文件 开始 插入 设计 页面布局 引用 邮件 审阅 视图 开发工具

大纲视图
草稿
页面视图 Web 版式视图
阅读 视图
显示 显示比例 窗口 宏 打印预览 编辑模式
宏 打印编辑
视图

第3章
轻松驾驭图文混排

📹 **本章概述**　用户创建一个文档并对它进行编辑后，还需要对它进行排版。要掌握排版就得学会处理图形、文章和表。本章将介绍Word 2013中对表格、图像、艺术字等的处理操作。

📖 **知识要点**
- 表格的使用；
- 文本框的使用；
- SmartArt图形的使用；
- 艺术字的使用；
- 图片的使用。

3.1 灵活多变的表格

表格由一行或多行单元格组成，用于显示文字、数字和其他项，以便读者能快速引用和分析。表格是一种直观的表达方式，结构严谨、效果直观，在工作、学习和生活中都有广泛的应用。

3.1.1 从插入和制作表格开始

在Word 2013中，用户可以直接插入表格，也可以自己动手绘制表格。下面介绍插入表格和绘制表格的操作方法。

1. 插入表格

【例3-1】在文档中创建一个5行×3列的值班表。

01 打开文档，单击文档中需要插入表格的位置，打开"插入"选项卡，单击"表格"命令组的"表格"按钮，弹出下拉列表。

02 在下拉列表的"插入表格"栏中有一个8行10列的按钮区，在这个区域中移动鼠标，在文档中就会随之出现与列表中鼠标滑过的区域相同行列数的表格。比如列表中鼠标滑过5行3列，文档中就会出现5行3列的表格，如图3-1所示。

03 当用户拖动鼠标滑过的行列数满足要求后，单击鼠标，在文档中就会出现相应行列数的表格。在表格中输入文字，最终效果如图3-2所示。

图3-1　插入表格

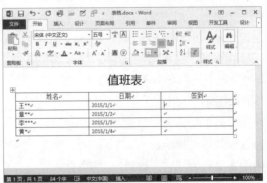

图3-2　最终效果

如果"插入表格"栏不能满足需求，用户还可以通过"插入表格"对话框插入表格。

【例3-2】在文档中创建一个11行×11列的工资表。

① 单击"表格"按钮，从下拉列表中选择"插入表格"选项，弹出"插入表格"对话框。

② 在对话框中可以设置表格的行数、列数，还可以设置表格大小的调整方式。当设置完成后，单击"确定"按钮，如图3-3所示。

③ 返回文档编辑页面后，就会看到文档中新创建的表格了。在表格中输入文字，其最终效果如图3-4所示。

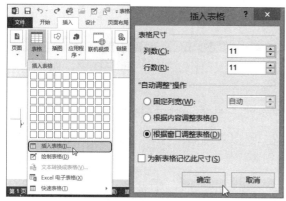

图3-3 打开"插入表格"对话框进行设置

图3-4 插入的表格

2. 手动绘制表格

【例3-3】手绘一个不规则的空白表格。

① 打开文档，单击需要插入表格的位置，打开"插入"选项卡，单击"表格"命令组中的"表格"按钮，弹出下拉列表，从中选择"绘制表格"选项，如图3-5所示。

② 这时，在文档页面中的鼠标指针变成铅笔形状 ✎，拖动鼠标就可以绘制表格的边框了，如图3-6所示。

图3-5 选择"绘制表格"选项

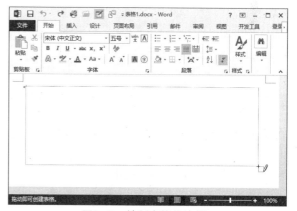

图3-6 绘制表格的边框

③ 绘制好表格边框后，在表格中垂直拖动鼠标可以绘制列线，水平拖动鼠标可以绘制行线，如图3-7所示。

④ 在单元格中沿对角线斜向拖动鼠标，可以绘制一条平分单元格的斜线。通过绘制行线、列线和斜线，就可以绘制出用户需要的表格了。本例最终效果如图3-8所示。

绘制行线

图3-7 绘制行线

图3-8 手动绘制的表格

3.1.2 编辑表格的行与列

用户插入了一个新的表格，往往需要对表格进行修改，以满足需求。对表格进行修改，首先应该设置表格的行和列，下面介绍设置行和列的相关操作。

1. 添加行和列

【例3-4】在销售报表中插入一个"总计"行，一个"单价"列，一个"平均"行。

01 单击需要插入行的单元格，弹出"表格工具"活动标签，打开活动标签中的"布局"选项卡，单击"行和列"命令组的"在下方插入"按钮，如图3-9所示。

02 Word就会在选中单元格的下方插入一行，即本例的总计行，如图3-10所示。在表格中输入需要的文字即可。

图3-9 在下方插入行

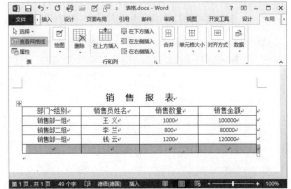

图3-10 插入行后的效果

03 用户不仅可以插入行，还可以插入列。在需要插入列的单元格上单击右键，弹出快捷菜单，从中选择"插入"|"在右侧插入列"选项，如图3-11所示。

04 此时在选中单元格的右侧就插入了一列，在其中输入文字即可，此为本例的"单价"列，如图3-12所示。

05 除了上述操作，用户还可以通过"插入单元格"对话框来设置行和列。打开"表格工具"|"布局"选项卡，单击"行和列"命令组的对话框启动器按钮 ，如图3-13所示。

06 打开"插入单元格"对话框，从中选择"活动单元格下移"单选项，然后单击"确定"按钮。此时在选中单元格的下方就添加了一行单元格，接着在单元格中输入文字，此为本例的"平均"行。本例的最终结果如图3-14所示。

图3-11 选择"在右侧插入列"选项

图3-12 在右侧插入列的效果

图3-13 打开"插入单元格"对话框

图3-14 插入一行单元格

2. 合并和拆分单元格

【例3-5】制作个人简历表格。

① 选中表格中需要合并的单元格，弹出"表格工具"活动标签，打开"布局"选项卡，单击"合并"按钮，选择"合并单元格"选项，如图3-15所示。此时，选中的单元格就合并成了一个。用同样的方法，继续合并其他需要合并的单元格。

② 拆分单元格的方法是，将光标插入需要拆分的单元格，单击"合并"按钮，选择"拆分单元格"选项，如图3-16所示。

图3-15 选择"合并单元格"选项

图3-16 选择"拆分单元格"选项

③ 弹出"拆分单元格"对话框进行设置。本例将列数设置为"1"，将行数设置为"2"，单击"确定"按钮，如图3-17所示。

④ 此时，单元就被拆分成了两个。用同样的方法拆分其他需要拆分的单元格，然后在表格中输入文字，最终效果如图3-18所示。

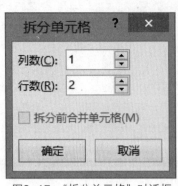

图3-17 "拆分单元格"对话框

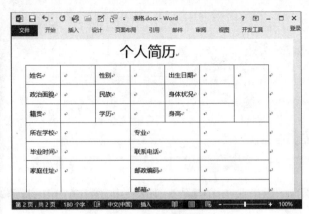

图3-18 最终效果

3.1.3 设置表格属性

用户创建了一个表格后，可以设置表格的属性。比如设置表格的高度、排列方式和边距等。下面介绍设置表格属性的相关操作。

【例3-6】指定表格的宽度为"13.33厘米"，将表格居中排列，设置单元格边距为"上下0.5厘米"、"左右0.19厘米"。

01 将光标放置到表格任意位置，打开"布局"选项卡，单击"表"命令组的"属性"按钮，如图3-19所示。

02 弹出"表格属性"对话框，在对话框中勾选"指定宽度"复选框，在其右侧的增量框中调节整个表格的宽度；在"对齐方式"选项组中选择表格在水平方向上的对齐方式，如本例选择"居中"选项；在"文字环绕"选项组中选择表格是否被文字环绕，如图3-20所示。

图3-19 单击"属性"按钮

图3-20 "表格属性"对话框

03 单击"表格属性"对话框中的"选项"按钮，弹出"表格选项"对话框。在该对话框中设置单元格的边距，勾选"允许调整单元格间距"和"自动重调尺寸以适应内容"复选框，单击"确定"按钮，如图3-21所示。

04 关闭"表格选项"对话框，返回上一级对话框。再次单击"确定"按钮，关闭"表格属性"对话框。返回表格编辑区后，可以看到设置后的表格，如图3-22所示。

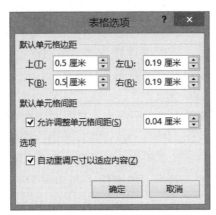

图3-21 "表格选项"对话框

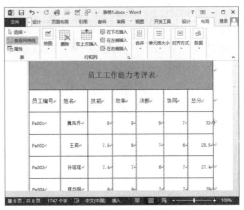

图3-22 设置后的效果

3.1.4 巧将文本转换成表格

用户不仅可以通过插入和手动绘制的方法来创建表格，还可以直接将文本转化表格。注意不是所有的文本都可以直接转化成表格的，只有以空格分隔的文本、以制表符分隔的文本、带段落标记的文本等才可以。

【例3-7】将指定文本转换为表格。

01 打开文档，选中需要转化的文本，如图3-23所示。打开"插入"选项卡，单击"表格"命令组的"表格"按钮，从下拉列表中选择"文本转换成表格"选项，如图3-24所示。

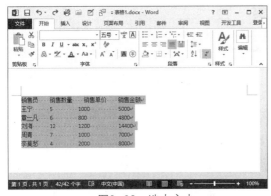

图3-23 选中文本

图3-24 选择"文本转换成表格"选项

02 此时将弹出"将文字转换成表格"对话框，默认系统中的设置，单击"确定"按钮，如图3-25所示。返回文档页面，就可以看到由文本转换成的表格了，如图3-26所示。

图3-25 "将文字转换成表格"对话框

图3-26 由文本转换的表格

3.1.5　表格中数据的运算

在Word 2013的表格中，用户不仅可以给数据排序，还可以计算数据。虽然这些功能不如Excel 2013强大，但是对于数据求和、求平均值这样的简单计算还是易如反掌的。

【例3-8】 计算2011年年平均工资。

01 在表格底部添加一行，在左边的单元格中输入"平均工资"，然后将光标放到右边的单元格中。打开"表格工具"｜"布局"选项卡，单击"数据"命令组的"公式"按钮，如图3-27所示。

02 弹出"公式"对话框，单击"编号格式"下拉按钮，在下拉列表中选择计算结果的显示方式，本例选择"0.00"；然后单击"粘贴函数"下拉按钮，在下拉列表中选择"AVERAGE"选项，如图3-28所示。

图3-27　单击"公式"按钮　　　　图3-28　选择公式

03 在"公式"文本框中修改公式为"=AVERAGE（ABOVE）"，然后单击"确定"按钮，如图3-29所示。返回表格编辑区后，可看到表格中已经出现了各省份的平均工资（此处的平均工资指的是各省份的年平均工资），如图3-30所示。

图3-29　修改公式　　　　图3-30　最终的计算结果

【例3-9】 对表格中各省市2011年年平均工资按降序排列。

01 创建一个空白的表格，单击单元格，在其中输入文字和数据，如图3-31所示。在表格任意位置上单击鼠标。

02 弹出"表格工具"活动标签，打开"布局"选项卡，单击"数据"命令组的"排序"按钮，如图3-32所示。

03 弹出"排序"对话框，单击"主要关键字"下拉按钮，在下拉列表中选择"2011年年平均工资"选项，在其后的"类型"下拉列表框中选择"数字"，排序方式选择"降序"单选项，然后单击"确定"按钮，如图3-33所示。

04 返回文档编辑区后，可以看到表格中的数据按“2011年年平均工资”的降序排列，如图3-34所示。

省市	2011年年平均工资
上海	51968
江苏	45987
云南	35387
安徽	40640
北京	56061

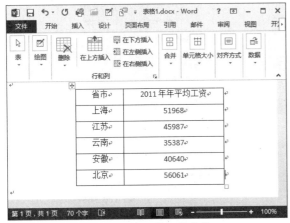

图3-31　输入数据的表格

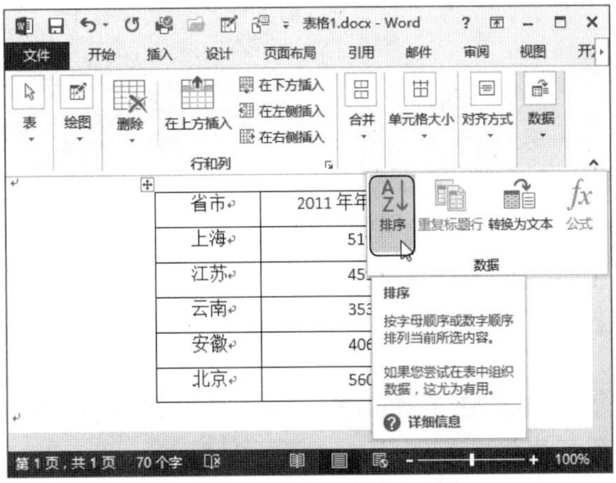

图3-32　单击“排序”按钮

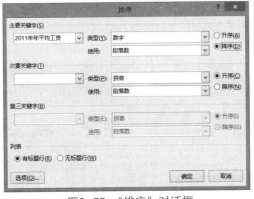

图3-33　“排序”对话框

省市	2011年年平均工资
北京	56061
上海	51968
江苏	45987
安徽	40640
云南	35387

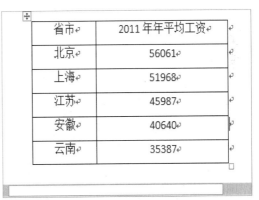

图3-34　按降序排列的结果

3.2 使用文本框

文本框是指一种可以移动、可以调节大小的文字或图形容器。它可以被放在页面任何位置。在文本框中可以输入文字、艺术字，还可以插入图片等对象。文本框的使用非常普遍，本节将对其相关知识进行详细介绍。

3.2.1 轻松创建文本框

创建文本框有两种常见的方法，一种是插入Word 2013中自带的文本框，一种是用户自己动手绘制文本框。

1. 插入文本框

【例3-10】在文档中创建一个“奥斯汀引言”类型文本框，并输入文字。

01 将光标放到需要插入文本框的位置，打开“插入”选项卡，单击“文本”命令组的“文本框”按钮，弹出下拉列表，从中选择文本框类型，如图3-35所示。

02 该类型的文本框就会被插入到文档中，如图3-36所示。这时用户就可以在文本框中输入文字了。本例最终效果如图3-37所示。

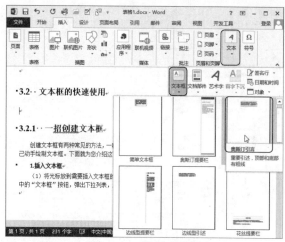

图3-35　选择文本框

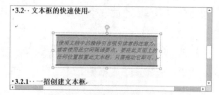

图3-36　插入的文本框

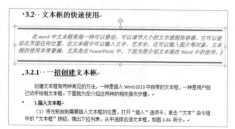

图3-37　输入文字后

2. 绘制文本框

【例3-11】在文档中绘制一个长方形文本框，并输入文字。

01 打开"插入"选项卡，单击"文本"命令组的"文本框"按钮，弹出下拉列表，从中选择"绘制文本框"选项，如图3-38所示。

02 返回页面编辑区后，在页面拖动鼠标，当文本框的大小符合要求后，释放鼠标即可得到文本框。这时，光标会自动放置在文本框中，直接在文本框中输入文字即可，最终效果如图3-39所示。

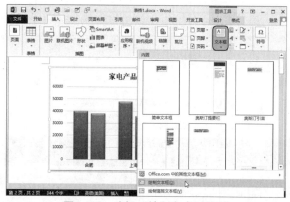

图3-38　选择"绘制文本"选项

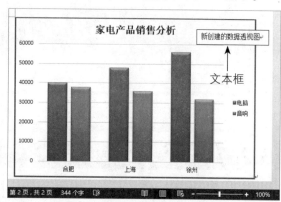

图3-39　绘制的文本框

📝 **知识点拨**

有些用户在绘制文本框时，会自动弹出绘图画布，并且只能在绘图画布中绘制文本框。要想摆脱绘图画布的限制，可以单击"文件"|"选项"命令，弹出"Word选项"对话框，从中单击"高级"按钮，然后在"编辑选项"列表框中取消"插入自选图形时自动创建绘图画布"复选框的勾选，单击"确定"按钮即可，如图3-40所示。这样就可以摆脱绘图画布的限制，文本框就可以移动到文档的任何位置了。

图3-40　"Word选项"对话框

3.2.2 巧设文本框

用户创建了文本框之后，如果对文本框的形状样式、颜色、边框等不满意，还可以重新设置。

【例3-12】将文本框形状设置为"椭圆形标注"，其形状样式设置为"效果-蓝色，强调颜色5"。

01 单击文本框，弹出"绘图工具"活动标签，打开"格式"选项卡，单击"插入形状"命令组的"编辑形状"按钮，弹出下拉列表，从中选择"更改形状"｜"椭圆形标注"选项，如图3-41所示。

02 文本框变成"椭圆型标注"形状，通过拖动鼠标可调整文本框的大小和位置。然后单击"形状样式"命令组的"其他"按钮，弹出下拉列表，从中选择合适的样式即可，如图3-42所示。

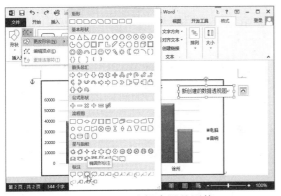

图3-41 选择合适的形状

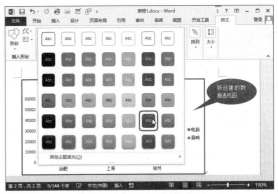

图3-42 选择合适的样式

3.3 SmartArt图形很实用

SmartArt图形是信息和观点的视觉表示形式。它可以很方便地创建各种图示效果，比如组织结构图。本节介绍SmartArt图形的相关操作。

3.3.1 创建实用的SmartArt图形

SmartArt图形有很多种类，如列表、流程、循环、层次结构、关系、矩阵、棱锥图等，每种图形都有它独特的用处。下面以层次结构图为例，介绍插入SmartArt图形的相关操作。

【例3-13】创建一个"总公司-分公司"的层次结构图。

01 打开"插入"选项卡，单击"插图"命令组的"SmartArt"按钮，如图3-43所示。

02 弹出"选择SmartArt图形"对话框，在对话框中单击"层次结构"按钮，然后选择合适的SmartArt图形，单击"确定"按钮，如图3-44所示。

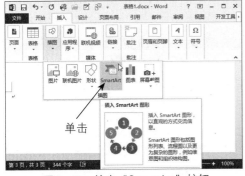

图3-43 单击"SmartArt"按钮

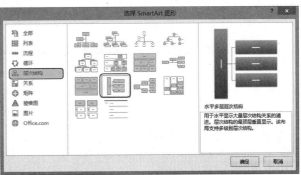

图3-44 "选择SmartArt图形"对话框

⓭ 返回文档编辑页面后，可以看到插入到文档中的SmartArt图形，如图3-45所示。此时在SmartArt图形中输入文字即可，本例最终结果如图3-46所示。

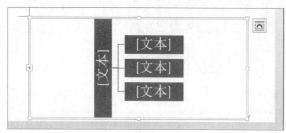

图3-45　文档插入了SmartArt图形

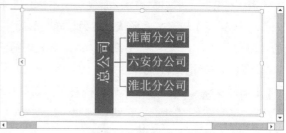

图3-46　最终结果

✍ **知识点拨**

SmartArt图形在插入文档时默认是嵌入式的，用户可以单击"布局选项"图标，从弹出的下拉列表中选择"浮于文字上方"选项，这样就可以将它改为浮动图形，移动到文档中的任何位置了。

3.3.2　修改SmartArt图形很简单

用户插入SmartArt图形后，如果对插入的图形不满意，还可以对SmartArt图形进行修改。下面介绍修改SmartArt图形的相关操作。

【例3-14】修改SmartArt图形（布局更改为"半圆组织结构图"，样式更改为"填充-白色，轮廓-着色2，清晰阴影-着色2"），在SmartArt图形中添加一个形状。

⓵ 单击SmartArt图形任意位置，弹出"SMARTART工具"活动标签，打开"设计"选项卡，单击"更改布局"按钮，弹出下拉列表，从中选择"半圆组织结构图"选项，如图3-47所示。

⓶ 修改好SmartArt图形的布局后，打开"格式"选项卡，单击"快速样式"按钮，弹出下拉列表，从中选择"填充-白色，轮廓-着色2，清晰阴影-着色2"选项，完成SmartArt图形样式的设置，如图3-48所示。

图3-47　更改布局

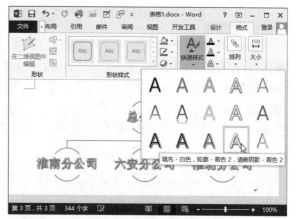

图3-48　更改样式

⓷ 如果该公司又重新组建了一家子公司，那么用户就需要将子公司加入到SmartArt图形中。用户可以单击"总公司"图形，打开"设计"选项卡，单击"添加形状"按钮，弹出下拉列表，从中选择"在下方添加形状"选项，如图3-49所示。

⓸ 添加一个图形后，在图形中输入分公司名称，将其样式更改为同其他图形一致的样式，完成图形的添加，如图3-50所示。

图3-49 添加形状　　　　　　　　　图3-50 最终效果

3.4 使用艺术字

艺术字是经过专业的字体设计师艺术加工的汉字字体。艺术字具有符合文字含义、美观有趣、易认易识、张扬醒目等特点，是一种有图案意味或装饰意味的字体变形。艺术字应用范围很广，比如广告、展览会等。本节介绍艺术字的相关操作。

3.4.1 从插入艺术字开始

艺术字可以快速提高文档的美观程度，使文档中某些元素更加醒目。首先介绍插入艺术字的相关操作。

【例3-15】在文档中插入艺术字（渐变填充-蓝色，着色1，反射）。

01 将光标插入需要放置艺术字的位置，打开"插入"选项卡，单击"文本"命令组的"艺术字"按钮，从下拉列表中选择合适的艺术字样式，如"渐变填充-蓝色，着色1，反射"，如图3-51所示。

02 返回文档编辑区，就可以看到"编辑艺术字文字"文本框，如图3-52所示。

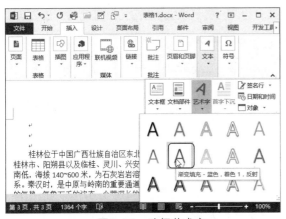

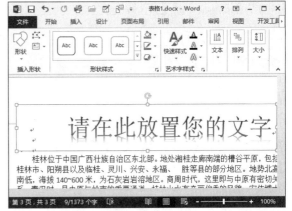

图3-51 选择艺术字　　　　　　　图3-52 "编辑艺术字文字"文本框

03 在"编辑艺术字文字"文本框中输入内容，调节艺术字的位置，最终效果如图3-53所示。

桂林山水甲天下.

桂林位于中国广西壮族自治区东北部。地处湘桂走廊南端的槽谷平原，包括桂林市、阳朔县以及临桂、灵川、兴安、永福、   胜等县的部分地区。地势北高南低，海拔140~600米，为石灰岩岩溶地区。商周时代，这里即与中原有密切关系。秦汉时，是中原与岭南的重要通道。桂林山水有奇丽俊秀的风貌，宏伟博大的气势，气象万千的姿态，含蓄深长的意趣，极富浓淡彩有诗画情趣。桂林山水甲天下的赞语流传古今。1982年定为全国重点风景名胜区。桂林风景资源十分丰富，尤以山水取胜。唐朝诗人韩愈的江作青罗带，山如碧玉簪的诗句，是桂林山水的最佳写照。而叠山、带水、幽洞、奇石，历来被誉为桂林风景的四绝，其山水洞石浑然一体的景观组合，举世无双。烟雨、光影、植物、动物、田园、村舍、名园、古迹，则被称为桂林风景的八胜。这些胜、绝的风景因素融合成各具特色的16个风景区和数百个风景点。

山水风光、桂林石山平地拔起，姿态奇异，像老人、骆驼、骑马、象鼻、独秀、书童诸山都惟妙惟肖。石山、峰丛、峰林、孤峰，星罗棋布，疏密有致，森

图3-53　文档中插入艺术字后的效果

3.4.2　自由修改艺术字

用户在文档中插入艺术字后，如果对艺术字的效果不满意，还可以对艺术字进行修改，下面介绍相关操作。

【例3-16】修改艺术字为"填充-白色，轮廓-着色1，发光-着色1"。

选中要修改的艺术字，功能区中会弹出"绘图工具"活动标签，打开"格式"选项卡，单击"快速样式"按钮，从弹出的下拉列表中选择指定的艺术字样式，如图3-54所示。修改后的效果如图3-55所示。

图3-54　选择艺术字

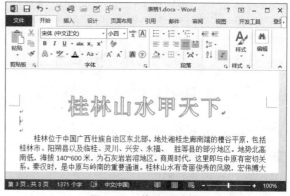

图3-55　修改后的效果

3.4.3　设置艺术字

用户也可以对艺术字的效果进行自定义设置，如设置成牛角形、棱台等。

【例3-17】设置艺术字的效果（文本效果为"abc转换-左牛角形、阴影-左上对角透视、发光-蓝色，5pt发光，着色1、棱台-十字形"，形状样式为"彩色轮廓-蓝色，强调颜色1"）。

01 选中要设置的艺术字，弹出"绘图工具"活动标签，打开"格式"选项卡，单击"文本效果"按钮，从下拉列表中选择"abc转换"｜"左牛角形"选项，如图3-56所示。

02 单击"文本效果"按钮，选择"阴影-左上对角透视"选项，如图3-57所示。

03 单击"文本效果"按钮，从下拉列表中选择"发光"｜"蓝色，5pt发光，着色1"选项，如图3-58所示。

04 单击"文本效果"按钮，选择"棱台"｜"十字形"选项，如图3-59所示。

05 单击"形状样式"命令组的"其他"按钮，从下拉列表中选择"彩色轮廓-蓝色，强调颜色1"选项，如图3-60所示。

06 设置完成后，返回文档编辑区，可看到设置好的艺术字，如图3-61所示。

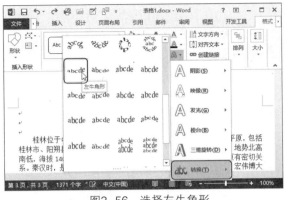

图3-56 选择左牛角形

图3-57 选择阴影

图3-58 选择发光

图3-59 选择棱台

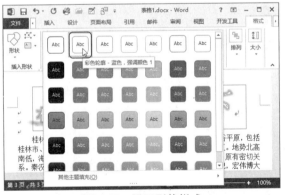

图3-60 设置形状样式

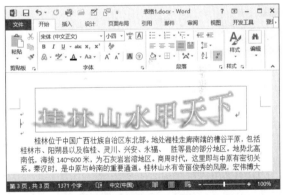

图3-61 最终的效果

3.5 图片使文档丰富多彩

如果一篇文档中全部都是文字，这样的文档不仅显得很单调，而且很快会使读者产生阅读疲劳。但是如果在文档合适的位置插入合适的图片，不仅会使文档的内容更加丰富，而且使文档更具可读性，也便于读者理解文档的内容。本节介绍在文档中使用图片的相关操作。

3.5.1 插入图片很简单

在文档中使用图片，首先需要在文档中插入图片。

1. 插入普通图片

【例3-18】在文档中插入图片，将位置设置为"底端居右，四周型文字环绕"。

01 将光标插入到需要插入图片的位置，打开"插入"选项卡，单击"插图"命令组的"图片"按钮，如图3-62所示。

02 弹出"插入图片"对话框，从中选择需要的图片，单击"插入"按钮，如图3-63所示。

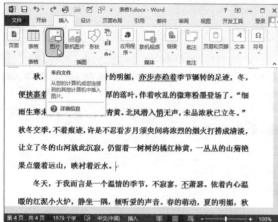

图3-62 单击"图片"按钮

图3-63 "插入图片"对话框

03 此时文档中插入了图片。单击图片，会弹出"图片工具"活动标签，打开"格式"选项卡，单击"位置"按钮，从下拉列表中选择"底端居右，四周型文字环绕"选项，如图3-64所示。

04 拖动鼠标改变图片大小，并将它放到文档合适的位置，如图3-65所示。

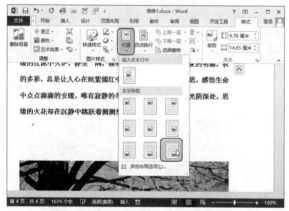

图3-64 选择图片放置的位置

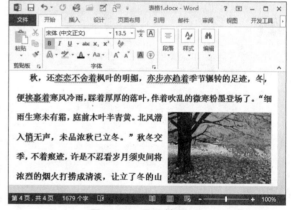

图3-65 最终效果

2. 插入剪贴画

【例3-19】插入剪贴画，将其位置设置为"中间居右，文字型四周环绕"。

01 将光标放到需要插入剪贴画的位置，打开"插入"选项卡，单击"插图"命令组的"联机图片"按钮，弹出"插入图片"搜索页面。选择"Office.com剪贴画"选项，在其右侧的文本框中输入关键字，如"雪"，单击"搜索"按钮，如图3-66所示。

02 页面就开始搜索加载有关雪的所有剪贴画，用户从这些剪贴画中选择需要的，单击"插入"按钮即可，如图3-67所示。

03 当文档中插入剪贴画后，单击剪贴画，弹出"图片工具"活动标签，打开"格式"选项卡，单击"排列"命令组的"位置"按钮，弹出下拉列表，从中选择"中间居右，四周型文字环绕"选

64

项，如图3-68所示。

04 调整图片的大小和位置，最终效果如图3-69所示。

图3-66 搜索有关雪的剪贴画

图3-67 选择合适的剪贴画插入

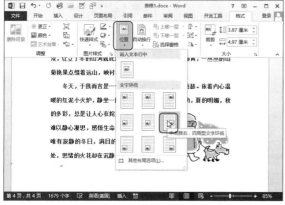

图3-68 选择剪贴画的位置

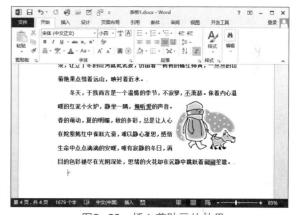

图3-69 插入剪贴画的效果

3. 插入形状

【例3-20】在文档中插入一个浅蓝色长方体。

打开"插入"选项卡，单击"形状"按钮，从中选择合适的形状，如图3-70所示。返回文档编辑区后，拖动鼠标即可绘制出该形状，如图3-71所示。

图3-70 选择形状

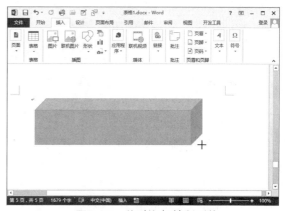

图3-71 拖动鼠标绘制形状

3.5.2 编辑图片也不难

用户在文档中插入图片后，如果对图片的大小和颜色不满意，还可以进行调整。下面介绍调整图片大小和颜色的相关操作。

1. 调整图片的大小

【例3-21】将图片的大小调整为"高5.21厘米""宽5.32厘米"。

01 单击插入的图片，将鼠标指针放到图片四周，比如右下角，当鼠标指针变成时，拖动鼠标即可改变图片的大小，如图3-72所示。

02 单击插入的图片，弹出"图片工具"活动标签，打开"格式"选项卡，在"大小"命令组中，精确设置图片的大小。本例图片大小为高5.21厘米，宽5.32厘米，如图3-73所示。

图3-72　拖动操作柄改变大小　　　　　　图3-73　在功能区调整大小

03 单击"大小"命令组的"对话框启动器"按钮，如图3-74所示。打开"布局"对话框，从中可设置图片的大小，如图3-75所示。

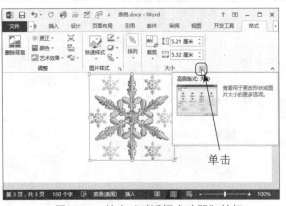

图3-74　单击"对话框启动器"按钮　　　　图3-75　在"布局"对话框中调整大小

2. 调整图片的颜色

【例3-22】调整图片的颜色（饱和度为100%，色调为色温11200K）。

01 若初始的图片是灰白的，如图3-76所示。用户希望调节图片的颜色，可以单击图片，弹出"图片工具"活动标签，打开"格式"选项卡，单击"颜色"按钮，弹出下拉列表，从"颜色饱和度"列表中选择合适的饱和度，如"饱和度：100%"，如图3-77所示。

02 再次单击"颜色"按钮，弹出下拉列表，从"色调"列表中选择"色温11200K"，如图3-78所示。返回页面后，可以看到调整颜色后的图片，如图3-79所示。

图3-76 图片初始状态

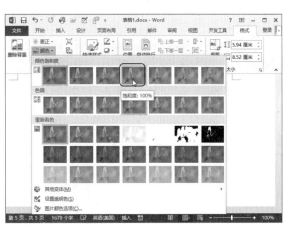

图3-77 设置图片饱和度

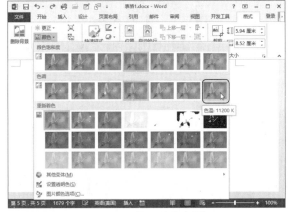

图3-78 设置图片色调

图3-79 图片的最终状态

3.5.3 旋转和裁剪图片

图片还可以旋转和裁剪，下面介绍旋转和裁剪图片的相关操作。

1. 旋转图片

【例3-23】将图片以任意角度手动旋转，接着向左旋转90°。

① 单击图片，将鼠标指针放置到图片顶部的控制柄上，拖动鼠标就可以旋转图片。旋转到合适角度放开鼠标，即可完成图片的旋转操作，如图3-80所示。

② 单击图片，弹出"图片工具"活动标签，打开"格式"选项卡，单击"排列"命令组的"旋转"按钮，弹出下拉列表，从中选择合适的角度选项即可旋转。本例选择"向左旋转90°"，如图3-81所示。

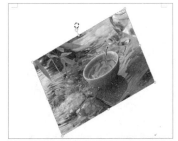

图3-80 通过鼠标控制柄旋转图片

图3-81 "旋转"下拉列表

2. 裁剪图片

【例3-24】裁剪图片的四边，再将图片裁剪为缺角矩形，最后设置图片的裁剪比例为"横向–3:2"。

01 单击插入的图片，弹出"图片工具"活动标签，打开"格式"选项卡，单击"大小"命令组的"裁剪"按钮。此时，图片四周会出现裁剪框，拖动裁剪框上的控制柄就可以对图片进行裁剪了，如图3-82所示。

02 完成裁剪后，按Enter键删除裁剪框以外部分，最终效果如图3-83所示。

图3-82 拖动裁剪框上的控制柄

图3-83 图片裁剪后的效果

03 除了上述裁剪方法外，用户还可以将图片裁剪成一些特殊的形状。单击"裁剪"下拉按钮，弹出下拉列表，从中选择"裁剪为形状"｜"缺角矩形"选项，如图3-84所示。

04 返回图片编辑区后，图片就被裁剪成"缺角矩形"的形状，如图3-85所示。

图3-84 选择形状

图3-85 图片裁剪成缺角矩形

05 用户还可以设定图片的横纵比例。单击"裁剪"下拉按钮，从下拉列表中选择"纵横比"｜"横向"｜"3:2"选项即可，如图3-86所示。最终的裁剪结果如图3-87所示。

图3-86 选择图片横纵比例

图3-87 图片按照横纵比例被裁剪后的效果

3.6 上机实训

通过对本章知识的学习，读者对Word的图文混排有了更深地理解。下面再通过两个实训操作来巩固和拓展所学的知识。

3.6.1 图片的艺术化处理

为了使插入的图片更加美观、生动，用户可以对图片进行艺术处理，也就是为图片增加一些特殊效果。本例将介绍如何将图片"纹理化"、为图片添加金属框架以及设置图片效果（"棱台"为"草皮"、"发光"为"灰色-50%，18pt发光，着色3"、"三维旋转"为"左透视"、"阴影"为"右下对角透视"）。

01 单击插入的图片，如图3-88所示，弹出"图片工具"活动标签，打开"格式"选项卡，单击"艺术效果"按钮，从下拉列表中选择"纹理化"选项，如图3-89所示。

图3-88 图片的初始状态

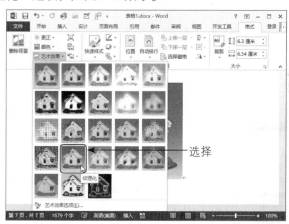

图3-89 选择"纹理化"选项

02 在"格式"选项卡中单击"快速样式"按钮，从下拉列表中选择"金属框架"选项，如图3-90所示。然后单击"图片效果"按钮，从其下拉列表中选择"棱台"|"草皮"选项，如图3-91所示。

图3-90 选择"金属框架"选项

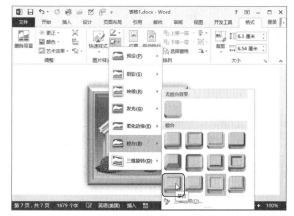

图3-91 选择"草皮"选项

03 单击"图片效果"按钮，从中选择"发光"|"灰色-50%，18pt发光，着色3"选项，如图3-92所示。再次单击"图片效果"按钮，从中选择"三维旋转"|"左透视"选项，如图3-93所示。

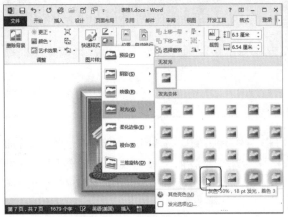
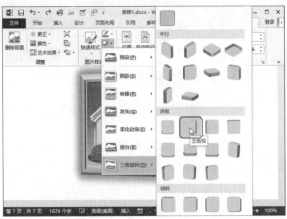

图3-92 选择发光方式   图3-93 选择三维旋转方式

04 单击"图片效果"按钮,从中选择"阴影"|"右下对角透视"选项,如图3-94所示。返回图片编辑页面,可以看到设置好的图片,如图3-95所示。

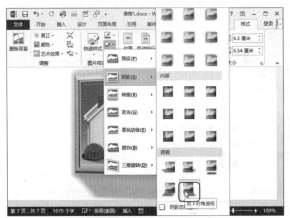

图3-94 选择阴影   图3-95 最终效果

3.6.2 图表的应用很简单

图表是以图的形式对数据进行的形象化的表示。主要用途是对数据进行分析,为用户提供直观、准确的数据信息。下面将介绍在文档中插入图表、更改图表的类型、更改图表的原始数据、美化图表等操作。

01 将光标放到文档需要插入图表的地方,打开"插入"选项卡,单击"插图"命令组的"图表"按钮,如图3-96所示。

02 弹出"插入图表"对话框,在"所有图表"列表框中选择"折线图"选项,然后单击"带数据标记的折线图"按钮,最后单击"确定"按钮,如图3-97所示。

03 返回文档编辑页面,发现在文档中插入了一个图表,并且在文档上还弹出一个名为"Microsoft Office Word 中的图表"的Excel窗口,其工作区中显示的是创建折线图的原始数据。

04 单击图表将打开"图表工具"活动标签,打开"设计"选项卡,单击"更改图表类型"按钮,如图3-98所示。

05 弹出"更改图表类型"对话框，从中选择"柱形图"|"簇状柱形图"选项，单击"确定"按钮，如图3-99所示。

图3-96 单击"图表"按钮

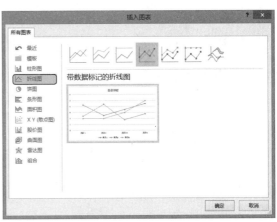

图3-97 "插入图表"对话框

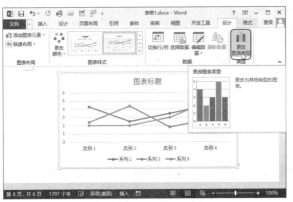

图3-98 单击"更改图表类型"按钮

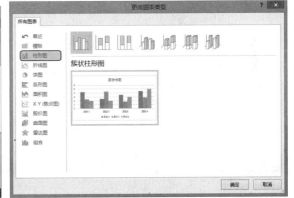

图3-99 "更改图表类型"对话框

06 返回图表编辑区后，就可以看到以前的折线图变成了柱形图。

07 用户可以在打开的"Microsoft Office Word 中的图表"的Excel窗口中对原始数据进行修改，如图3-100所示。此时图表也随之发生变化，如图3-101所示。

图3-100 对原始数据进行修改

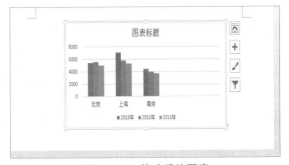

图3-101 修改后的图表

08 单击图表标题，修改标题为"三大城市人均工资"，如图3-102所示。

09 打开"设计"选项卡，单击"更改颜色"下拉按钮，从其下拉列表中选择合适的颜色，如"颜色4"，如图3-103所示。

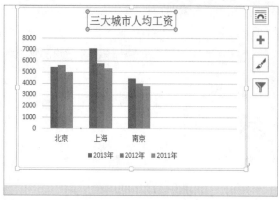

图3-102 修改标题

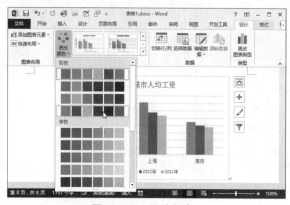

图3-103 更改颜色

⑩ 单击"图表样式"命令组的"其他"按钮，从下拉列表中选择"样式14",如图3-104所示。

⑪ 接着单击"快速布局"下拉按钮，从下拉列表中选择"布局5"，如图3-105所示。

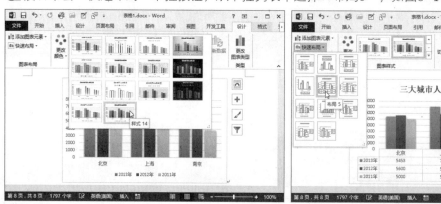

图3-104 选择图表样式　　　　图3-105 设置图表布局

⑫ 打开"格式"选项卡，选择"形状样式"命令组的"彩色轮廓-橙色，强调颜色2"选项，如图3-106所示。

⑬ 返回图表编辑页面，图表美化的最终效果如图3-107所示。

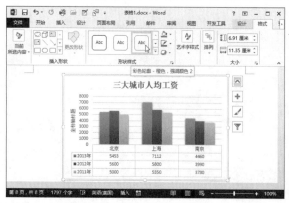

图3-106 选择形状样式

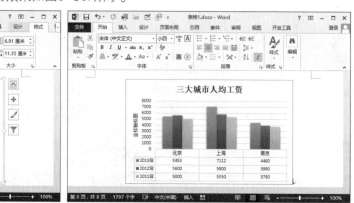

图3-107 最终效果

3.7 常见疑难解答 💡

　　下面将对学习过程中常见的疑难问题进行汇总，以帮助读者更好地理解前面所学内容。

Q：如果用户插入的表格没有边框，如何显示表格的虚线框？

A：单击无边框表格，打开"表格工具"｜"设计"选项卡，单击"边框"命令组中的"边框"按钮，弹出下拉列表，从中选择"查看网格线"选项即可。

Q：如何使一次插入的多张图片对齐？

A：首先调整图片的大小，选中所有插入的图片，打开"页面布局"选项卡，单击"页面设置"命令组中的"分栏"按钮，从中选择合适的选项即可。

Q：如何在Word中设置跨页页首自动显示表头？

A：选择表头，打开"表格工具"｜"布局"选项卡，单击"表"命令组的"属性"按钮，弹出"表格属性"对话框，从中打开"行"选项卡，勾选"在各页顶端以标题行形式重复出现"复选框，单击"确定"按钮即可，如图3-108所示。

Q：如何使表格平均分布各行和各列？

A：选中整个表格，打开"表格工具"｜"布局"选项卡，在"大小"命令组中单击"分布行"按钮，或者单击"分布列"按钮，即可平均分布表格中的行高、列宽。

Q：如何使图片随着文字移动？

A：单击图片，打开"图片工具"｜"格式"选项卡，单击"排列"命令组的"自动换行"按钮，弹出下拉列表，从中选择"其他布局选项"选项，打开"布局"对话框，从中选择"嵌入型"选项即可，如图3-109所示。

图3-108 "表格属性"对话框

图3-109 "布局"对话框

Q：如何一次性删除文档中所有的图片？

A：打开"开始"选项卡，单击"编辑"命令组的"替换"按钮，弹出"查找和替换"对话框，在"查找内容"文本框中输入"^g"，然后单击"全部替换"按钮即可，如图3-110所示。

图3-110 "查找和替换"对话框

3.8 拓展应用练习

为了让读者能够更好地掌握在文档中使用表格和图片的方法，可以做做下面的练习。

◎ 制作汽车用品经营情况统计表

本例可以帮助读者练习表格的插入、单元格的合并和拆分、文字的设置等操作。设置后的最终效果将如图3-111所示。

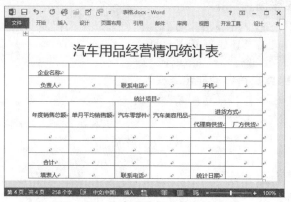

图3-111　汽车用品经营情况统计表

操作提示

01 插入一个8行×6列的表格。

02 合并标题行所在的单元格。

03 拆分需要设置的单元格。

04 输入文字并设置文字。

◎ 对图片进行艺术处理

本例可以帮助读者练习图片的艺术处理，为图片添加边框、设置三维效果、艺术效果等。设置后的最终效果将如图3-112所示。

图3-112　艺术处理后的图片

操作提示

01 插入图片，并为其设置艺术效果为"十字图案蚀刻"。

02 为图片添加边框为"金属圆角矩形"。

03 为图片设置棱台效果。

04 为图片添加阴影。

05 为图片设置三维旋转。

第 4 章

灵活使用审阅与打印

本章概述　　用户创建文档后，需要对文档进行审阅。Word 2013提供了很多有效的工具，包括自动翻译功能、字数统计功能、批注功能、修订功能等，这些工具可以帮助用户方便快捷地审阅文档。当文档审阅排版以后，如果需要将文档打印出来，合理的页面设置和打印设置可以帮助用户打印出令人满意的页面。本章将对Word文档的定位、审阅和打印等功能的有关操作进行介绍。

知识要点
- 定位文档；
- 文档的审阅功能；
- 文档的修订；
- 设置文档打印。

4.1　定位文档超简单

如果用户创建的文档较长，文档中的内容就无法全部在窗口中显示出来，若想查看文档中某一部分的内容，可以使用定位功能来找到要查看位置。本节将介绍定位文档的相关操作。

4.1.1　快速定位文档

用户对文档进行编辑时，往往需要快速定位到需要编辑的位置，定位文档的方式有三种，即使用垂直滚动条、使用"查找和替换"对话框和使用"导航"窗格。由于使用垂直滚动条是最简单、最普通的一种，因此下面仅介绍后两种定位文档的操作。

1. 使用"查找和替换"对话框定位文档

【例4-1】依次定位到文档的第二页，将光标上移10行，定位到第一节的第二页，定位到下一个表格以及定位到下一个图形。

01 打开"开始"选项卡，单击"编辑"命令组的"查找"下拉按钮，弹出下拉列表，从中选择"转到"选项，如图4-1所示。

02 弹出"查找和替换"对话框。在该对话框中打开"定位"选项卡，在"定位目标"列表框中选择定位目标，如"页"；在"输入页号"文本框中输入页号，如"2"；单击"定位"按钮，如图4-2所示，光标就会定位到文档的第2页。

图4-1　选择"转到"选项

图4-2　定位到第2页

03 在"定位"选项卡的"定位目标"列表框中,选择"行"选项,在"输入行号"文本框中输入"-10",如图4-3所示,就可以将光标上移10行。

04 选择"定位目标"列表框中的"节"选项,在"输入节号"文本框中输入"p2s1",如图4-4所示,就可以定位到第1节的第2页。

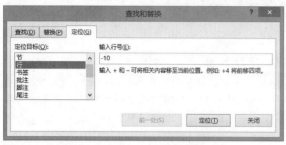

图4-3　插入点光标上移10行

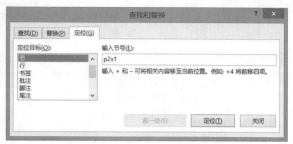

图4-4　定位到第1节的第2页

05 选择"定位目标"列表框的"表格"选项,单击"下一处"按钮,如图4-5所示,即可定位到光标所在位置的下一个表格。

06 选择"定位目标"列表框中的"图形"选项,单击"前一处"按钮,如图4-6所示,即可定位到光标所在位置的上一个图形。

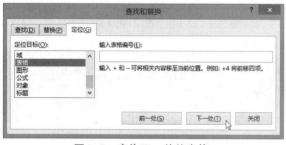

图4-5　定位下一处的表格

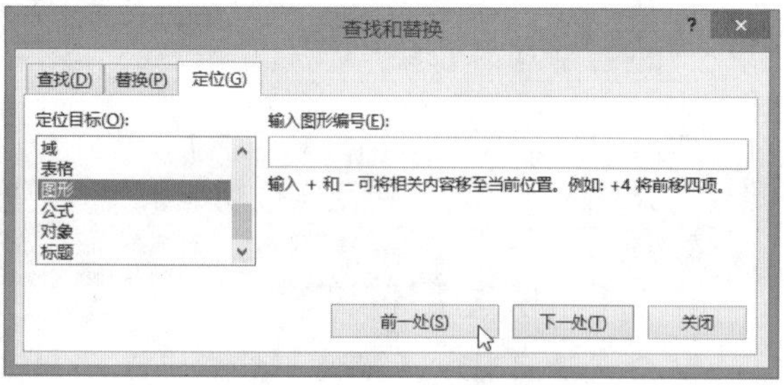

图4-6　定位上一处的图形

2. 通过"导航"窗格定位文档

【例4-2】定位到文档中的表格。

01 用户打开文档后,按Ctrl+F组合键,在文档页面会弹出"导航"窗格。单击窗格中"搜索更多内容"按钮,弹出下拉列表,从中选择"表格"选项,如图4-7所示。

02 此时光标立即被定位到表格处,如图4-8所示。

图4-7　"导航"窗格

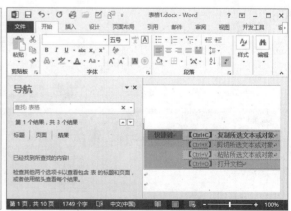

图4-8　定位到文档中的表格

4.1.2 巧用书签定位文档

书签是文档中命名某个位置或者选定某些内容的工具，主要用于帮助用户在Word长文档中快速定位至特定位置，或者引用文档中的特定文字。在Word中，文本、段落、图片等都可以添加书签。

【例4-3】插入一个名为"行距"的书签，设置书签的排序；定位到书签所在位置。

01 打开文档，在文档中需要添加标签的位置单击，插入光标后，打开"插入"选项卡，单击"链接"命令组的"书签"按钮，如图4-9所示。

02 弹出"书签"对话框，在该对话框的"书签名"文本框中输入书签名称，如"行距"，接着单击"添加"按钮，如图4-10所示，就完成了书签的添加。

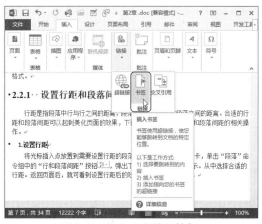

图4-9 单击"书签"按钮　　　　　　　图4-10 "书签"对话框

03 完成书签的创建后，打开"插入"选项卡，单击"链接"命令组的"书签"按钮，弹出"书签"对话框。在对话框的列表框中选择"行距"选项，然后单击"定位"按钮，如图4-11所示，文档就会自动定位到"行距"书签插入的位置。

04 在"书签"对话框中，勾选"隐藏书签"复选框，如图4-12所示，选中"名称"或者"位置"单选按钮，则可以设置书签的排列顺序。

图4-11 通过书签进行定位　　　　　　图4-12 隐藏书签

05 打开"开始"选项卡，单击"编辑"命令组的"查找"下拉按钮，从下拉列表中选择"转到"选项，如图4-13所示。

06 弹出"查找和替换"对话框，打开"定位"选项卡，在"定位目标"列表框中选择"书签"选项，单击"请输入书签名称"下拉按钮，选择"行距"选项，然后单击"定位"按钮，如图4-14所示，就可以定位到插入"行距"标签的位置了。

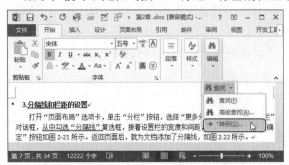

图4-13 选择"转到"选项

图4-14 "查找和替换"对话框

知识点拨

在Word 2013中，一般情况下是不显示书签的，如果用户想要在文档中显示插入的书签，可以单击"文件"按钮，选择"选项"命令，弹出"Word选项"对话框，从中选择"高级"选项，然后勾选"显示书签"复选框，如图4-15所示。单击"确定"按钮后，文档中就会显示"I"形状的书签了。

图4-15 "Word选项"对话框

4.2 巧用文档审阅

审阅，就是审查和阅读的意思，指对某一文体模块进行粗略地浏览并进行批改。审阅是Word 2013中的重要功能，可以帮助用户进行拼写检查、批注、翻译和文档比较等重要工作，下面介绍审阅的相关操作。

4.2.1 自动拼写和语法检查

用户在创建一篇文档时，难免会犯错误，如果该错误是文档中的拼写和语法错误，那么用户可以使用"拼写和语法"功能检查并改正错误。下面介绍使用"拼写和语法"功能的相关操作。

【例4-4】改正英文自我介绍中的单词"everyone"。

01 打开一篇文档，其内容是英文自我介绍。在这篇自我介绍中有一个单词是带有红色波浪线的，这说明这个单词存在错误。

02 用户可以打开"审阅"选项卡，单击"校对"命令组的"拼写和语法"按钮，在页面的右边会弹出"拼写检查"窗格。在此窗格中，会出现错误的单词，在下面的列表框中会提供几种正确的单词选项，用户可根据实际需要，从中选择正确的单词，然后单击"更改"按钮，如图4-16所示。

03 返回文档编辑区后，可以看到文中的错误单词已经被改正了，如图4-17所示。

图4-16 单击"更改"按钮

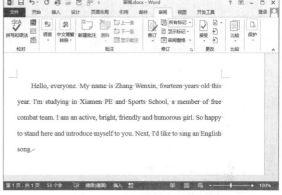

图4-17 更改后的文档

✑ **知识点拨**

　　一般情况下，用户在输入文档内容时，如果出现错误，Word 2013 应用程序会自动标示出错误的单词和语法出错的短语。用户如果想要取消这项功能，可以单击"文件"按钮，选择"选项"命令，打开"Word 选项"对话框，从中选择"校对"选项，取消对"键入时标记语法错误"复选框的勾选，然后单击"确定"按钮即可，如图4-18所示。

图4-18 取消勾选"键入时标记语法错误"复选框

4.2.2 妙用定义功能

定义功能可以帮助用户查明不确定的字词的具体含义，是用户日常工作的好帮手。下面介绍使用定义功能的相关操作。

【例4-5】查明文档中"可"字的具体含义。

01 打开文档，选中文中不确定具体含义的字词，如"可"，然后打开"审阅"选项卡，单击"校对"命令组的"定义"按钮，如图4-19所示。

02 在文档右边会弹出"中文字典"窗格，该窗格中列出了"可"字的具体含义，如图4-20所示。

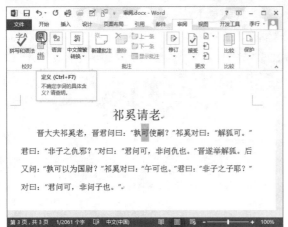

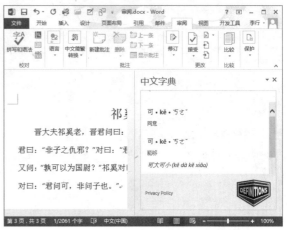

图4-19　单击"定义"按钮　　　　　　　　图4-20　"中文字典"窗格

4.2.3　巧用同义词库

同义词是指几个发音不同，字形不同，但是意义相同或基本相同的词。用户在创建文档时，为了使文档内容更加丰富，避免多处使用同一个词，可以使用该词的同义词，即换个说法，但却表示同样的意思。Word 2013提供了同义词库功能，方便用户查找同义词，下面做详细介绍。

【例4-6】为单词"develop"查找同义词。

01 选中需要查找同义词的单词，打开"审阅"选项卡，单击"校对"命令组的"同义词库"按钮，如图4-21所示。

02 在文档的右边会弹出"同义词库"窗格，单击窗格最下方的文本框下拉按钮，从中选择语言类型，如"英语（美国）"，如图4-22所示。

03 此时在"同义词库"窗格中就会弹出该词的同义词。用户拖动列表框右边的滚动条，可以查看列表框中所有的同义词，如图4-23所示。

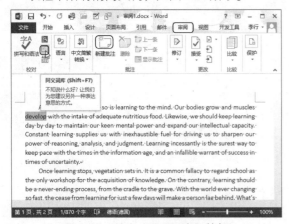

图4-21　单击"同义词库"按钮　　　图4-22　"同义词库"窗格　　　图4-23　查看同义词

> **知识点拨**
>
> 用户还可以单击"查看更多"按钮，此时会链接到网页，列出更多关于该词的信息。

4.2.4　省时省力的字数统计

如果想要知道某篇文档总共有多少个字，一个字一个字地数，就太耗时耗力了。Word 2013中提供了字数统计功能，可以方便地统计出文档的字数或者一个段落的字数，下面做详细介绍。

【例4-7】统计文档中的字数（"字数统计"对话框、状态栏、统计一个段落的字数）。

打开文档，打开"审阅"选项卡，单击"校对"命令组的"字数统计"按钮，如图4-24所示，弹出"字数统计"对话框。在该对话框中，详细地统计出了文档的页数、字数、段落数和行数等信息，如图4-25所示。

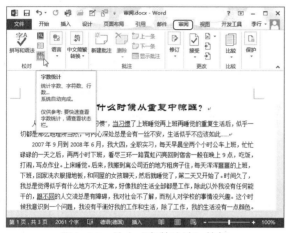

图4-24　单击"字数统计"按钮

图4-25　"字数统计"对话框

除了用上述方法查看文档字数，还可以通过文档的状态栏来查看整篇文档的字数，如图4-26所示。单击字数显示部分，即可打开"字数统计"对话框；单击文档的页码，可以打开"导航"窗格。

图4-26　文档的状态栏

4.2.5　轻松翻译文档内容

用户在使用文档时，会遇到多种语言，如果用户不懂其中的某种语言，它便会造成阅读障碍，导致用户无法读懂该文档。这时，用户就可以使用Word 2013的翻译功能，将文档翻译成熟知的语言类型，而可以使用该文档了。下面介绍使用Word 2013翻译功能的相关操作。

【例4-8】选中的英文翻译成中文。

01 选中需要翻译的内容，打开"审阅"选项卡，单击"语言"命令组的"翻译"按钮，弹出下拉列表，从中选择"翻译所选文字"选项，如图4-27所示。

02 在文档的右边会弹出"信息检索"窗格。单击该窗格"将"文本框的下拉按钮，从下拉列表中选择"英语（美国）"选项；单击"翻译为"文本框下拉按钮，从下拉列表中选择"中文（中国）"选项，窗格的下方就会自动将文档翻译成中文，如图4-28所示。

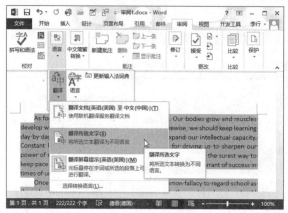

图4-27 选择"翻译所选文字"选项

图4-28 "信息检索"窗格

知识点拨

在"语言"下拉列表（参见图4-29）中，选择"设置校对语言"选项，可以打开"语言"对话框，在对话框中可以设置文档的校对语言；选择"语言首选项"选项，将会打开"Word选项"对话框，从中可以设置编辑、显示、帮助和屏幕提示语言。其中编辑语言包括词典、语法检查和排序等，用户可以根据需要，从中进行设置。

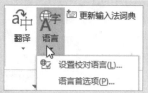

图4-29 单击"语言"按钮

知识点拨

用户将新词加入IME词典后，需要单击"更新输入法词典"按钮来更新词典，这样，下次使用该词时，才能被词典所识别。

4.2.6 方便的简繁转换

我国台湾地区使用的是繁体字，如果用户收到繁体字编写的文档，可以将其转化为简体字，方便用户对文档的使用。

1. 繁体字转为简体字

【例4-9】将繁体字文档转化为简体字文档。

01 打开繁体字文档，打开"审阅"选项卡，单击"中文简繁转换"按钮，弹出下拉列表，从中选择"繁转简"选项，如图4-30所示。

02 此时，文档中的繁体字就都转换成了简体字，如图4-31所示。

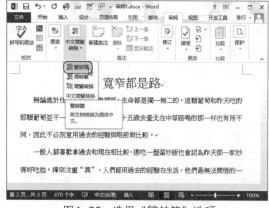

图4-30 选择"繁转简"选项

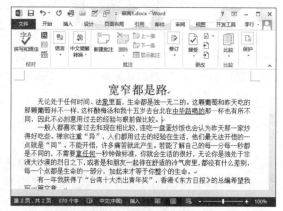

图4-31 转化成简体字的效果

2. 简字体转为繁体字

Word 2013中不仅可以将繁体字转换成简体字，也可以将简体字转化成繁体字。

【例4-10】将简体字文档转化为繁体字文档。

01 打开"审阅"选项卡，单击"中文简繁转换"按钮，弹出下拉列表，从中选择"简转繁"选项，如图4-32所示。

02 此时，文档中的简体字就都变成了繁体字，如图4-33所示。

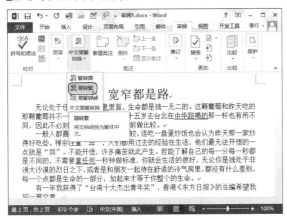

图4-32 选择"简转繁"选项

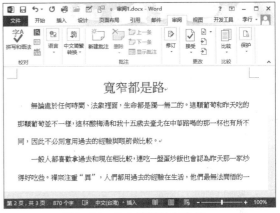

图4-33 转化成繁体字文档

3. "中文简繁转换"对话框的使用

【例4-11】使用"中文简繁转换"对话框进行中文简繁转换。

01 选择"中文简繁转换"按钮下拉列表中的"简繁转换"选项，如图4-34所示。

02 这时会打开"中文简繁转换"对话框，从中可以选择文字的转换方向，如"繁体中文转换为简体中文"，就是将繁体变成简体。用户如果勾选"转换常用词汇"复选框，如图4-35所示，就可以对用法不同的词汇进行转换，否则只简单地对文字进行书写格式的转换。

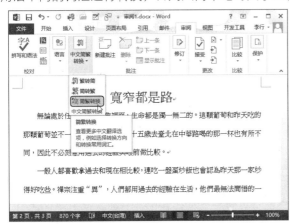

图4-34 选择"简繁转换"选项

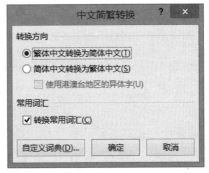

图4-35 "中文简繁转换"对话框

4.2.7 使用批注

批注是指读者阅读时在文中空白处对文章进行批评和注解，作用是帮助读者掌握书中的内容。批注是我国文学鉴赏和批评的重要形式和传统的读书方法，它直入文本、少有迂回，多是些切中肯綮的短语断句，是阅读者自身感受的笔录，体现着阅读者别样的眼光和情怀。在文档中，批注可以作为交流意见、更正错误、提问和提供信息的工具。下面介绍在文档中插入批注的有关操作。

1. 插入批注

【例4-12】在文档指定位置插入批注。

01 选中需要插入批注的对象，或者将光标插入需要插入批注的位置，打开"审阅"选项卡，单击"批注"命令组中的"新建批注"按钮。

02 此时，在Word文档的右侧会出现标记区和批注框，中间用红色引线连接着被批注的对象，同时该对象也被添加了红色底纹。用户在批注框中输入批注的内容，即可创建批注，如图4-36所示。

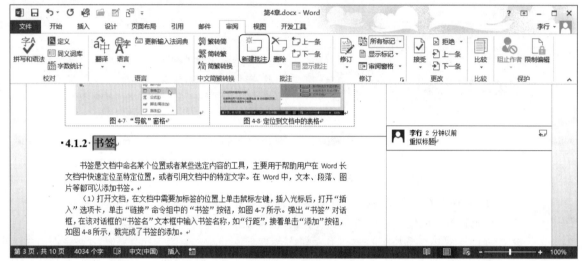

图4-36　插入批注

知识点拨

除了通过功能按钮创建批注外，用户还可以选中需要插入批注的对象，然后右击，弹出快捷菜单，从中选择"新建批注"选项。这时在文档的右侧会弹出标记区和批注框，用户在批注框中输入批注的内容，即可创建批注。

2. 设置批注

【例4-13】将批注设置为黄色，批注框高度为"10厘米"，将批注框放置到文档左边。

01 打开"审阅"选项卡，单击"修订"命令组中对话框启动器按钮，弹出"修订选项"对话框，从中单击"高级选项"按钮，如图4-37所示。

02 此时将弹出"高级修订选项"对话框，在对话框的"批注"下拉列表中设置批注框的颜色，如"黄色"，在"指定宽度"增量框中输入数值，设置批注框的宽度，此处设置为"10厘米"。

03 "边距"下拉列表框中的选项，决定批注框是放在文档的左边还是右边。此处选择"靠左"选项，将批注框放在文档的左边，然后单击"确定"按钮，如图4-38所示，返回"修订选项"对话框，再次单击"确定"按钮。

04 返回文档编辑区后，可以看到设置后的批注，如图4-39所示。

3. 查看批注

【例4-14】打开垂直形式的"修订"窗格，再以水平形式打开"修订"窗格，查看审阅者"李行"的批注。

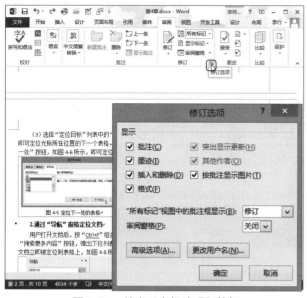

图4-37 单击"高级选项"按钮

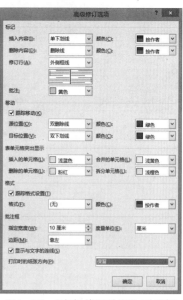

图4-38 "高级修订选项"对话框

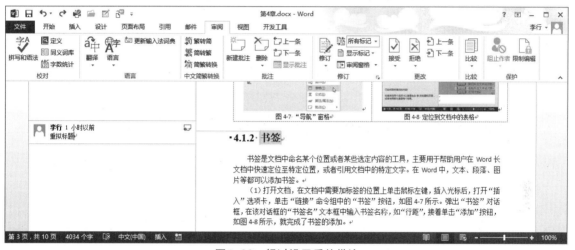

图4-39 经过设置后的批注

01 单击"修订"命令组的"审阅窗格"下拉按钮，从弹出的下拉列表中选择"垂直审阅窗格"选项，文档左边会弹出垂直形式的"修订"窗格，并在窗格中列出文档的所有批注，如图4-40所示。

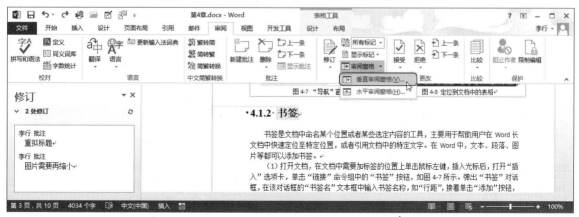

图4-40 打开垂直的"修订"窗格

02 选择"审阅窗格"按钮下拉列表中的"水平审阅窗格"选项，在文档底部会弹出水平形式的"修订"窗格，并在窗格中列出所有的批注，如图4-41所示。

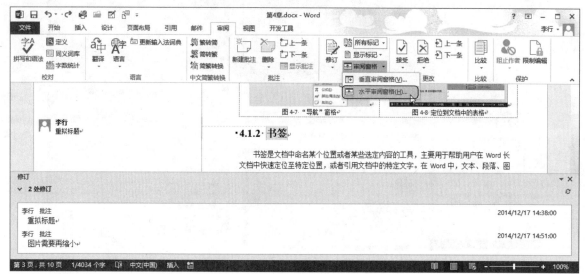

图4-41 打开水平的"修订"窗格

03 单击"修订"命令组的"显示标记"下拉按钮，弹出下拉列表，从中选择"特定人员"｜"李行"选项，就可以仅查看审阅者"李行"添加的批注，而不会显示其他审阅者添加的批注了，如图4-42所示。

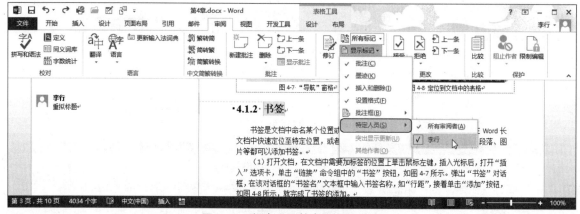

图4-42 指定显示特定人员的批注

知识点拨

若用户取消"显示标记"按钮下拉列表中其他修订选项，只保留对批注的勾选，那么文档只会显示批注，而不会显示"墨迹"等其他修订标记。

4. 删除批注

删除批注有两种方法：功能按钮法和快捷菜单法。

【例4-15】以功能按钮法和快捷菜单法删除批注。

01 将光标放置到批注框中，打开"审阅"选项卡，单击"批注"命令组的"删除"下拉按钮，弹出下拉列表，从中选择"删除"选项，即可删除批注，如图4-43所示。如果用户选择"删除文档中的所有批注"选项，就可以一次性删除文档中的所有批注。

02 在批注上右击，弹出快捷菜单，从中选择"删除批注"选项，就可以删除批注了，如图4-44
所示。

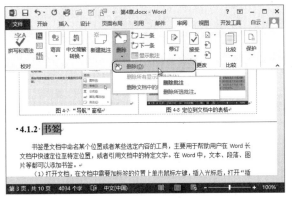

图4-43 选择"删除"选项

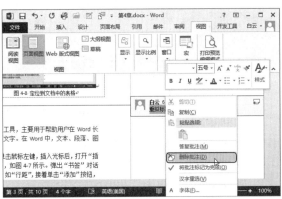

图4-44 选择"删除批注"选项

4.2.8 比较功能的妙用

有时候用户拟定了一份活动计划，并提交上级领导批复，为了清楚地看到领导对计划的改
动，用户需要将两份计划进行比较，以找出不同点，但是这样做费时费力。Word 2013提供了比
较功能，可以快速比较出两份文档的不同点。

【例4-16】通过比较，显示审阅者的批注。

01 打开两份文档中的任意一份，打开"审阅"选项卡，单击"比较"命令组的"比较"按钮，弹出
下拉列表，从中选择"比较"选项，如图4-45所示。

02 弹出"比较文档"对话框，单击"原文档"文本框下拉按钮，从下拉列表中选择原文档，单击
"修订的文档"文本框下拉按钮，从下拉列表中选择修改后的文档，然后单击"确定"按钮，如
图4-46所示。

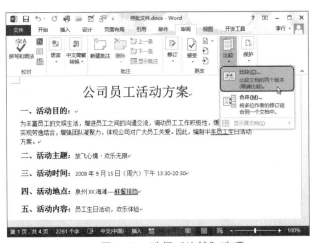

图4-45 选择"比较"选项

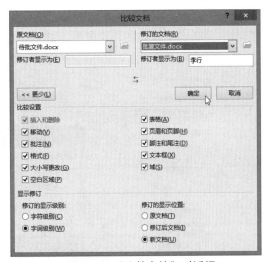

图4-46 "比较文档"对话框

03 弹出名为"比较结果1"的新建文档，在该文档中详细列出了审阅者对原文件的批改。最终比较
的结果如图4-47所示。

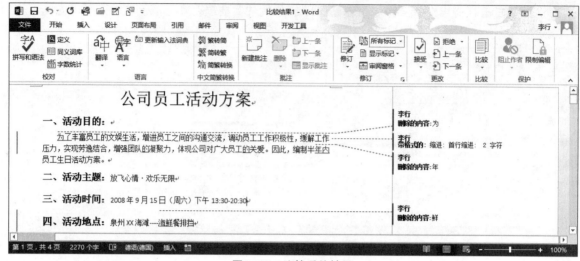

图4-47　比较后的结果

4.2.9　使用限制编辑功能

用户对一篇文档进行了修改，添加了批注，又担心有人会更改自己辛辛苦苦做的批注，所以想对这些批注和修改添加一些保护措施。本节介绍保护批注和修订的相关操作。

1. 格式设置限制

【例4-17】限制其他用户更改文档的格式。

01 打开"审阅"选项卡，单击"保护"命令组的"限制编辑"按钮，弹出"限制编辑"窗格，在窗格中勾选"限制对选定的样式设置格式"选项，此时将会启动"是，启动强制保护"按钮，如图4-48所示。

02 单击该按钮，弹出"启动强制保护"对话框，在打开的对话框中单击"密码"单选项，然后输入密码，如图4-49所示。

03 单击"确定"按钮后，"限制编辑"窗格将如图4-50所示。这样就对文档的格式设置进行了设置，其他人不能轻易对文档的格式进行修改。

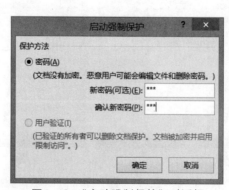

图4-48　设置格式限制　　　图4-49　"启动强制保护"对话框　　　图4-50　"限制编辑"对话框

2. 编辑限制

【例4-18】设置为仅允许用户编辑批注。

01 在"限制编辑"窗格中，勾选"仅允许在文档中进行此类型的编辑"复选框，在下面的文本框下拉列表中选择"批注"选项，启动"是，启动强制保护"按钮，单击该按钮，如图4-51所示。

02 弹出"启动强制保护"对话框，从中设置密码进行保护，然后单击"确定"按钮，如图4-52所示。

03 此时"限制编辑"窗格将如图4-53所示。设置之后编辑文档受到限制，只能为文档添加批注。

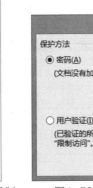
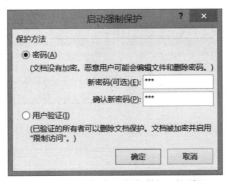

图4-51 设置编辑限制　　　　图4-52 "启动强制保护"对话框　　　　图4-53 "限制编辑"对话框

3. 取消保护

【例4-19】取消对文档的保护。

设置保护后，文档就不易被改动了。如果用户想要对文档进行编辑，需打开"审阅"选项卡，单击"保护"命令组的"限制编辑"按钮，弹出"限制编辑"窗格，单击窗格中的"停止保护"按钮，弹出"取消保护文档"对话框，并正确输入密码（参见图4-54），之后单击"确定"按钮即可。

图4-54 "取消保护文档"对话框

4.3　掌握文档的修订

修订指的是对文件、书籍、文稿等的修改整理并装订成册。在Word中，修订是指审阅者根据自己对文档的理解，对文档做出的各种修改。本节将向读者介绍文档修订的相关操作。

4.3.1　添加修订标记

修订标记是指用户使用特殊标记跟踪记录审阅者对文档所进行的修改，这可使文档作者看到文档中的更改，方便他对文档进行进一步修改。

【例4-20】在文档中显示蓝色的修订标记。

01 打开需要修订的文档，打开"审阅"选项卡，单击"修订"命令组的"修订"下拉按钮，弹出下拉列表，从中选择"修订"选项，如图4-55所示。

02 对文档标题进行修改，将"你打算什么时候醒来"修改成"你打算什么时候从重复中惊醒"。修改后，修改的内容变成了蓝色，即以修订的方式显示该内容，如图4-56所示。

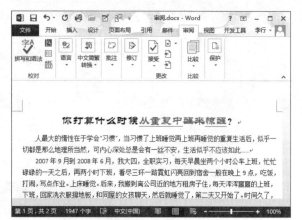

图4-55 添加修订标记　　　　　　　　图4-56 修订标记跟踪记录的效果

4.3.2 设置修订选项

当一篇文档被多人审阅修改时，为了对每个人的修改加以区分，用户可以设置不同的修订标记，也就是设置修订的选项。

【例4-21】设置修订选项（标记、修订、格式、批注框）。

01 打开需要修订的文档，打开"审阅"选项卡，单击"修订"命令组的"对话框启动器"按钮，如图4-57所示。

02 弹出"修订选项"对话框，从中单击"高级选项"按钮，如图4-58所示。

03 弹出"高级修订选项"对话框。在该对话框中，用户可以分别对"标记"选项组、"移动"选项组、"表单元格突出显示"选项组、"格式"选项组和"批注框"选项组进行设置。当所有的设置完成后，单击"确定"按钮，返回"修订选项"对话框，再次单击"确定"按钮，即可完成设置，如图4-59所示。

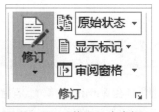

图4-57 "修订"命令组

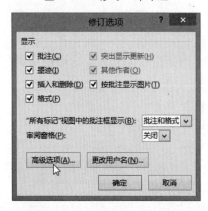

图4-58 "修订选项"对话框

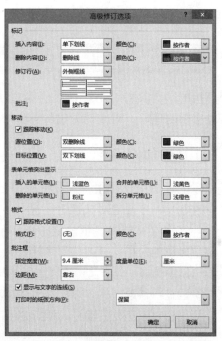

图4-59 "高级修订选项"对话框

4.3.3 接受或者拒绝修订

当一篇文档被审阅者修订后，用户打开该文档，就可以看到审阅者对文档修改时添加的修订标记。如果用户觉得审阅者修改得正确，可以接受这些修订；如果用户觉得审阅者修改得不正确，则可以拒绝这些修订。下面分别介绍接受和拒绝修订的相关操作。

1. 接受修订

【例4-22】以接受审阅者的修订、接受并移到下一条修订及接受所有修订方式接受修订。

01 选中文档中准备接受的修订标记，打开"审阅"选项卡，单击"更改"命令组的"接受"下拉按钮，弹出下拉列表，从中选择"接受此修订"选项，如图4-60所示。

02 此时文档中的修订标记将消失，如图4-61所示。若选择下拉列表中的"接受并移到下一条"选项，则系统会接受本条修订，且自动定位到下一条修订上。如果选择"接受所有修订"选项，则会接受文档中所有的修订，这时，文档中所有修订标记都会消失。

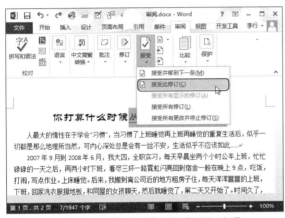

图4-60 选择"接受此修订"选项

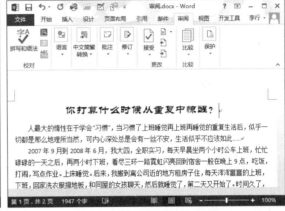

图4-61 接受修订后的文档

> **知识点拨**
>
> 如果用户选择"接受所有更改并停止修订"选项，Word会接受所有对文档的修改，所有的修改标记都会消失，同时文档退出修订状态。

除了上述接受修订方法外，用户还可以选择准备接受修订的修订标记，在其上面右击，弹出快捷菜单，从中选择"接受修订"选项，如图4-62所示。此时，可以看到修订标记已经消失，如图4-63所示。

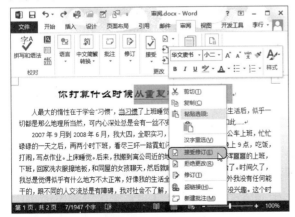

图4-62 快捷菜单

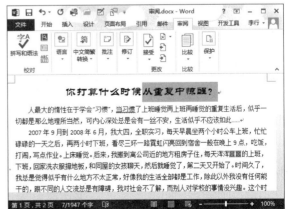

图4-63 接受修订后的文档

2. 拒绝修订

【例4-23】 从拒绝本条修订、拒绝并移到下一条修订及拒绝所有修订方式拒绝修订。

01 选中文档中准备拒绝的修订标记，打开"审阅"选项卡，单击"更改"命令组的"拒绝"下拉按钮，弹出下拉列表，从中选择"拒绝更改"选项，如图4-64所示。

02 返回文档编辑区后，可以看到文档恢复到修订前的样子，如图4-65所示。

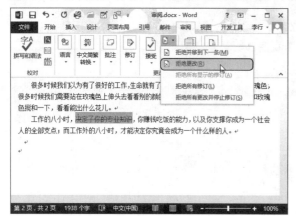

图4-64 选择"拒绝更改"选项

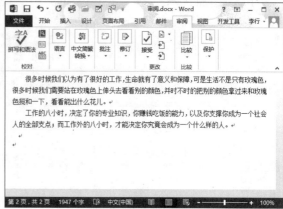

图4-65 拒绝修订后的文档

03 如果打开"拒绝"按钮的下拉列表，从中选择"拒绝并移到下一条"选项，Word会拒绝修订，使该处恢复修订前的状态，并定位到下一条修订标记。

04 如果选择"拒绝所有修订"选项，则文档中所有修订标记都会消失，文档恢复到修订前的样子。

✐ 知识点拨

如果用户选择"拒绝所有更改并停止修订"选项，文档会恢复到修订前的样子，并且退出修订状态。

在文档中准备拒绝的修订标记上右击，弹出快捷菜单，从中选择"拒绝删除"选项，如图4-66所示。此时，被删除的文字又恢复了，如图4-67所示。

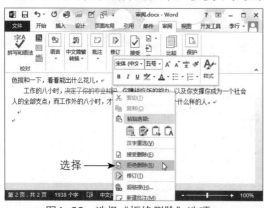

图4-66 选择"拒绝删除"选项

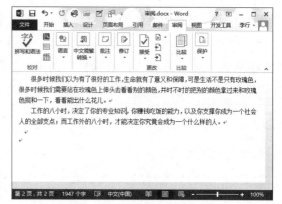

图4-67 拒绝删除后的文档

4.4 上机实训

通过对本章内容的学习，读者应该对文档的审阅有了更深地了解，下面通过两个实训操作，来巩固和拓展所学的知识。

4.4.1 合并两位审阅者的修订

如果一份文档有多位审阅者对该文档进行了修订，那么如何将这些修订合并到一份文档中呢？下面介绍合并两位审阅者修订的操作。

01 打开原文件，打开"审阅"选项卡，单击"比较"按钮，从下拉列表中选择"合并"选项，如图4-68所示。

02 弹出"合并文档"对话框，从中单击"原文档"文本框下拉按钮，从下拉列表中选择原文档，如"待批文件"；单击"修订的文档"文本框下拉按钮，从下拉列表中选择修改后的文档，如"批复文件1"；然后单击"确定"按钮，如图4-69所示。

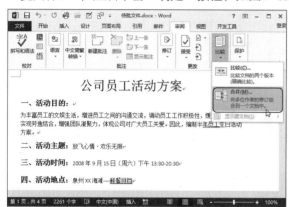

图4-68 选择"合并"选项

图4-69 "合并文档"对话框

03 弹出名为"文档5"合并文档，里面详细列出了第一位审阅者的批改，如图4-70所示。

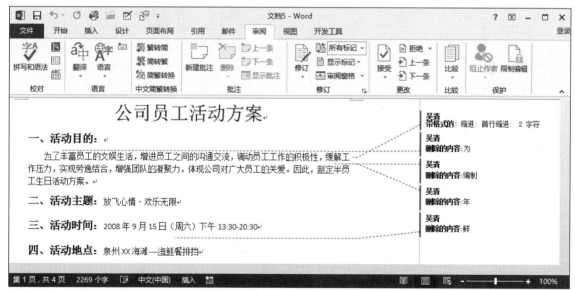

图4-70 合并后的效果

04 再次打开原文档，单击"比较"按钮，从下拉列表中选择"合并"选项，如图4-71所示。

05 弹出"合并文档"对话框，单击"原文档"下拉按钮，从中选择原文档；单击"修订的文档"下拉按钮，从中选择修改后的文档，如"批复文件2"；然后单击"确定"按钮，如图4-72所示。

06 弹出名为"文档6"的合并文档，里面详细列出了第二位审阅者对原文档的批改。然后打开"审阅"选项卡，单击"比较"按钮，从下拉列表中选择"合并"选项，如图4-73所示。

07 弹出"合并文档"对话框，从中单击"原文档"文本框的下拉按钮，从下拉列表中选择"文档5"
选项；单击"修订的文档"文本框的下拉按钮，从下拉列表中选择"文档6"选项；然后单击"确
定"按钮，如图4-74所示。

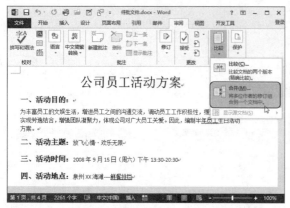

图4-71　选择"合并"选项

图4-72　选择"批复文档2"选项

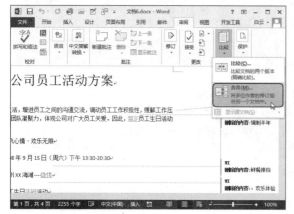

图4-73　再次选择"合并"选项

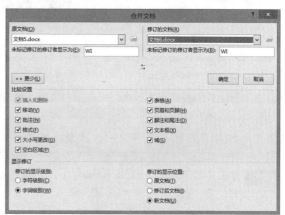

图4-74　"合并文档"对话框

08 弹出新建的合并文档，在该文档中，详细列出了两位审阅者的批改，分别用不同的颜色标注出
来，如图4-75所示。

图4-75　合并两位审阅者的修订

单击"比较"按钮，从下拉列表中选择"显示源文档"选项，可以打开该选项的下级列表。在列表中，有四个选项，默认选项是"隐藏源文档"选项；若选择"显示原始文档"选项，在合并文档的右侧会显示原文档，如上面的"待批文件"；若选择"显示修订后文档"选项，则显示修订的文档，如"批复文件1"；若选择"显示原始及修订后文档"选项，则两个文档都会显示。

4.4.2　打印文档

用户经过一系列对文档的调整之后，对打印预览的效果感到满意，就可以打印文档了。这时，用户还需要设置打印页面、打印页数和打印份数等。下面将对打印操作进行详细介绍。

① 打开需要打印的文档，单击"文件"｜"打印"命令，单击"设置"区域的"打印所有页"按钮，如图4-76所示。

② 此时会弹出下拉列表，如图4-77所示，从中选择合适的选项。如选择"打印当前页面"选项，打印时就只会打印当前的页面。

图4-76　单击"打印所有页按钮"

图4-77　下拉列表

③ 用户可以在"页数"文本框中输入指定页数，如输入"1-10"，就只会打印前10页，不会打印第10页之后的页面，如图4-78所示。

④ 单击"纵向"按钮，弹出下拉列表，从中选择"横向"选项，如图4-79所示，就可以横向打印文档了。

⑤ 在"份数"文本框中输入要打印的分数，如"4"份，如图4-80所示，则该文档将被打印4份。

⑥ 单击"每版打印1页"按钮，弹出下拉列表，从中选择"每版打印2页"选项，如图4-81所示。

⑦ 单击"打印机"下拉按钮，从中选择合适的打印机，如图4-82所示。然后单击"打印"按钮即可打印该文档，如图4-83所示。

图4-78 设置打印页数

图4-79 设置打印方向

图4-80 设置打印份数

图4-81 设置每版打印页数

图4-82 选择打印机

图4-83 单击"打印"按钮

4.5 常见疑难解答 💡

下面将对学习过程中常见的疑难问题进行汇总，以帮助读者更好地理解前面所学的内容。

Q：如何自己动手设置打印选项？

A： 打开需要打印的文档，单击"文件"按钮，选择"选项"命令，弹出"Word选项"对话框。从该对话框中选择"显示"选项，在对话框右边的列表中，勾选"打印选项"选项组中的合适选项。如勾选"打印在Word中创建的图形"选项，如图4-84所示，单击"确定"按钮后，Word文档中创建的图形将会被打印出来。

Q：如何在文档中使用域？

A： 打开文档，将光标插入合适的位置，打开"插入"选项卡，单击"文本"命令组中的"文档部件"按钮，弹出下拉列表，从中选择"域"选项，弹出"域"对话框，从中进行设置，然后单击"确定"按钮，如图4-85所示。此时在文档中将按照设置插入域，并显示设置结果。

图4-84 "Word选项"对话框

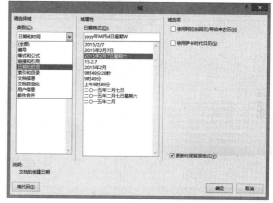

图4-85 "域"对话框

Q：如何正确打印日期和时间？

A： 将光标插入文档中需要显示时间的位置，打开"插入"选项卡，单击"文本"命令组中的"日期和时间"按钮，弹出下拉列表，从中选择合适的选项，然后勾选"自动更新"复选框，单击"确定"按钮即可，如图4-86所示。

图4-86 "日期和时间"对话框

Q：如何关闭自动拼写检查功能？

A： 单击"文件"|"选项"命令，打开"Word选项"对话框，从中选择"校对"选项，取消对"键入时检查拼写"复选框的勾选即可。

4.6 拓展应用练习

为了让读者能够更好地掌握对文档操作，提升读者操作文档的能力，可以做做下面的练习。

◎ 将6页内容缩印到一张纸上

本例练习缩印操作，将文档中的6页内容全部缩印到一张纸上（参见图4-87）。

操作提示

01 单击"文件" | "打印"命令。

02 单击"每版打印1页"按钮。

03 选择"每版打印6页"选项。

04 进行打印操作。

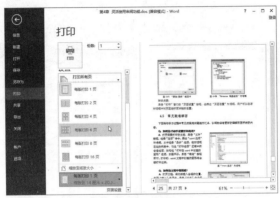

图4-87　选择每版打印的页数

◎ 制作学生成绩分数条

本例将介绍学生成绩分数条的制作，通过邮件合并功能，批量生成学生的分数条。图4-88为插入对应域的效果，图4-89为制作完成后预览的结果。

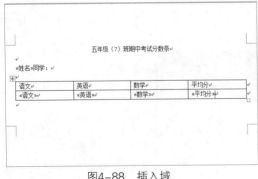

图4-88　插入域

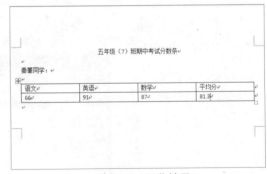

图4-89　预览结果

操作提示

01 设置纸张大小为"宽度21厘米、高度10厘米"，并创建标题和表格。

02 选择"信函"选项。

03 单击"选择收件人"按钮，选择"使用现有列表"选项。

04 选择对应的成绩表。

05 将光标放到合适位置，单击"插入合并域"按钮，选择合适选项，插入域。

06 单击"完成并合并"按钮，选择"编辑单个文档"选项.

07 打开"合并到新文档"对话框，选择"全部"单选项并确认。

第**5**章

掌握Excel基本操作

本章概述 Microsoft Excel是微软公司办公软件Microsoft Office的重要组成部分，它是一款功能强大的电子表格制作软件。使用它可以进行各种统计分析和数据处理，应用范围非常广泛，如在销售管理、财务管理、人事档案管理、学校管理等领域均有广泛的应用。要学会使用Excel办公，就得首先学会Excel的基本操作，如工作簿、工作表、单元格等的操作。

知识要点
- 操作Excel工作簿；
- 操作Excel工作表；
- 输入和编辑数据；
- 操作单元格；
- 设置表格。

5.1 第一次操作工作簿

在Excel中，工作簿是指用来储存并处理工作数据的文件。一个工作簿可以拥有多个工作表。本节介绍工作簿的相关操作。

5.1.1 创建工作

当用户启动Excel 2013时，系统会自动创建一个名为"工作簿1"的空白工作簿，如果用户还想创建其他的工作簿，可以通过以下方法实现。

（1）通过菜单命令新建工作簿

单击"文件"｜"新建"命令，然后选择"空白工作簿"选项，即可创建一份空白的工作簿，如图5-1所示。

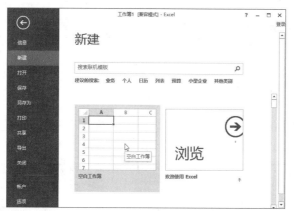

图5-1 创建空白工作簿

（2）通过快捷菜单新建工作簿

在桌面或文件夹中右击，从弹出的快捷菜单中选择"新建"｜"Microsoft Excel 工作表"选项即可。

（3）通过快捷键新建工作簿

按键盘的Ctrl+N组合键，也可完成新建工作簿的操作。

5.1.2 访问工作簿

用户创建工作簿并对工作簿进行一系列的操作后，可关闭工作簿，当需要用时再打开。下面介绍打开工作簿的相关操作。

（1）菜单命令法

单击"文件" | "打开"命令，页面上会列出用户最近使用的工作簿，从中找自己想要的工作簿，单击即可打开，如图5-2所示。

（2）鼠标双击法

在电脑中找到需要的工作簿，双击即可打开该工作簿。

（3）组合键法

按Ctrl+O组合键打开"打开"对话框，单击"计算机" | "浏览"按钮，弹出"打开"对话框。从该对话框中选择需要的工作簿，然后单击"打开"按钮，如图5-3所示，即可打开选择的工作簿。

图5-2　打开最近使用的工作簿

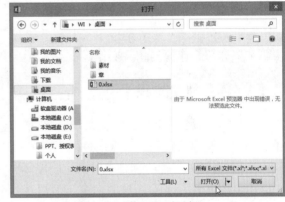

图5-3　"打开"对话框

5.1.3 恢复未保存的工作簿

在日常工作中，用户可能因为种种原因，没有对工作簿进行保存，就将它关掉了，那么如何才能恢复未保存的工作簿，并保存它呢？

【例5-1】恢复未保存的工作簿并保存。

① 打开别的Excel工作簿，单击"文件" | "信息"命令，单击"管理版本"按钮，选择"恢复未保存的工作簿"选项，如图5-4所示。

② 弹出"打开"对话框，从中选择未保存的工作簿，单击"打开"按钮，如图5-5所示，即可恢复未保存的工作簿。

③ 用户恢复工作簿后，需要将工作簿进行保存。单击"文件" | "另存为"命令，单击"计算机" | "浏览"按钮，如图5-6所示。

④ 此时会弹出"另存为"对话框，在对话框中设置"文件名"和"保存类型"，然后单击"保存"按钮，如图5-7所示，即可完成工作簿的保存。

图5-4 选择"恢复未保存的工作簿"选项

图5-5 "打开"对话框

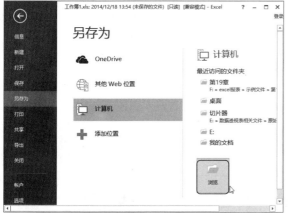

图5-6 选择"另存为"命令

图5-7 "另存为"对话框

5.1.4 设置工作簿权限

用户创建工作簿后，为了防止他人随意使用工作簿，可以对工作簿设置保护措施，也就是设置工作簿的使用权限。

【例5-2】设置工作簿打开时的密码。

01 单击"文件"|"信息"命令，单击"保护工作簿"按钮，弹出下拉列表，从中选择"用密码进行加密"选项，如图5-8所示。

02 弹出"加密文档"对话框，在其中的"密码"文本框中输入密码，单击"确定"按钮，如图5-9所示。

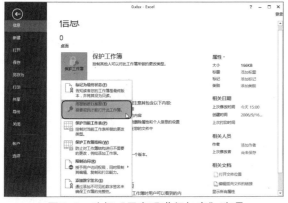

图5-8 选择"用密码进行加密"选项

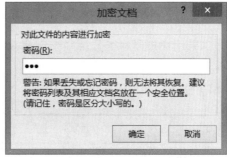

图5-9 "加密文档"对话框

03 此时会弹出"确认密码"对话框，在其中的"重新输入密码"文本框中再次输入密码，然后单击"确定"按钮，如图5-10所示。

04 这样就完成了工作簿的权限设置。下次打开该工作簿时，会弹出"密码"对话框，如图5-11所示，只有输入正确的密码才能打开工作簿。

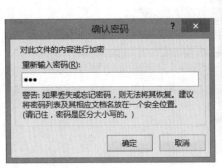

图5-10 "确认密码"对话框

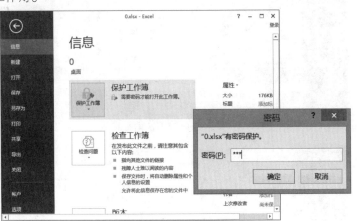

图5-11 弹出"密码"对话框

知识点拨

如果用户选择"保护工作簿"按钮下拉列表中的"标记为最终状态"选项，则会弹出如图5-12所示的系统提示对话框，单击"确定"按钮后，会弹出如图5-13所示的提示对话框。继续单击"确定"按钮，就可将工作簿标记为最终状态，不能再对工作簿进行编辑了。

图5-12 系统提示

图5-13 提示信息

5.2 操作工作表

工作表是工作簿的必要组成部分，每一个工作簿都是由一个或若干个工作表组成的。工作表是Excel的工作平台，用于处理和存储数据。下面介绍工作表的相关操作。

5.2.1 创建工作表

在一般情况下，用户创建一个工作簿，都会同时创建一个工作表。如果用户想要在工作簿中多创建几个工作表，可以通过以下几种方法。

（1）使用"插入工作表"选项

打开"开始"选项卡，单击"单元格"命令组中的"插入"按钮，弹出下拉列表，从中选择"插入工作表"选项，如图5-14所示。即可创建新的工作表。

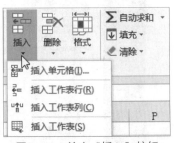

图5-14 单击"插入"按钮

（2）使用快捷菜单

在当前工作表标签上右击，在快捷菜单中选择"插入"选项，如图5-15所示。此时会弹出
"插入"对话框，从中选择"工作表"选项，然后单击"确定"按钮，如图5-16所示，即可创
建新的工作表。

图5-15　弹出快捷菜单

图5-16　"插入"对话框

（3）使用"新工作表"按钮

单击工作表标签右侧的"新工作表"按钮，即可
创建新的工作表，如图5-17所示。

图5-17　单击"新工作表"按钮

5.2.2　使用工作表冻结功能

用户在使用工作表时，可能需要比较工作表开头和结尾处的数据，但是工作表内容太多，
在一个页面内无法同时显示工作表的开头和结尾，此时冻结窗口功能就能帮到忙了。

【例5-3】冻结窗格，同时查看工作表的开头和结尾。

01 单击工作表中的单元格，如"B5"，然后打开"视图"选项卡，单击"窗口"命令组的"冻结窗
口"按钮，弹出下拉列表，从中选择"冻结拆分窗格"选项，如图5-18所示。

02 向下拖动工作表页面右侧的滚动条，直到工作表的结尾处，这样就可以同时查看工作表的开头和
结尾了，如图5-19所示。

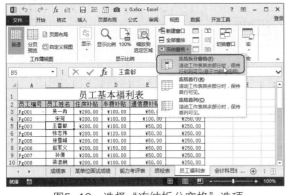

图5-18　选择"冻结拆分窗格"选项

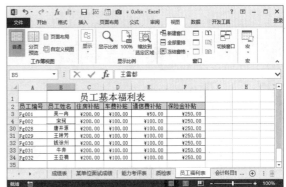

图5-19　同时查看工作表的开头和结尾

5.2.3　编辑工作表

用户创建了工作表后，还可以对工作表进行编辑，如拆分工作表、删除工作表等。下面介
绍编辑工作表的相关操作。

1. 重命名工作表

【例5-4】将工作表命名为"表1"。

01 打开"开始"选项卡，单击"格式"按钮，在其下拉列表中选择"重命名工作表"选项，如图5-20所示。此时工作表标签背景会变成灰色，用户即可输入新的工作表名了。

02 在工作表的标签上右击，弹出快捷菜单，从中选择"重命名"选项，如图5-21所示。此时用户也可以输入新的工作表名称。

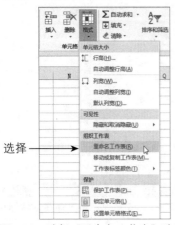

图5-20 选择"重命名工作表"选项　　　　图5-21 选择"重命名"选项

知识点拨

除了上述两种方法外，用户还可以直接双击工作表标签，输入新的名称即可。

2. 为工作表标签添加颜色

【例5-5】将指定工作表标签设置为"红色"。

01 在工作表标签上右击，弹出快捷菜单，从中选择"工作表标签颜色" | "红色"选项，如图5-22所示。

02 添加了颜色的工作表标签如图5-23所示。

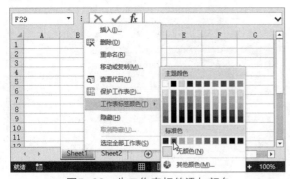

图5-22 为工作表标签添加颜色　　　　图5-23 添加了颜色的工作表标签

3. 显示和隐藏工作表

【例5-6】隐藏指定工作表，然后将其再次显示。

01 打开需要隐藏的工作表，接着打开"开始"选项卡，单击"单元格"命令组的"格式"按钮，在其下拉列表中选择"隐藏和取消隐藏"|"隐藏工作表"选项，如图5-24所示。该工作表就会被隐藏起来。

02 若用户想查看该工作表，可以单击"单元格"命令组的"格式"按钮，在其下拉列表中选择"隐

藏和取消隐藏"|"取消隐藏工作表"选项。此时会弹出"取消隐藏"对话框，从中选择需要取消隐藏的工作表，单击"确定"按钮即可，如图5-25所示。

图5-24　隐藏工作表　　　　　图5-25　显示隐藏的工作表

📖 知识点拨

　　除了上述方法，用户还可以在工作表的标签上右击，弹出快捷菜单，从中选择"隐藏"或"取消隐藏"选项，来完成工作表的隐藏或显示操作。

4. 复制工作表

【例5-7】将"Sheet1"表复制到"05-1"工作簿中。

01 在工作表标签上右击，弹出快捷菜单，从中选择"移动或复制"选项，如图5-26所示。

02 弹出"移动或复制工作表"对话框。在对话框中选择将工作表复制到目标工作簿的目标位置，然后勾选"建立副本"复选框，单击"确定"按钮，如图5-27所示，就可完成工作表的复制。

图5-26　选择"移动或复制"选项　　　图5-27　"移动或复制工作表"对话框

📖 知识点拨

　　除了上述方法，还可以将光标移动到工作表标签上，按住鼠标左键，同时按住Ctrl键，此时鼠标指针下显示的文档图标上还会出现一个"+"号，拖动鼠标到目标位置释放后，也可以复制工作表。

5.移动工作表

【例5-8】将"Sheet1"表移至"05-1"工作簿中。

01 打开"开始"选项卡，单击"单元格"命令组的"格式"按钮，从弹出的下拉列表中选择"移动或复制工作表"选项，如图5-28所示。

02 弹出"移动或复制工作表"对话框,从中选择移动工作表的目标工作簿和位置(此处不勾选"建立副本"复选框,因为勾选了就是复制工作表的操作了),如图5-29所示,然后单击"确定"按钮即可。

图5-28 选择"移动或复制工作表"选项　　图5-29 "移动或复制工作表"对话框

知识点拨

将光标移动到工作表标签上,按住鼠标左键,鼠标指针显示出文档的图标,此时拖动鼠标到目标位置上,释放就可以移动工作表到新位置了,如图5-30所示。

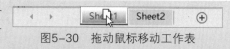

图5-30 拖动鼠标移动工作表

5.2.4 删除工作表

用户利用工作表进行数据的处理和存储,但有些工作表随着时间的变化,变成了没有用的表,这时用户可以将工作表删除。

1. 删除单张工作表

可以用以下两种方法删除单张工作表。

【例5-9】从工作簿中删除"Sheet1"表。

打开要删除的工作表,在工作表标签上右击,在快捷菜单中选择"删除"选项,如图5-31所示。

打开要删除的工作表,打开"开始"选项卡,单击"单元格"命令组的"删除"按钮,从下拉列表中选择"删除工作表"选项,如图5-32所示。

图5-31 选择"删除"选项　　　　　图5-32 选择"删除工作表"选项

知识点拨

如果删除的工作表不是空白的，那么用上述两种方法选择删除选项后，都会弹出如图5-33所示的提示对话框，单击其中的"删除"按钮，即可删除工作表。

图5-33 删除有数据的工作表时弹出的提示对话框

2. 同时删除多张工作表

【例5-10】同时删除三张工作表（Sheet1、Sheet2和Sheet3）。

按住Ctrl键，选择需要删除的三张工作表，然后在选中的工作表标签上右击，从弹出的快捷菜单中选择"删除"选项，如图5-34所示。弹出删除工作表提示对话框，单击"删除"按钮即可。

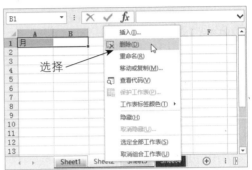

图5-34 删除多种工作表

知识点拨

工作簿中至少要存在一张可视的工作表，所以在工作窗口中只剩下一张工作表时，无法执行删除和隐藏操作。

5.2.5 设置工作表权限

用户利用工作表处理数据时，如果这些数据是非常重要，不能被别人更改的，那么用户需要对该工作表设置保护措施。下面介绍设置保护措施的相关操作。

【例5-11】设置其他用户操作工作表的权限。

01 打开需要保护的工作表，打开"审阅"选项卡，单击"更改"命令组的"保护工作表"按钮，如图5-35所示。

02 弹出"保护工作表"对话框，在"取消工作表保护时使用的密码"文本框中输入密码，在"允许此工作表的所有用户进行"列表框选择其他用户可以进行的操作，然后单击"确定"按钮，如图5-36所示。

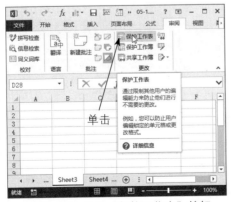

图5-35 单击"保护工作表"按钮

图5-36 "保护工作表"对话框

⑬ 弹出"确认密码"对话框，在"重新输入密码"文本框中输入密码，然后单击"确定"按钮，如图5-37所示。

⑭ 当用户下次对工作表进行更改时，就会弹出如图5-38所示的提示对话框。用户只有撤消工作表保护才能对工作表进行更改。

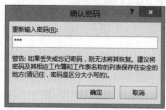

图5-37 "确认密码"对话框

图5-38 提示对话框

知识点拨

用户也可以通过保护工作簿的方式来保护工作表，操作和保护工作表的操作相似，这里就不再赘述了。

5.3 操作工作窗口

在Excel 2013中，用户在工作簿中处理数据时，常会需要在多个工作簿窗口中反复切换。为了在有限的屏幕上显示更多的信息，用户可以通过操作工作窗口来实现。下面将对工作窗口的基本操作进行具体介绍。

5.3.1 手动缩放窗口

在Excel 2013中，工作窗口的大小是可以随意调节的，用户可以根据个人需要，对工作窗口进行调节。下面介绍工作窗口的缩放操作。

1. 通过功能按钮调节工作窗口的大小

【例5-12】按50%的比例缩小工作窗口。

① 打开"视图"选项卡，单击"显示比例"命令组的"显示比例"按钮，如图5-39所示。

② 弹出"显示比例"对话框，从中选择缩放的百分比，如50%。单击"确定"按钮即可，如图5-40所示。

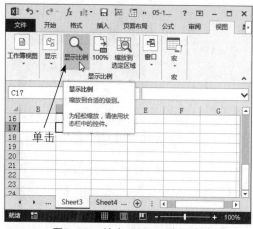

图5-39 单击"显示比例"按钮

图5-40 "显示比例"对话框

2. 通过状态栏调节工作窗口的大小

在Excel 2013的状态栏上，有显示比例的滚动条，通过移动滚动条上的滑块，可以调节缩放比例，如图5-41所示。单击滚动条右边的"缩放级别"按钮，可以打开"显示比例"对话框，在对话框中设置显示比例。

图5-41　通过状态栏调节窗口

🖊 **知识点拨**

如果用户使用的鼠标带有滑轮，可以按住Ctrl键同时滚动滑轮来调整工作窗口的显示比例。窗口缩放比例设置只对当前工作表窗口有效，对其他工作表窗口无效。

5.3.2　用多窗口显示工作簿

在Excel工作窗口中同时打开多个工作簿时，通常每个工作簿只有一个独立的工作簿窗口，并且处于最大化显示状态。其实同一个工作簿也可以拥有多个窗口，这样用户就可以在不同的窗口中选择不同的工作表为当前的工作表，来满足浏览和编辑需求。下面介绍相关操作。

【例5-13】新建一个工作簿窗口，将工作簿窗口"平铺"显示。

01 打开"视图"选项卡，单击"窗口"命令组的"新建窗口"按钮，如图5-42所示。

图5-42　单击"新建窗口"按钮

02 此时系统自动创建了一个新的窗口，原有的工作簿窗口和新的工作簿窗口都会相应地更改标题栏上的名称，原工作簿名为"05-1.xlsx"，现在变成"05-1.xlsx:1"，而新建的窗口名称为"05-1.xlsx:2"，如图5-43所示。

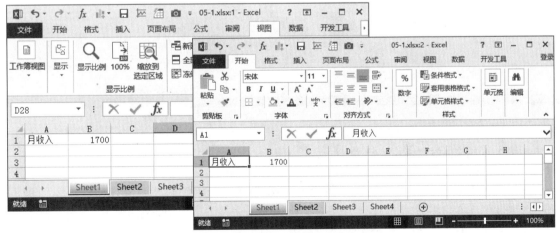

图5-43　同一个工作簿的两个窗口

03 用同样的方法再创建两个新的窗口，然后打开"视图"选项卡，单击"窗口"命令组的"全部重排"按钮，如图5-44所示。

04 此时弹出"重排窗口"对话框，选择"平铺"单选项，然后单击"确定"按钮，如图5-45所示。

图5-44 单击"全部重排"按钮

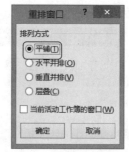

图5-45 "重排"窗口

此时，同一个工作簿的四个窗口将平铺在屏幕上，如图5-46所示。如果用户在"重排窗口"对话框中选择"水平并排"单选项，四个窗口会从上到下水平并排排列在屏幕上；选择"层叠"单选项，则四个窗口会层叠在屏幕上；选择"垂直并排"单选项，则会使四个窗口水平并排排列在屏幕上。

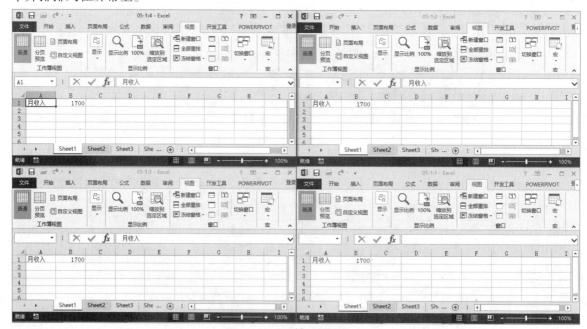

图5-46 "平铺"显示窗口

5.3.3 拆分窗口和冻结窗格

在工作表中，不仅可以通过新建窗口的方法来显示工作表的不同位置，还可以通过拆分窗口同时显示工作表的多个位置。如果用户遇到大型表格，需要查看表格中的某些数据，使用滚动条向下浏览时，表的标题行无法固定，给用户带来不便，这时，冻结窗格功能就能帮到忙了。下面介绍拆分窗口和冻结窗格的相关操作。

1. 拆分窗口

【例5-14】将工作表窗口拆分为四个窗口。

01 打开"视图"选项卡，单击"窗口"命令组的"拆分"按钮，如图5-47所示。此时表格区域就出现了水平方向和垂直方向上的两条拆分条。

02 用户可以将光标定位到拆分条上，按住鼠标左键移动拆分条，或根据自己的需要移动窗格中的滚动条，让窗格显示工作表中的不同部分，如图5-48所示。

图5-47　单击"拆分"按钮

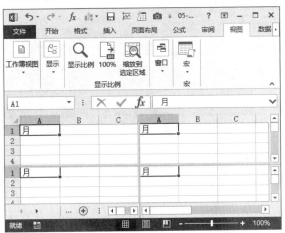

图5-48　窗口被拆分成四个窗格

✍ 知识点拨

　　用户如果想要去除窗口中的某条拆分条，可以在拆分条上双击，或者将拆分条拖至窗口边缘；如果用户想要一次性去除两条拆分条，再次单击"视图"选项卡的"拆分"按钮，即可去除。

2. 冻结窗格

【例5-15】冻结表格的首行。

01 打开"视图"选项卡，单击"窗口"命令组的"冻结窗格"按钮，弹出下拉列表，从中选择"冻结首行"选项，如图5-49所示。

02 拖动窗口右侧的滚动条至最底端，可以看到首行被固定了，如图5-50所示。

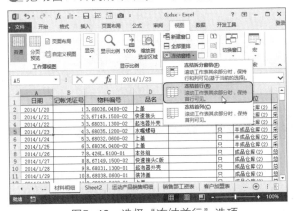

图5-49　选择"冻结首行"选项

图5-50　首行被固定

03 如果用户选择"冻结窗格"按钮下拉列表中的"冻结首列"选项，如图5-51所示。

04 此时会将首列固定住，拖动窗口下端的滚动条，首列（"日期"列）始终不变，如图5-52所示。

✍ 知识点拨

　　选择"冻结拆分窗格"选项，可以同时冻结行和列。用户如果想要取消冻结窗格状态，可以再次打开"视图"选项卡，单击"冻结窗格"按钮，从中选择"取消冻结窗格"选项即可。

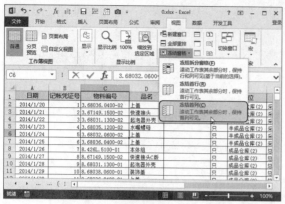
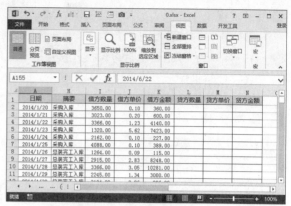

图5-51　选择"冻结首列"选项　　　　　　图5-52　首列被固定住

5.4 快速输入并编辑数据

用户如果希望通过Excel工作表来对数据进行分析处理，首先就需要输入数据。在Excel中，用户可以输入多种类型的数据，也可以对其进行编辑。下面将介绍在Excel工作表中输入和编辑数据的相关操作。

5.4.1 在单元格中输入数据

用户可以在单元格中输入各种类型的数据，比如数值型、日期型、文本型、货币型等等。下面介绍在单元格中输入数据的相关操作。

【例5-16】输入数据，填充相同的数据。

01 在需要插入数据的单元格上单击，通过键盘输入文字，如图5-53所示。

02 按Enter键或者按↓键，下一行单元格将被选中。如在单元格中输入日期数字"2014/12/19"，Excel会根据输入的数字自动套用格式，如图5-54所示。

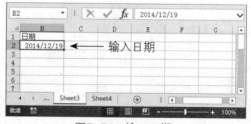

图5-53　输入文字　　　　　　　　　　图5-54　输入日期

除了手动输入数据，用户还可以通过Excel的自动填充功能填充数据。在单元格中输入数据，然后将鼠标指针放到单元格右下角，当鼠标指针变成"+"时，按住鼠标左键，向下拖动鼠标到目标位置，释放鼠标，此时鼠标划过的单元格中就会填充相同的数据，如图5-55所示。

【例5-17】向下填充序列。

01 在需要填充数据的第一个单元格中输入起始数据。然后选择需要填充数据的所有单元格，打开"开始"选项卡，单击"编辑"命令组的"填充"下拉按钮，从下拉列表中选择"序列"选项，如图5-56所示。

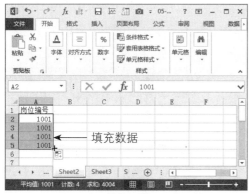

图5-55 填充相同的数据

图5-56 选择"序列"选项

02 弹出"序列"对话框,从中将"步长值"设置为"1",然后单击"确定"按钮,如图5-57所示。

03 随后被选中的单元格就自动填充了指定的序列数据,如图5-58所示。

图5-57 "序列"对话框

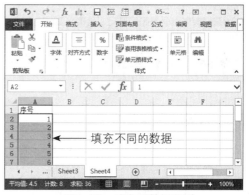

图5-58 填充了数据序列

【例5-18】在不连续的单元格中填充相同的数据。

01 按住Ctrl键的同时,单击需要输入数据的单元格,在选中的最后一个单元格中输入数据,如图5-59所示。

02 按Ctrl+ Enter组合键,所有选中的单元格都会被填充了相同的数据,如图5-60所示。

图5-59 选中单元格

图5-60 选中的单元格中填充了相同的数据

5.4.2 转换大小写

在日常的会计工作中,经常需要输入大写的金额,为了避免输入错误,可以输入小写金额,然后将它转化成大写金额。下面介绍大小写金额的相互转换操作。

【例5-19】在借款单上将小写金额转换为大写金额。

01 选中需要输入大写金额的单元格,输入数字,此处输入"19760",然后在该单元格上右击,在快捷菜单中选择"设置单元格格式"选项，如图5-61所示。

02 弹出"设置单元格格式"对话框，从中打开"数字"选项卡，从左边的列表框中选择"特殊"选项，在"类型"列表框中选择"中文大写数字"选项，然后单击"确定"按钮，如图5-62所示。

图5-61　选择"设置单元格格式"选项

图5-62　"设置单元格格式"对话框

03 返回工作表编辑区后，单元格中的数字变成了中文大写，如图5-63所示。

5.4.3　为数据添加小数点

在日常工作中，用户输入的数据经常是带有小数点的，如果数据较多，那么工作量就非常大。为了节省时间，用户可以事先设置小数点的位数，以便在输入数据时，自动添加小数点。下面具体介绍其实现方法。

图5-63　将数字转换成中文大写数字

【例5-20】在"销售统计表"中设置自动添加2位小数点。

01 单击"文件"按钮，选择"选项"命令，弹出"Excel 选项"对话框。在对话框左边的列表框中，选择"高级"选项，然后勾选"自动插入小数点"复选框，在"位数"增量框中输入"2"，单击"确定"按钮，如图5-64所示。

02 返回工作表编辑区后，在单元格中输入"90"，然后按Enter键，输入的数字自动被添加小数点，变成"0.9"，如图5-65所示。

图5-64　设置自动添加小数位数

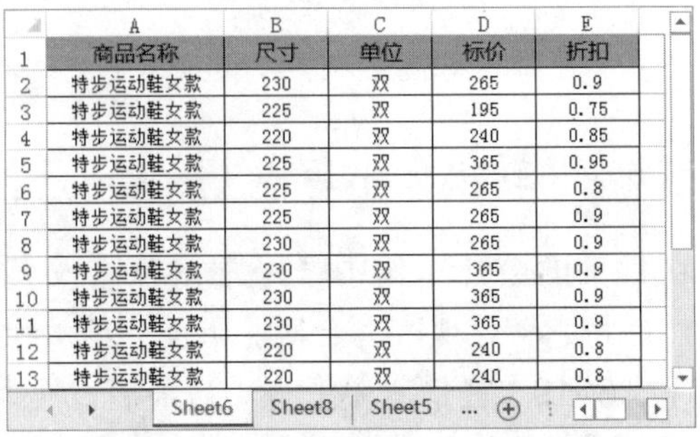

图5-65　输入数据后自动添加小数

5.4.4 限定数据的有效范围

用户向工作表中输入数据时，为了避免输入不符合条件的数据，可以设置数据的有效范围，对单元格中输入的数据进行限制。下面介绍设置数据有效范围的操作方法。

【例5-21】将数据的有效性范围设置为"0到100"，出错提示信息为"错误，输入的分数应在0至100之间"，输入数据，查看提示信息。

01 选中需要设置数据有效范围的单元格，打开"数据"选项卡，单击"数据工具"命令组的"数据验证"下拉按钮，从中选择"数据验证"选项，如图5-66所示。

02 弹出"数据验证"对话框，打开"设置"选项卡；单击"允许"下拉按钮，从中选择"整数"选项，勾选"忽略空值"复选框，单击"数据"下拉按钮，从中选择"介于"选项；在"最小值"的文本框中输入"0"；在"最大值"的文本框中输入"100"，如图5-67所示。

图5-66 选择"数据验证"选项　　　　　图5-67 "数据验证"对话框

03 打开"输入信息"选项卡，勾选"选定单元格时显示输入信息"复选框，在"标题"文本框中输入"注意："，然后在"输入信息"文本框中输入"此单元格中输入的分数介于0至100"，如图5-68所示。

04 接着打开"出错警告"选项卡，勾选"输入无效数据时显示出错警告"复选框，在"标题"文本框中输入"输入错误"，在"错误信息"文本框中输入"错误，输入的分数应在0至100之间！"，如图5-69所示。

图5-68 设置输入信息　　　　　图5-69 设置出错警告

05 打开"输入法模式"选项卡，单击"模式"文本框下拉按钮，从下拉列表选择"随意"选项，然后单击"确定"按钮，如图5-70所示。

06 返回工作表编辑区，在单元格中输入数据，会自动出现设置的提示信息，如图5-71所示。

图5-70　设置输入法模式

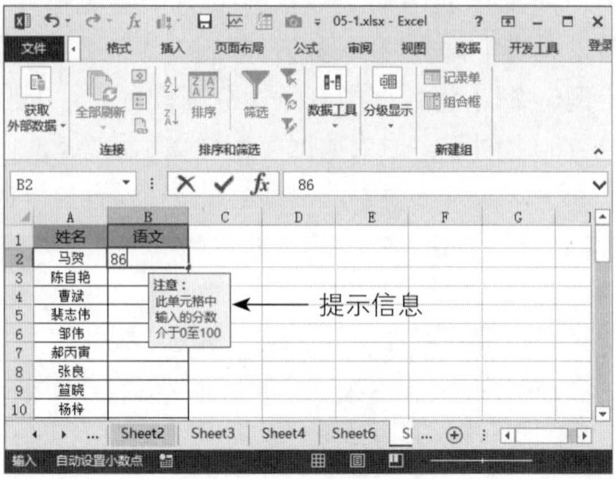

图5-71　出现提示信息

07 如在单元格中输入"780"，即超出有效性范围的数值，然后按Enter键，如图5-72所示。

08 将弹出"输入错误"提示对话框，如图5-73所示。单击"重试"按钮，出错单元格的数据将被选中，此时用户可以重新输入数据。

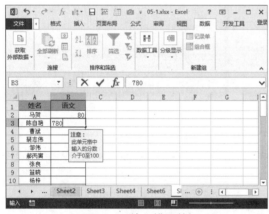

图5-72　输入错误数据

图5-73　"输入错误"提示对话框

知识点拨

如果用户想要清除创建的数据有效性范围，可以打开"数据验证"对话框中的"设置"选项卡，单击其中的"全部清除"按钮即可。

5.5　快速查找和修改数据

如果用户想在大型的Excel工作表中查找数据，通过滚动条手动查找是非常耗时耗力的。这时用户可以使用Excel 2013提供的查找功能，快速查找所需要的数据。此外还可以使用替换功能对数据进行批量修改。

5.5.1　查找和修改数据

随着Excel版本的升级，查找和替换功能也变得更加强大，用户查找数据也更加准确和快速，而使用替换功能还可以快速修改数据。

1. 查找数据

【例5-22】在表格中查找文本"篮球"。

01 打开"开始"选项卡，单击"编辑"命令组的"查找和选择"按钮，弹出下拉列表，从中选择"查找"选项，如图5-74所示。弹出"查找和替换"对话框，如图5-75所示。

图5-74 选择"查找"选项

图5-75 "查找和替换"对话框

02 在"查找内容"文本框中输入"篮球"，然后单击"查找全部"按钮，在对话框的下方就会显示出内容所在的位置。单击列表中的位置信息，如图5-76所示，工作表就会自动定位到数据所在的单元格，如图5-77所示。

图5-76 单击"查找全部"按钮

图5-77 定位到数据所在单元格

2. 修改数据

如果用户发现在商品销售明细表中，有些单号输入错了，想修改它们，可以通过下面的操作来实现。

【例5-23】在"商品销售明细清单"中用单号"4250"替换单号"4185"。

01 打开"开始"选项卡，单击"编辑"命令组的"查找和选择"按钮，弹出下拉列表，从中选择"替换"选项，如图5-78所示。

02 弹出"查找和替换"对话框，且同时打开"替换"选项卡，如图5-79所示。

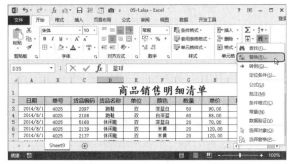

图5-78 选择"替换"选项

图5-79 打开"替换"选项卡

03 在"查找内容"文本框中输入"4185",在"替换为"文本框中输入"4250",然后单击"全部替换"按钮,如图5-80所示。

04 弹出提示对话框,单击"确定"按钮,即可完成单号的替换,如图5-81所示。

图5-80 单击"全部替换"按钮

图5-81 提示对话框

5.5.2 查找和替换格式

在Excel中,用户不仅可以对工作表中的数据、文本进行查找和替换,也可以对某些格式的单元格进行查找,并且可以使用另外的格式来替换找到的单元格格式。下面介绍相关操作。

【例5-24】用指定格式(微软雅黑、常规、18磅、黄色)替换表格中原有格式。

01 打开一个工作表,打开"开始"选项卡,单击"编辑"命令组的"查找和选择"按钮,弹出下拉列表,从中选择"替换"选项,如图5-82所示。

02 弹出"查找和替换"对话框,且同时打开"替换"选项卡,单击"选项"按钮,如图5-83所示。

图5-82 选择"替换"选项

图5-83 单击"选项"按钮

03 "查找和替换"对话框被展开,单击"查找内容"下拉列表框右侧的"格式"下拉按钮,从弹出的下拉列表中选择"从单元格选择格式"选项,如图5-84所示。

04 返回工作表编辑区,单击单元格,指定该单元格格式为需要替换的样式,如图5-85所示。

图5-84 选择"从单元格选择格式"选项

图5-85 选择替换格式的单元格

05 单击"替换为"下拉列表框右侧的"格式"下拉按钮,如图5-86所示。

06 弹出"替换格式"对话框,打开"字体"选项卡,从中将字体设置为"微软雅黑""常规""18"磅,如图5-87所示。

图5-86 单击"格式"下拉按钮　　　　　　　图5-87 设置字体格式

07 打开"填充"选项卡,在"背景色"列表框中选择"黄色",然后单击"确定"按钮,如图5-88所示。

08 返回"查找和替换"对话框,单击"全部替换"按钮,如图5-89所示。

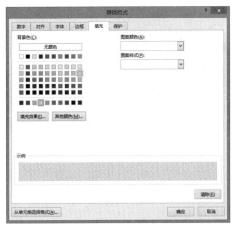

图5-88 设置单元格背景色　　　　　　　图5-89 　单击"全部替换"按钮

09 弹出提示对话框,单击"确定"按钮,如图5-90所示。然后单击"查找和替换"对话框的"关闭"按钮,返回工作表编辑区,可以看到选中的单元格已经替换为新的格式了,如图5-91所示。

图5-90 提示对话框　　　　　　　图5-91 替换了格式的单元格

5.6 操作单元格

单元格是Excel工作表的"细胞",工作表中的任何数据都只能在单元格中输入,也只能在单元格中处理和存储数据,因此学会操作单元格就显得非常重要。本节介绍单元格的相关操作。

5.6.1 插入单元格

在Excel中创建工作表后,其中的单元格并不是一成不变的,用户可以根据需要添加单元格。

1. 通过功能按钮插入单元格

【例5-25】在指定位置插入空白单元格。

01 选择一个单元格,打开"开始"选项卡,单击"单元格"命令组的"插入"按钮,如图5-92所示。

02 返回工作表编辑区,可以看到工作表中插入了一个空白的单元格,且刚才选择的单元格下移,如图5-93所示。

图5-92 单击"插入"按钮　　　　图5-93 插入空白的单元格

2. 通过快捷菜单插入单元格

【例5-26】在"客户加盟表"中插入一个空白的单元格。

01 选择合适的单元格,在上面右击,弹出快捷菜单,从中选择"插入"选项,如图5-94所示。

02 弹出"插入"对话框,选择"活动单元格下移"单选按钮,然后单击"确定"按钮,如图5-95所示。

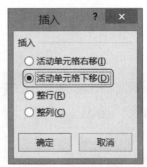

图5-94 选择"插入"选项　　　　图5-95 "插入"对话框

03 返回工作表编辑区，可以看到工作表中插入了一个空白的单元格，且刚才选择的单元格下移，如图5-96所示。

	A	B	C	D	E	F
1	客户加盟表					
2	客户编号	客户名称	所在城市	加盟费	客户电话	客户等级
3	JMS001	朱川	上海	5000.00	150****6789	C
4	JMS002	何刚		8000.00	151****7562	B
5	JMS003	李星	北京	000.00	152****6325	A
6	JMS004	李存吉	南京	5000.00	152****7565	C
7	JMS005	卢宾	天津	8000.00	151****2103	B

图5-96 插入了空白的单元格

5.6.2 合并单元格

用户不仅可以插入单元格，而且可以合并和拆分单元格。

【例5-27】合并所有内容是"一班"的单元格。

01 选中工作表中需要合并的单元格，打开"开始"选项卡，单击"对齐方式"命令组的"合并后居中"按钮，如图5-97所示。

02 弹出提示对话框，单击"确定"按钮，如图5-98所示。

03 返回工作表编辑区后，可以看到选中的单元格被合并成一个，且只保留了左上角单元格中的内容，并将它居中显示，如图5-99所示。

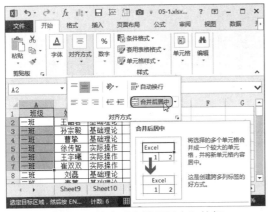

图5-97 单击"合并后居中"按钮

图5-98 提示对话框

图5-99 单元格合并后内容居中显示

知识点拨

如果用户想要取消单元格的合并，可以单击已合并的单元格，然后再次单击"合并后居中"按钮即可。

5.6.3 快速删除表格中的空行

用户在创建工资条时，往往需要在每条记录前添加一行空行，以便为每条数据添加表头信息，但是，以后用到该表时，这些空行就多余了。用户该如何快速删除这些空行呢？下面做详细介绍。

【例5-28】删除表格中所有空行。

01 选中"员工基本福利表"，打开"开始"选项卡，单击"编辑"命令组的"查找和选择"按钮，从其下拉列表中选择"替换"选项，如图5-100所示。

02 弹出"查找和替换"对话框，打开"替换"选项卡，保持"查找内容"文本框的空白状态，在"替换为"文本框中输入"空"，然后单击"全部替换"按钮，如图5-101所示。

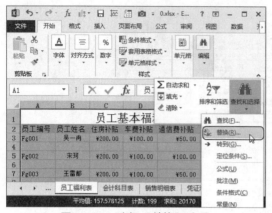

图5-100 选择"替换"选项　　　　图5-101 设置"查找和替换"对话框

03 弹出提示信息对话框，单击"确定"按钮，如图5-102所示。返回工作表编辑区，打开"数据"选项卡，单击"筛选"按钮，为工作表中的数据添加筛选按钮，如图5-103所示。

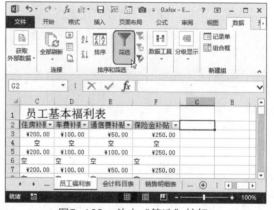

图5-102 单击"确定"按钮　　　　图5-103 单击"筛选"按钮

04 单击工作表中任意筛选按钮，弹出下拉列表框，从中只勾选"空"复选框，然后单击"确定"按钮，如图5-104所示。

05 此时工作表数据区域中只显示"空"。选中所有的"空"行并右击，在弹出的快捷菜单中选择"删除行"选项，如图5-105所示。

图5-104 只勾选"空"复选框　　　　图5-105 选择"删除行"选项

06 弹出提示信息对话框，单击"确定"按钮，如图5-106所示。返回工作表编辑区后，取消筛选，可以看到所有的空行都被删除了，如图5-107所示。

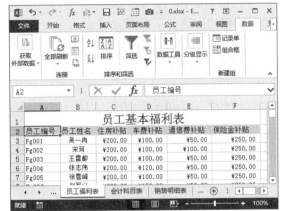

图5-106　单击"确定"按钮　　　　图5-107　空行全部被删除

5.6.4　自动调整文字大小

当用户将单元格的大小设置为固定大小时，在单元格中输入的数据超过单元格能够容纳的范围，数据就无法全部显示，此时，想要在单元格中显示完整的信息，可以设置单元格为自动调整文字大小。

【例5-29】设置文字根据单元格大小自动调整。

01 选中未能完整显示的单元格，打开"开始"选项卡，单击"单元格"命令组的"格式"按钮，从下拉列表中选择"设置单元格格式"选项，如图5-108所示。

02 弹出"设置单元格格式"对话框，打开"对齐"选项卡，勾选"缩小字体填充"复选框，如图5-109所示，然后单击"确定"按钮。

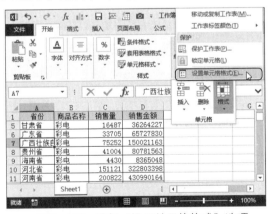

图5-108　选择"设置单元格格式"选项　　　图5-109　"设置单元格格式"对话框

03 返回工作表编辑区后，可以看到单元格中的字号变小，缩小字号后文字正好填充整个单元格，如图5-110所示。

图5-110　文字根据单元格大小自动缩小

5.6.5 精确调整行高和列宽

用户可以通过拖动鼠标的方法，来设置单元格的行高和列宽，但这样只能大概地设置行高和列宽，下面介绍精确设置行高和列宽的方法。

【例5-30】将指定的单元格行高设置为"16"，将列宽设置为"10"。

01 选中需要设置行高和列宽的区域，打开"开始"选项卡，单击"单元格"命令组的"格式"按钮，从下拉列表中选择"行高"选项，如图5-111所示。

02 弹出"行高"对话框，在该对话框的"行高"文本框中输入"16"，然后单击"确定"按钮，如图5-112所示。

03 打开"开始"选项卡，单击"单元格"命令组的"格式"按钮，从下拉列表中选择"列宽"选项，如图5-113所示。

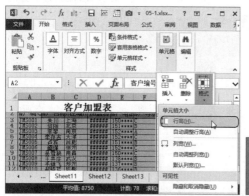  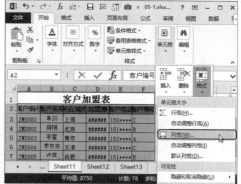

图5-111 选择"行高"选项　　图5-112 "行高"对话框　　图5-113 选择"列宽"选项

04 弹出"列宽"对话框，在该对话框的"列宽"文本框中输入"10"，然后单击"确定"按钮，如图5-114所示。

05 返回工作表后，可以看到精确设置行高和列宽后的效果，如图5-115所示。

	A	B	C	D	E	F
1			客户加盟表			
2	客户编号	客户名称	所在城市	加盟费	客户电话	客户等级
3	JMS001	朱川	上海	5000.00	150****6789	C
4	JMS002	何刚	北京	8000.00	151****7562	B
5	JMS003	李星	南京	15000.00	152****6325	A
6	JMS004	李存吉	天津	5000.00	152****7565	C
7	JMS005	卢宾	合肥	8000.00	151****2103	B

图5-114 "列宽"对话框　　图5-115 精确设置行高和列宽后的效果

5.6.6 设置边框和底纹

在Excel中，一般情况下工作表的表格线都显示为浅灰色，用户打印工作表时，这些浅灰色的表格线是不会被打印出来的，因此打印的工作表就不够美观。此时用户可以为工作表中的单元格添加边框和底纹，这样不仅能使打印出来的视觉效果满足用户要求，还能凸显表格中某些特殊数据。下面介绍设置边框和底纹的相关操作。

1. 添加边框

【例5-31】为表格添加蓝色边框。

01 选择需要设置边框的单元格，打开"开始"选项卡，单击"字体"命令组的"其他边框"按钮 ▾，弹出下拉列表，从中选择"所有框线"选项，如图5-116所示。

⓶ 返回工作表编辑区后，选定的单元格都已经添加了边框，如图5-117所示。

图5-116 选择"所有框线"选项

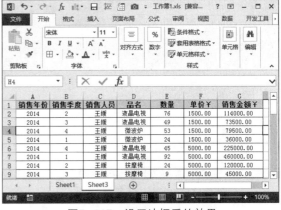

图5-117 设置边框后的效果

⓷ 单击"字体"命令组的"对话框启动器"按钮，打开"设置单元格格式"对话框。打开"设置单元格格式"对话框的"边框"选项卡，在"线条"选项组的"颜色"下拉列表框中选择"蓝色"，在"样式"列表框中选择合适的样式，单击"外边框"按钮；然后在"线条"选项组的"样式"列表框中选择合适的样式，单击"内部"按钮，如图5-118所示。

⓸ 单击"确定"按钮返回工作表编辑区，即可看到设置好的边框，如图5-119所示。

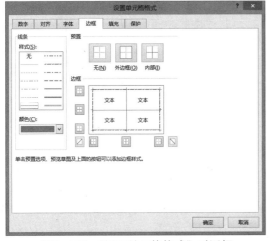

图5-118 "设置单元格格式"对话框

图5-119 最终效果

2. 添加底纹

【例5-32】为指定单元格添加底纹（橙色和蓝绿色）。

⓵ 选中需要添加底纹的单元格，打开"开始"选项卡，单击"字体"命令组的"填充颜色"按钮，从弹出的下拉列表中选择合适的颜色即可，如图5-120所示。

⓶ 返回工作表编辑区后，可以看到添加了底纹的单元格，如图5-121所示。

⓷ 用户还可以选择"填充颜色"按钮下拉列表中的"其他颜色"选项，打开"颜色"对话框，从中选择合适的颜色，如图5-122所示。

⓸ 单击"确定"按钮后，可以看到单元格添加底纹后的效果，如图5-123所示。

🖋 知识点拨

除了上述方法，还可以通过"设置单元格格式"对话框为单元格设置底纹。

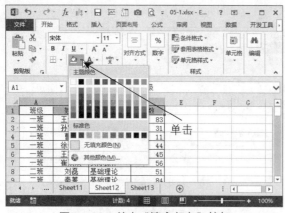

图5-120　单击"填充颜色"按钮

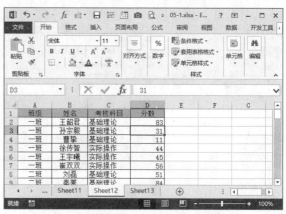

图5-121　为单元格添加底纹后的效果

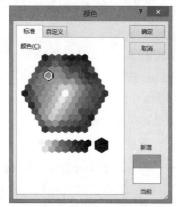

图5-122　"颜色"对话框

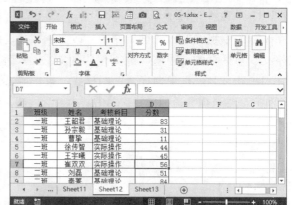

图5-123　添加底纹的效果

5.6.7　设置文字的颜色和格式

用户还可以设置单元格中文字的样式、颜色等属性。

1.设置文字颜色

【例5-33】将"客户名称"设置为"红色"，将第二行中的文字设置为"绿色"。

01 单击需要设置文字颜色的单元格，打开"开始"选项卡，单击"字体"命令组的"字体颜色"下拉按钮，弹出下拉列表，从中选择"红色"选项，如图5-124所示。

02 返回工作表编辑区后，可以看到选中单元格中的文字变成了红色，如图5-125所示。

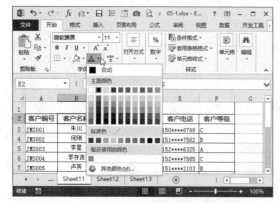

图5-124　单击"字体颜色"下拉按钮

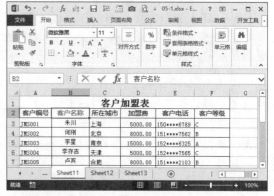

图5-125　选中单元格中的文字变成了红色

除了上述方法，用户还可以选中需要设置文字颜色的单元格，然后右击，弹出快捷菜单，从中选择"设置单元格格式"选项，如图5-126所示。此时将打开"设置单元格格式"对话框，打开"字体"选项卡，单击"颜色"下拉按钮，从中选择"绿色"选项，然后单击"确定"按钮即可，如图5-127所示。

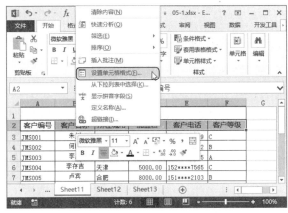

图5-126　选择"设置单元格格式"选项

图5-127　"设置单元格格式"对话框

2. 设置文字的格式

【例5-34】将标题字体设置为微软雅黑、加粗格式。

01 单击需要设置文字格式的单元格，打开"开始"选项卡，单击"字体"命令组的"字体"按钮，弹出下拉列表，从中选择合适的字体。此处选择"微软雅黑"，如图5-128所示。

02 然后单击"加粗"按钮。文字的最终格式如图5-129所示。

图5-128　设置字体

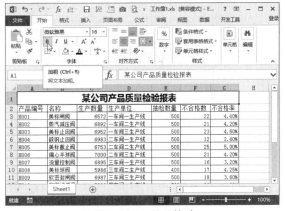

图5-129　最终格式

5.7　设置表格样式

用户可以设置单个单元格的格式，也可以设置整个工作表的格式，比如设置工作表的样式、主题、背景等。本节介绍设置工作表的相关操作。

5.7.1　套用表格样式

在Excel 2013的应用系统中自带了一些常见的表格样式，这些表格样式可以直接应用到表格中，不需要用户手动设置。下面介绍套用已有表格样式的相关操作。

【例5-35】套用表格格式（表样式浅色14）。

01 选中工作表，打开"开始"选项卡，单击"样式"命令组的"套用表格格式"按钮，弹出下拉列表，从中选择合适的样式。此处选择"表样式浅色14"，如图5-130所示。

02 弹出"套用表格式"对话框，在对话框中确认表数据的来源是正确的，然后勾选"表包含标题"复选框，单击"确定"按钮，如图5-131所示。

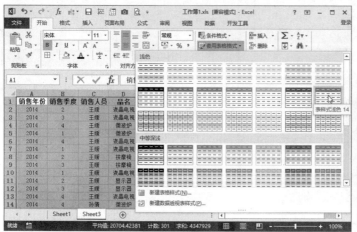

图5-130　选择合适的样式

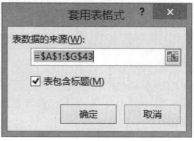

图5-131　"套用表格式"对话框

03 返回工作表编辑区后，工作表样式就变成"表样式浅色14"的样子了，如图5-132所示。

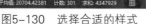

图5-132　套用样式后的效果

5.7.2　自定义表格样式

用户可以套用Excel 2013自带的样式，也可以自己设计表格的样式。下面介绍自定义表格样式的相关操作。

【例5-36】自定义表格样式（浅蓝色边框、标题行添加浅蓝色底纹）。

01 选中表格，打开"开始"选项卡，单击"样式"命令组的"套用表格样式"按钮，弹出下拉列表，从中选择"新建表格样式"选项，如图5-133所示。

02 弹出"新建表样式"对话框，在"表元素"列表框中选择"整个表"选项，然后单击"格式"按钮，如图5-134所示。

03 弹出"设置单元格格式"对话框，打开"边框"选项卡，将边框颜色设为"浅蓝色"，在"样式"列表框中选择外边框的线条样式，单击"外边框"按钮；然后选择表格内部的线条样式，单击"内部"按钮；最后单击"确定"按钮，如图5-135所示。

04 返回"新建表样式"对话框，在"表元素"列表框中选择"标题行"选项，然后单击"格式"按钮，如图5-136所示。

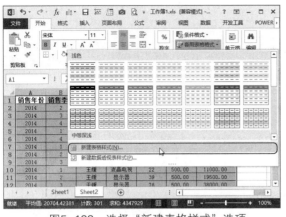

图5-133 选择"新建表格样式"选项

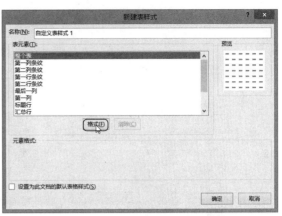

图5-134 "新建表样式"对话框

图5-135 "设置单元格格式"对话框

图5-136 选择"标题行"选项

05 弹出"设置单元格格式"对话框，打开"填充"选项卡，从中选择合适的填充色，如图5-137所示。然后单击"确定"按钮，返回"新建表样式"对话框后，单击"确定"按钮。

06 返回工作表编辑区后，打开"套用表格格式"下拉列表，从中可以看到在"自定义"栏中出现了刚才创建的样式，如图5-138所示。

图5-137 设置填充颜色

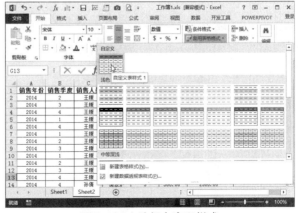

图5-138 选择自定义样式

07 在列表中选择新创建的样式，弹出"套用表格式"对话框，从中设置表数据的来源，然后单击"确定"按钮，如图5-139所示。返回工作表编辑区后，可以看到应用自定义样式后的效果，如图5-140所示。

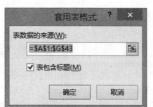

图5-139 "套用表格式"对话框　　　　图5-140 应用自定义样式的效果

5.7.3 为工作表添加背景

用户创建一个工作表后，为了使工作表更加美观，还可以为工作表添加背景。工作表的背景可以是纯色填充背景，也可以是图片或剪贴画背景。下面介绍为工作表添加背景的相关操作。

【例5-37】为表格添加图片背景。

01 打开"页面布局"选项卡，单击"页面设置"命令组的"背景"按钮，如图5-141所示。

02 弹出"插入图片"对话框，从中单击"浏览"按钮，如图5-142所示。

图5-141 单击"背景"按钮　　　　图5-142 单击"浏览"按钮

03 弹出"工作表背景"对话框，从中选择合适的背景图片，然后单击"插入"按钮，如图5-143所示。

04 返回工作表编辑区后，可以看到添加了图片背景的工作表，如图5-144所示。

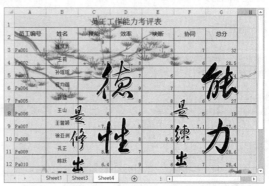

图5-143 "工作表背景"对话框　　　　图5-144 添加背景后的效果

添加背景后，"页面布局"选项卡中的"背景"按钮即会变为"删除背景"按钮，单击该按钮，可以删除工作表中的背景图片。

5.7.4 设置表格的主题效果

应用内置的主题效果，可以同时修改表格颜色、字体和样式等的效果。下面介绍设置表格主题效果的相关操作。

【例5-38】应用内置的主题效果（主题3）。

01 单击表格中任意单元格，打开"页面布局"选项卡，单击"主题"命令组的"主题"按钮，弹出下拉列表，从中选择合适选项。此处选择"主题3"，如图5-145所示。

02 返回工作表编辑区后，可以查看工作表应用主题后的效果，如图5-146所示。

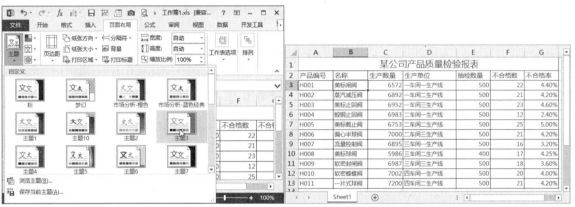

图5-145　设置主题效果　　　　　　　　　　图5-146　最终效果

除了直接套用内置的主题，用户还可以通过"主题"命令组的其他三个按钮自定义主题。

5.8 上机实训

通过对本章内容的学习，读者对Excel 2013的基本操作有了更深地了解。下面再通过两个实训操作来温习前面所学的知识。

5.8.1 创建客户资料表

用户要创建一张客户资料表，首先需要创键空白的工作表，再对表格进行一系列的设置，然后输入数据。下面详细介绍一个"客户资料表"的创建过程。

01 在桌面上右击，弹出快捷菜单，从中选择"新建" | "Microsoft Excel 工作表"选项，如图5-147所示。

02 创建一个新的工作簿，将其名称设置为"工作表"。双击打开该工作簿，在"Sheet1"表的标签上右击，在快捷菜单中选择"重命名"选项，如图5-148所示。

03 输入名称为"客户资料表"，接着选中"A1:F1"单元格区域，打开"开始"选项卡，单击"对齐方式"命令组的"合并后居中"按钮，如图5-149所示。

04 在合并后的单元格中输入"客户资料表",然后选中该单元格,单击"字体"按钮,从弹出的下拉列表中选择"微软雅黑"选项,如图5-150所示。

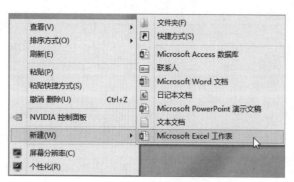

图5-147 创建工作簿

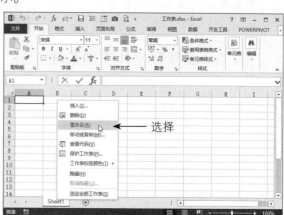

图5-148 重命名工作表

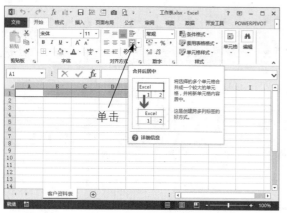

图5-149 合并单元格

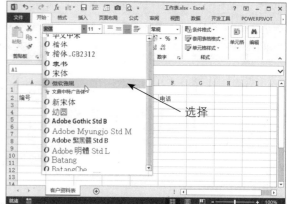

图5-150 设置标题字体

05 接着单击"字号"按钮,从弹出的下拉列表中选择"24"选项,如图5-151所示。

06 用同样的方法,设置第二行中的字体和字号。然后选中整个表格,单击"所有框线"按钮,从弹出的下拉列表中选择"所有框线"选项,如图5-152所示。

图5-151 设置标题字号

图5-152 设置表格边框

07 选中第二行,单击"单元格样式"按钮,从弹出的下拉列表中选择"40%-着色3"选项,如图5-153所示。

08 单击"A3"单元格，然后单击"冻结窗格"按钮，从弹出的下拉列表中选择"冻结拆分窗格"选项，如图5-154所示。

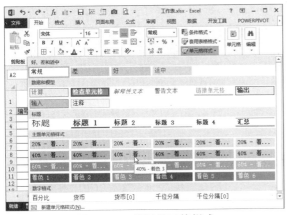

图5-153 设置单元格样式

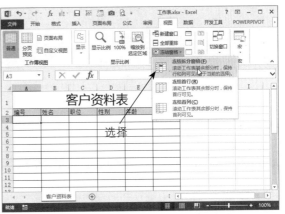

图5-154 冻结指定窗格

09 在"A3"单元格中输入"F001"，然后将鼠标指针移动到该单元格右下角，当鼠标指针变成十字形时，按住鼠标左键向下拖动鼠标，填充数据，到最后一个单元格处释放鼠标，如图5-155所示。

10 将鼠标指针移动到表格的边框线上，当鼠标指针变成➕形时，按住鼠标左键并移动鼠标，调节单元格宽度，如图5-156所示。调节完成后，输入数据，即可完成表格的创建。

图5-155 填充数据

图5-156 调节单元格宽度

5.8.2 创建销售数据分析表

销售数据分析表在日常工作中常常用到，如何制作出实用又美观的分析表呢？下面详细介绍其制作过程。

01 新建一个名为"销售数据分析表"的工作表，并在表格中输入数据，如图5-157所示。

02 选中数字区域，打开"开始"选项卡，单击"数字"命令组的"数字格式"按钮，弹出下拉列表，从中选择"数字"选项，如图5-158所示。

03 选中整个表格，单击"套用表格格式"按钮，弹出下拉列表，从中选择"表样式中等深浅7"选项，如图5-159所示。

04 弹出"套用表格式"对话框，从中勾选"表包含标题"复选框，单击"确定"按钮，如图5-160所示。

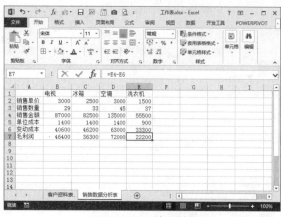

图5-157 输入数据

图5-158 设置数据格式

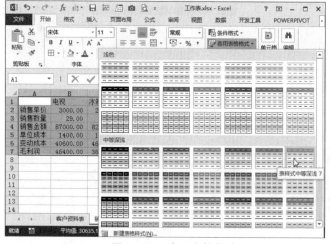

图5-159 套用表格格式

图5-160 "套用表格式"对话框

05 将鼠标指针放到表格的右下角,当鼠标指针变成 ⬝ 时(参见图5-161所示),按住鼠标左键向下拖动一行,然后释放鼠标,为表格添加一行,并在表格中输入数据。

06 选中"B8:E8"单元格,在其上右击,弹出快捷菜单,从中选择"设置单元格格式"选项,如图5-162所示。

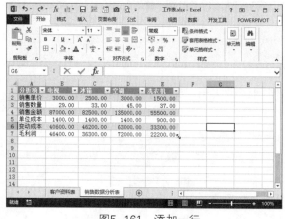

图5-161 添加一行

图5-162 选择"设置单元格格式"选项

07 弹出"设置单元格格式"对话框,在"分类"列表框中选择"百分比"选项,然后将小数位数设

置为 "2" ，单击 "确定" 按钮，如图5-163所示。

08 选中 "B7:E7" 单元格区域，单击 "条件格式" 按钮，弹出下拉列表，从中选择 "图标集" ｜ "方向" ｜ "五向箭头" 选项，如图5-164所示。

图5-163 "设置单元格格式"对话框

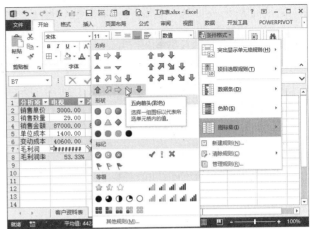

图5-164 添加图标集

09 此时，在选中的单元格中就插入了图标集，调整表格的列宽，如图5-165所示。调整完毕后，最终效果如图5-166所示。

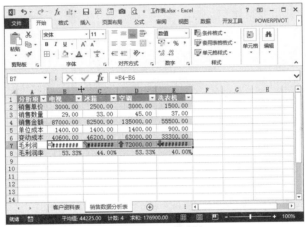

图5-165 调整列宽

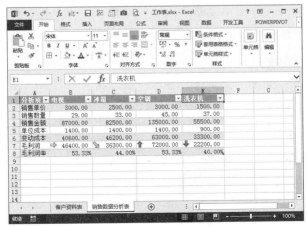

图5-166 最终效果

下面将对学习过程中常见的疑难问题进行汇总，以帮助读者更好地理解前面所讲的内容。

Q：如何快速在金额前添加"¥"符号？

A：选中金额所在的单元格，打开"开始"选项卡，单击"数字"命令组的"数字格式"按钮，弹出下拉列表，从中选择"货币"选项即可。

Q：如何使用记录输入数据？

A：打开"Excel选项"对话框，单击"自定义功能区"选项，在"从下列位置选择命令"下拉列表框中选择"所有命令"选项，在下面的列表框中选择"记录单"选项，单击"添加"按钮，将其添加到右侧"主选项卡"列表框的"数据"选项中，最后单击"确定"按钮，如图5-167所示。打开"数据"选项卡，单击"记录单"按钮，打开记录单，用户就可以使用记录单了，如图5-168所示。

图5-167 "Excel选项"对话框

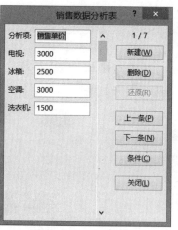

图5-168 记录单

Q：如何输入以"0"开头的编号？

A：在输入以"0"开头的数据前，先输入英文状态的"'"，然后再输入数据，接着按Enter键即可。这时输入的数据将以文本的方式显示。

Q：如何在单元格中输入11位以上的数字？

A：选中单元格区域，打开"设置单元格格式"对话框，在"分类"列表框中选择"文本"选项，单击"确定"按钮即可。

Q：如何自动调整行高和列宽？

A：打开"开始"选项卡，单击"单元格"命令组的"格式"按钮，弹出下拉列表，从中选择"自动调整行高"选项；或者"自动调整列宽"选项，即可自动调整行高和列宽。

Q：如何使用斜线表头样式？

A：选择需要设置斜线表头的单元格，打开"设置单元格格式"对话框，打开"边框"选项卡，单击"边框"栏中的▨按钮，然后单击"确定"按钮即可。

Q：如何使单元格中的内容自动换行？

A：选中单元格，打开"开始"选项卡，单击"对齐方式"命令组的"自动换行"按钮即可。

5.10 拓展应用练习

为了让读者能够更好地掌握工作簿的创建、行高和列宽的设置、数据的输入、表格样式的套用等操作，可以做做下面的练习。

◎ 制作采购单

本例将帮助读者通过创建工作表、重命名工作表、合并单元格、设置字体格式等操作，制作如图5-169所示的采购单。

操作提示

01 创建工作表。

02 重命名工作表。

03 合并单元格。

04 输入数据。

05 设置字体格式。

06 设置单元格格式

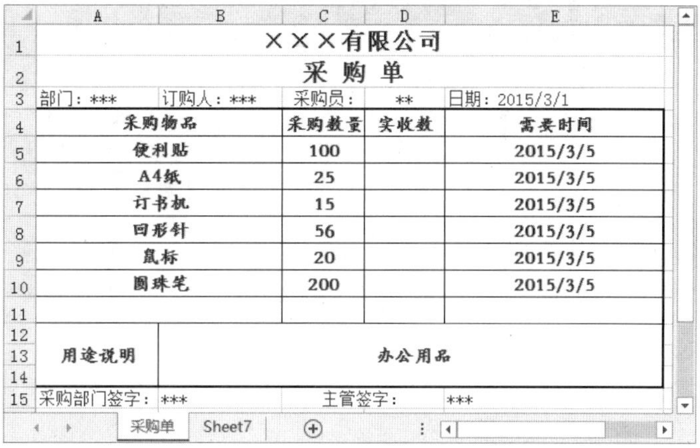

×××有限公司				
采 购 单				
部门：***	订购人：***	采购员：	**	日期：2015/3/1
采购物品		采购数量	实收数	需要时间
便利贴		100		2015/3/5
A4纸		25		2015/3/5
订书机		15		2015/3/5
回形针		56		2015/3/5
鼠标		20		2015/3/5
圆珠笔		200		2015/3/5
用途说明	办公用品			
采购部门签字：***		主管签字：		***

图5-169　采购单

◎ 制作面试人员登记表

本例将帮助读者通过添加工作表、合并单元格、设置行高和列宽、插入单元格、套用表格格式等操作，制作如图5-170所示的登记表。

操作提示

01 添加工作表。

02 输入数据。

03 调整行高和列宽。

04 插入单元格。

05 合并单元格。

06 套用表格格式。

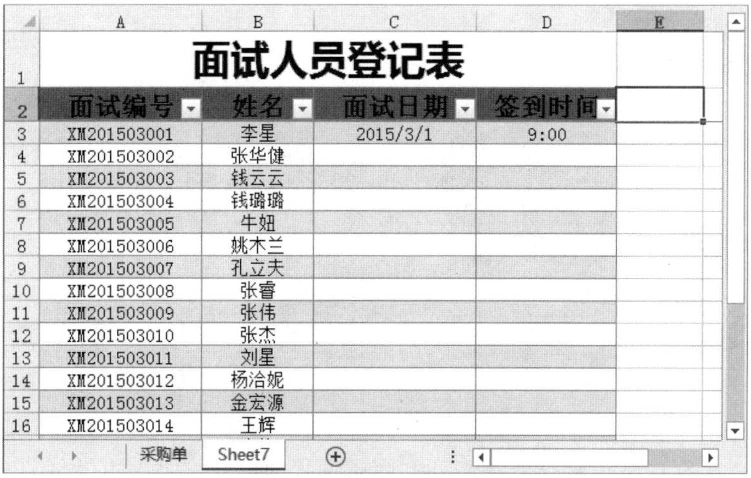

面试人员登记表

面试编号	姓名	面试日期	签到时间
XM201503001	李星	2015/3/1	9:00
XM201503002	张华健		
XM201503003	钱云云		
XM201503004	钱璐璐		
XM201503005	牛妞		
XM201503006	姚木兰		
XM201503007	孔立夫		
XM201503008	张睿		
XM201503009	张伟		
XM201503010	张杰		
XM201503011	刘星		
XM201503012	杨洽妮		
XM201503013	金宏源		
XM201503014	王辉		

图5-170 面试人员登记表

第 6 章

使用公式与函数

📹 **本章概述**   Excel具有强大的计算功能，用户在使用它进行数据处理和分析时，可以利用公式和函数将复杂的运算过程简单化，并且快速得到想要的结果。Excel提供了各种各样的公式和函数供用户选择。本章将对公式和函数的相关知识进行详细介绍。

🎞 **知识要点**
- 认识公式；
- 数学和三角函数；
- 文本函数；
- 统计分析函数；
- 日期时间函数；
- 财务函数。

6.1 非常有用的公式

公式就是用数学符号表示各个量之间的一定关系的式子，具有普遍性，适用于同类关系的所有问题。公式的应用非常广泛，不仅可以用来对数据进行加减和乘除运算，还可以用于数组公式的运算。

6.1.1 使用公式很简单

在工作表中使用公式，首先需要在单元格中输入公式。用户输入公式后，还可以对该公式进行编辑。

1. 输入公式

【例6-1】输入公式，计算不合格率（不合格数/抽检数量）。

01 在工作表中选择需要输入公式的单元格，在单元格中输入公式"=F3/E3"，如图6-1所示。"F3"为记录不合格数的单元格，"E3"为记录抽检数量的单元格。

02 公式输入完成后，按Enter键确认输入，输入公式的单元格中将显示计算结果，如图6-2所示。

图6-1 输入公式   图6-2 显示计算结果

2. 复制公式

用户在工作表中创建公式后，可以将公式填充到其他单元格中，也就是复制公式。

【例6-2】沿用上例，将公式填充到该列下面的单元格中。

① 单击输入了公式的单元格，打开"开始"选项卡，单击"剪贴板"命令组的"复制"按钮，如图6-3所示。

② 单击需要填充公式的单元格，单击"粘贴"按钮，公式将被复制到该单元格，且会直接显示计算结果，如图6-4所示。

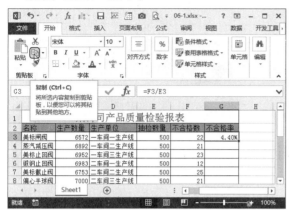

图6-3 单击"复制"按钮

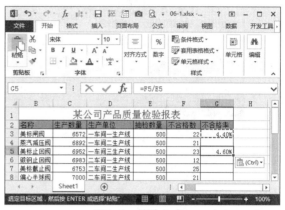

图6-4 粘贴公式

除了上述方法外，通过鼠标拖动也可快速复制公式。选择输入公式的单元格，将鼠标指针移动到该单元格的右下角，当鼠标指针变成"+"型时，按住鼠标左键向下拖动，即可将公式复制到下面的单元格中，如图6-5所示。

	B	C	D	E	F	G	H
1	某公司产品质量检验报表						
2	名称	生产数量	生产单位	抽检数量	不合格数	不合格率	
3	美标闸阀	6572	一车间一生产线	500	22	4.40%	
4	蒸汽减压阀	6892	一车间二生产线	500	21	4.20%	
5	美标止回阀	6952	一车间三生产线	500	23	4.60%	
6	锻钢止回阀	6983	二车间一生产线	500	12	2.40%	
7	美标截止阀	6753	二车间二生产线	500	25	5.00%	
8	偏心半球阀	7000	二车间三生产线	500	21	4.20%	
9	流量控制阀	6895	三车间一生产线	500	16	3.20%	
10	美标球阀	5986	三车间二生产线	400	17		
11	软密封闸阀	6987	三车间三生产线	500	18		
12	软密封蝶阀	7002	四车间一生产线	500	20		
13	一片式球阀	7200	四车间二生产线	500	21		

图6-5 向下填充公式

📝 知识点拨

通过快捷菜单复制公式。选中输入公式的单元格并右击，在弹出的快捷菜单中选择"复制"选项，然后在需要粘贴公式的单元格上右击，弹出快捷菜单，选择"粘贴"选项，即可将公式复制到该单元格中。

6.1.2 使用监视窗口

监视窗口是一个浮动对话框，不会对工作表的操作产生任何影响。将单元格添加到监视窗口列表，就可以在更新工作表的其他部分时监视该单元格内值的变化。下面介绍使用监视窗口的相关操作。

【例6-3】通过监视窗口监视"Sheet2!$E$16"单元格。

① 打开"公式"选项卡，单击"公式审核"命令组的"监视窗口"按钮，如图6-6所示。

② 弹出"监视窗口"对话框。在该对话框中，单击"添加监视"按钮，如图6-7所示。

③ 弹出"添加监视点"对话框。在该对话框中，单击"折叠"按钮，如图6-8所示。

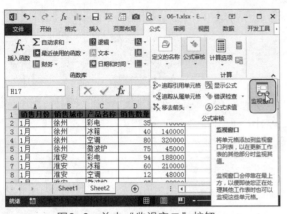

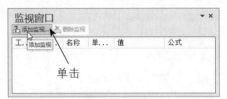

图6-7　单击"添加监视"按钮

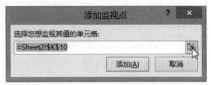

图6-6　单击"监视窗口"按钮

图6-8　单击"折叠"按钮

04 选择想要监视的单元格，在"添加监视点"对话框的文本框中将会显示当前选择的单元格地址，被选中的单元格将被虚线框框住，如图6-9所示。本例选择"Sheet2!$E$16"单元格。

05 再次单击"折叠"按钮，返回"添加监视点"对话框的初始状态，然后单击"添加"按钮，如图6-10所示。

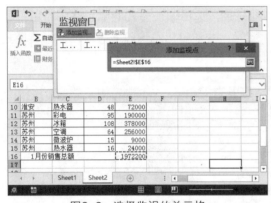

图6-9　选择监视的单元格

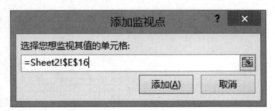

图6-10　单击"添加"按钮

06 将单元格添加到"监视窗口"对话框中后，就可以看到该单元格显示的值和运用的公式等信息，如图6-11所示。

07 更改表格中的关联数据，如将"D2"单元格中的值由"35"减小到"30"，此时在"监视窗口"对话框中，单元格"Sheet2!$E$16"的值也由"1972200"变成了"1962200"，如图6-12所示。

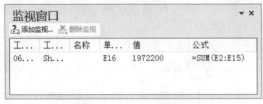

图6-11　添加单元格后

图6-12　单元格数据发生变化

6.1.3　使用"公式求值"按钮

有些公式的构建非常复杂，为了了解该公式的具体计算过程和计算结果，用户可以使用"公式求值"对话框，对使用的公式进行分析，检查公式是否有错，确保最后结果的正确性。下面介绍使用"公式求值"按钮的相关操作。

【例6-4】 检查 "K2" 单元格中的公式是否正确。

01 单击公式所在的单元格，打开"公式"选项卡，单击"公式审核"命令组的"公式求值"按钮，如图6-13所示。

图6-13　单击"公式求值"按钮

02 弹出"公式求值"对话框，在对话框的"求值"文本框中显示了该单元格中的公式。公式中的下划线表示当前的引用，如图6-14所示。

03 单击"求值"按钮即可验证当前引用的值。此时引用的值将以斜体字显示，同时，下划线将移动到公式的下一部分，然后再次单击"求值"按钮，如图6-15所示。

图6-14　显示公式

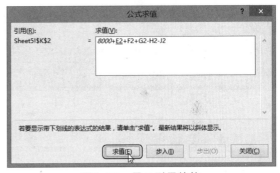

图6-15　显示引用的值

04 此时在"求值"文本框中，公式中第一部分的值和第二部分的值同时添加了下划线，如图6-16所示。

05 单击"求值"按钮，此时公式中第一部分的值和第二部分的值就合并到了一起，下划线移动到公式的第三部分，如图6-17所示。

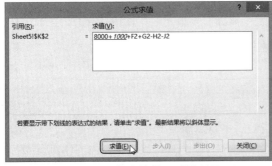

图6-16　两部分的值同时被引用

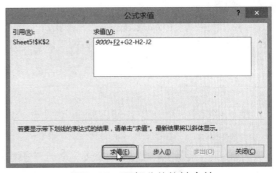

图6-17　两部分的值被合并

06 继续单击"求值"按钮，可以查看公式中每一部分的值。

07 如果公式中有一部分包含了对其他单元格的引用，则用户可以单击"步入"按钮来查看，如图6-18所示。此时在"求值"文本框中将会显示该部分引用的其他公式，如图6-19所示。

图6-18　单击"步入"按钮　　　　　　　图6-19　查看引用的其他公式

08 单击"步出"按钮，返回原先的公式。继续单击"求值"按钮来查看公式剩余部分，如图6-20所示。在单击"求值"按钮的过程中，公式各部分的值将依次显示，直到完成公式的计算。

09 公式所有部分的值依次查看完成后，"求值"文本框中将会显示公式的计算结果，同时"求值"按钮也变成了"重新启动"按钮。如图6-21所示，单击"关闭"按钮，即可返回工作表编辑页面。

图6-20　继续单击"求值"按钮　　　　　　图6-21　显示计算结果

6.1.4　追踪单元格

追踪单元格分为追踪引用单元格和追踪从属单元格两种。追踪引用单元格是指使用蓝色的箭头指明影响当前所选单元格值的单元格；而追踪从属单元格是指使用蓝色的箭头指明受当前所选单元格值影响的单元格。下面介绍追踪单元格的相关操作。

【例6-5】追踪"J5"单元格的引用单元格，追踪"G9"单元格的从属单元格。

01 单击含有公式的单元格，如图6-22所示。

02 打开"公式"选项卡，单击"公式审核"命令组的"追踪引用单元格"按钮。此时，工作表中将出现蓝色带箭头的线。在该线上有一个箭头和几个蓝色圆点，分别分布在不同的单元格中。其中圆点所在单元格中的值将会影响箭头所在单元格的值，它们之间表现出单元格间的引用关系，如图6-23所示。

03 单击工作表中另一个单元格，如图6-24所示。

04 打开"公式"选项卡，单击"公式审核"命令组的"追踪从属单元格"按钮。此时，工作表中会出现蓝色带箭头的线。在该线上有几个蓝色箭头和一个蓝色的圆点，箭头分布在不同的单元格中。其中圆点所在单元格中的值将会影响箭头所在单元格中的值，它们之间表现出单元格间的从属关系，如图6-25所示。

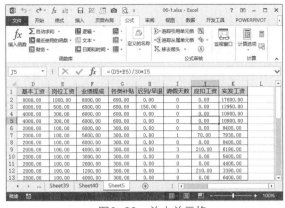

图6-22　单击单元格

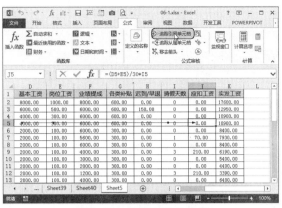

图6-23　追踪引用单元格

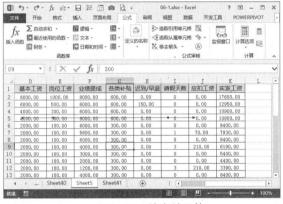

图6-24　单击单元格

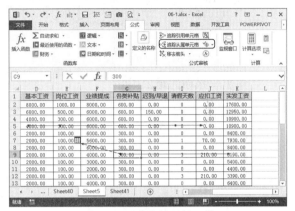

图6-25　追踪从属单元格

05 用户如果想要取消追踪，可以打开"公式"选项卡，单击"公式审核"命令组的"移去箭头"按钮，如图6-26所示。这样可以同时移去工作表中的所有追踪箭头，如图6-27所示。

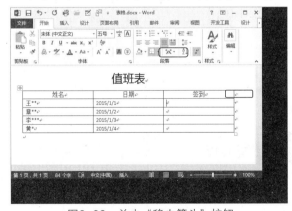

图6-26　单击"移去箭头"按钮

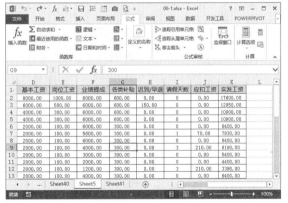

图6-27　移去箭头后

6.1.5　快速使用数组公式

数组公式是指有多重数值的公式，它与单值公式的不同之处在于，它可以产生一个以上的结果。一个数组公式可以占用一个或者多个单元格。数组公式可以进行多个计算并返回一个或多个结果，每个结果显示在一个单元格中。下面介绍数组公式的相关操作。

1.多单元格数组公式

【例6-6】通过数组公式，直接一次性计算所有商品的销售单价。

01 选择“F2:F15”单元格区域，然后输入数组公式“=E2:E15/D2:D15”，如图6-28所示。

02 按Shift+Ctrl+Enter组合键，此时，在“F2:F15”单元格区域中出现了数组公式计算的结果，即每种商品各自的销售单价，如图6-29所示。

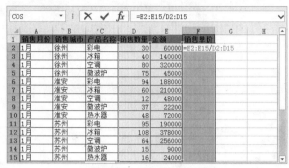

COS =E2:E15/D2:D15

	A	B	C	D	E	F	G	H
1	销售月份	销售城市	产品名称	销售数量	金额	销售单价		
2	1月	徐州	彩电	30	60000	=E2:E15/D2:D15		
3	1月	徐州	冰箱	40	140000			
4	1月	徐州	空调	80	320000			
5	1月	徐州	微波炉	75	45000			
6	1月	淮安	彩电	94	188000			
7	1月	淮安	冰箱	60	210000			
8	1月	淮安	空调	12	48000			
9	1月	淮安	微波炉	37	22200			
10	1月	淮安	热水器	48	72000			
11	1月	苏州	彩电	95	190000			
12	1月	苏州	冰箱	108	378000			
13	1月	苏州	空调	64	256000			
14	1月	苏州	微波炉	15	9000			
15	1月	苏州	热水器	16	24000			

图6-28 输入数组公式

F5 =E5:E18/D5:D18

	A	B	C	D	E	F	G	H
1	销售月份	销售城市	产品名称	销售数量	金额	销售单价		
2	1月	徐州	彩电	30	60000	2000		
3	1月	徐州	冰箱	40	140000	3500		
4	1月	徐州	空调	80	320000	4000		
5	1月	徐州	微波炉	75	4[illegible]0	600		
6	1月	淮安	彩电	94	188000	2000		
7	1月	淮安	冰箱	60	210000	3500		
8	1月	淮安	空调	12	48000	4000		
9	1月	淮安	微波炉	37	22200	600		
10	1月	淮安	热水器	48	72000	1500		
11	1月	苏州	彩电	95	190000	2000		
12	1月	苏州	冰箱	108	378000	3500		
13	1月	苏州	空调	64	256000	4000		
14	1月	苏州	微波炉	15	9000	600		
15	1月	苏州	热水器	16	24000	1500		

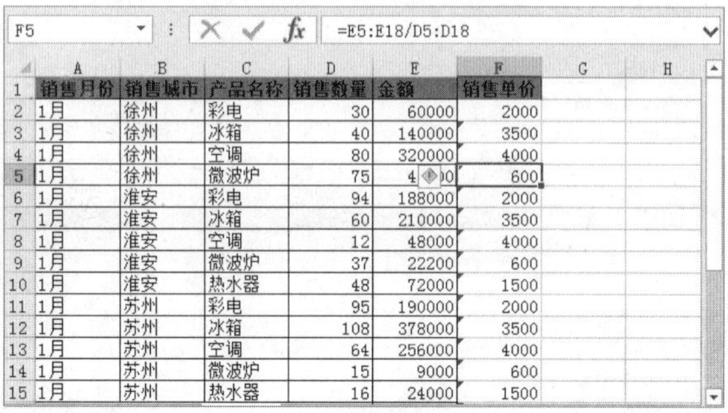

图6-29 显示数组公式计算结果

2.单个单元格数组公式

【例6-7】通过数组公式，计算所有商品总的折扣金额。

01 单击“G14”单元格,在其中输入数组公式“=SUM(E3:E11*F3:F11)*G12”，如图6-30所示。

02 按Shift+Ctrl+Enter组合键，此时，在“G14”单元格中，出现了数组公式计算的结果，即所有商品折扣金额的总和，如图6-31所示。

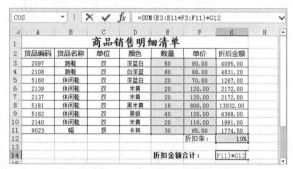

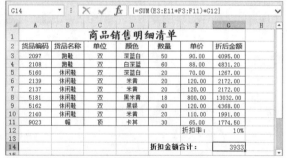

COS =SUM(E3:E11*F3:F11)*G12

	A	B	C	D	E	F	G	H
1	商品销售明细清单							
2	货品编码	货品名称	单位	颜色	数量	单价	折后金额	
3	2097	跑鞋	双	深蓝白	50	90.00	4095.00	
4	2108	跑鞋	双	白深蓝	60	88.00	4831.20	
5	5160	休闲鞋	双	深蓝白	20	70.00	1267.00	
6	2139	休闲鞋	双	米黄	20	120.00	2172.00	
7	2137	休闲鞋	双	米黄	20	120.00	2172.00	
8	5181	休闲鞋	双	黑米黄	18	800.00	13032.00	
9	5162	休闲鞋	双	黑银	40	120.00	4368.00	
10	2140	休闲鞋	双	米黄	20	110.00	1991.00	
11	9023	帽	顶	卡其	30	65.00	1774.50	
12						折扣率：	10%	
13								
14					折扣金额合计：		F11)*G12	

图6-30 输入数组公式

G14 {=SUM(E3:E11*F3:F11)*G12}

	A	B	C	D	E	F	G	H
1	商品销售明细清单							
2	货品编码	货品名称	单位	颜色	数量	单价	折后金额	
3	2097	跑鞋	双	深蓝白	50	90.00	4095.00	
4	2108	跑鞋	双	白深蓝	60	88.00	4831.20	
5	5160	休闲鞋	双	深蓝白	20	70.00	1267.00	
6	2139	休闲鞋	双	米黄	20	120.00	2172.00	
7	2137	休闲鞋	双	米黄	20	120.00	2172.00	
8	5181	休闲鞋	双	黑米黄	18	800.00	13032.00	
9	5162	休闲鞋	双	黑银	40	120.00	4368.00	
10	2140	休闲鞋	双	米黄	20	110.00	1991.00	
11	9023	帽	顶	卡其	30	65.00	1774.50	
12						折扣率：	10%	
13								
14						折扣金额合计：	3933	

图6-31 显示数组公式计算结果

6.1.6 为公式命名

对于自己常用的公式，用户还可以为它起个名字，这样以后要使用该公式，就可以直接通过其名称来引用了。下面介绍为公式命名的相关操作。

1.对公式命名

【例6-8】将公式命名为“销售部总工资”，并使用命名后的公式。

01 打开“公式”选项卡，单击“定义的名称”命令组的“定义名称”按钮，如图6-32所示。

02 弹出“新建名称”对话框，在“名称”文本框中输入公式名称为“销售部总工资”，在“备注”文本框中输入备注信息为“计算销售部全部员工月工资总和”，在“引用位置”文本框中输入“sum(Sheet5!$F$21:$F$34)”，然后单击“确定”按钮，如图6-33所示。

03 单击需要使用该公式的单元格，在单元格中输入“=销售部总工资”，如图6-34所示。

04 公式名称输入完成后，按Enter键。此时，该单元格中将显示所引用公式计算的结果，如图6-35所示。

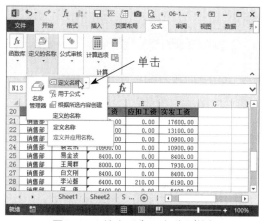

图6-32 单击"定义名称"按钮

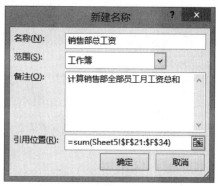

图6-33 "新建名称"对话框

图6-34 输入公式名称

图6-35 显示公式计算结果

2.编辑添加了名称的公式

用户为公式添加名称后，可以将公式应用到需要使用公式的单元格中，还可以对已经创建好的公式进行修改。

【例6-9】编辑"销售部总公司"公式（复制公式、修改公式）。

01 单击要应用公式的单元格，打开"公式"选项卡，单击"定义的名称"命令组的"用于公式"按钮，在下拉列表中选择"粘贴名称"选项，如图6-36所示。

02 弹出"粘贴名称"对话框，从中选择需要粘贴的名称，单击"确定"按钮，如图6-37所示。

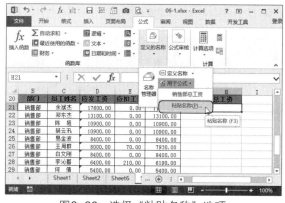

图6-36 选择"粘贴名称"选项

图6-37 "粘贴名称"对话框

03 关闭"粘贴名称"对话框后，名称将被粘贴到单元格中，如图6-38所示。

04 按Enter键，该单元格中将显示所引用公式计算的结果，如图6-39所示。

图6-38 名称被粘贴到单元格中	图6-39 显示计算结果

05 单击"定义的名称"命令组的"名称管理器"按钮,弹出"名称管理器"对话框,从中选择需要重新编辑的公式名称,单击"编辑"按钮,如图6-40所示。随后将弹出"编辑名称"对话框,从中可对公式进行重新编辑,如图6-41所示。

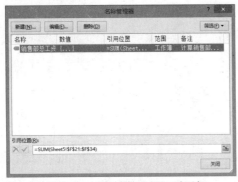 

图6-40 "名称管理器"对话框	图6-41 "编辑名称"对话框

📝 知识点拨

在"编辑名称"对话框中,还可以创建新的命名公式,也可以将已有的命名公式删除。

6.2 初识函数

函数是Excel处理数据的一个重要工具,使用函数不仅可以解决实际工作中遇到的问题,也可以帮助用户提高工作效率。本节介绍函数的相关知识。

6.2.1 函数的概念

函数实际上是一种比较复杂的公式,用来对单元格中的数据进行计算。Excel所提的函数其实是一些预先定义的公式,它们使用一些称为参数的特定数值按特定的顺序或结构进行计算。Excel函数一共有11类,每个函数都有特定的功能和用途。Excel函数只有惟一的名称,且不区分大小写。

(1)函数的分类

Excel函数分为数据库函数、日期与时间函数、工程函数、财务函数、信息函数、逻辑函数、查询和引用函数、数学和三角函数、统计函数、文本函数以及用户自定义函数。

(2)函数的组成

函数是由"="号、函数名称、左括号、以半角逗号相间隔的参数和右括号组成的。在公式中使用函数,是通过运算符进行连接的。

函数的参数,可以由数值、日期和文本等元素组成,也可以使用常量、数组、单元格引用或其他函数。使用函数作为另一个函数的参数时，称为函数的嵌套。函数参数值的个数，根据不同的函数有不同的变化，有些函数不需要参数值，有些函数却有多个参数值。

6.2.2 函数的应用

用户使用函数进行数据的计算，首先需要插入函数，然后才能进行计算。下面介绍插入函数的几种方法。

1. 使用功能按钮插入函数

【例6-10】在单元格中插入"求和"公式。

01 单击需要插入函数的单元格，打开"公式"选项卡，单击"函数库"命令组的"自动求和"下拉按钮，从中选择"求和"选项，随后在单元格中就会出现该函数，并自动选择了一个求和区域，如图6-42所示。

02 若求和区域是正确的，则可以按Enter键确认使用函数进行计算。此时，在单元格中会出现函数计算的结果，如图6-43所示。如果求和区域不正确，则手动修改正确后再进行计算。

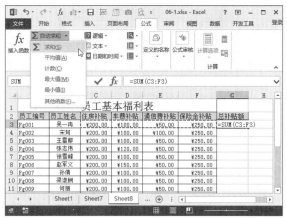

图6-42 插入求和函数	图6-43 显示函数的计算结果

2. 使用函数栏插入函数

【例6-11】在单元格中插入"平均值"公式。

01 单击需要插入函数的单元格，在单元格中输入"="，然后单击"名称框"下拉按钮，从下拉列表中选择"AVERAGE"选项，如图6-44所示。

02 弹出"函数参数"对话框，在"Number1"文本框中输入需要使用的参数，然后单击"确定"按钮，如图6-45所示。

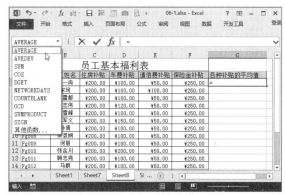

图6-44 选择函数	图6-45 "函数参数"对话框

03 返回工作表编辑区后，可以看到选择的单元格中出现了函数的计算结果，如图6-46所示。

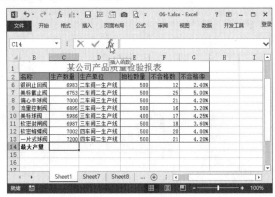

图6-46　显示函数的计算结果

3. 使用函数向导插入函数

【例6-12】在单元格中插入"最大值"公式。

01 单击需要插入函数的单元格，然后单击"插入函数"按钮，如图6-47所示。

02 弹出"插入函数"对话框，在"或选择类别"下拉列表框中选择函数的类别，此处选择"统计"选项；在"选择函数"列表框中选择合适的函数，如"MAX"选项，即最大值函数，然后单击"确定"按钮，如图6-48所示。

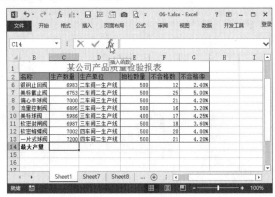

图6-47　单击"插入函数"按钮

图6-48　"插入函数"对话框

03 弹出"函数参数"对话框，在"Number1"文本框中输入需要使用的参数，然后单击"确定"按钮，如图6-49所示。

04 返回工作表编辑区，可以看到在选定的单元格中显示出函数的计算结果，如图6-50所示。

图6-49　"函数参数"对话框

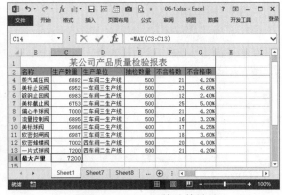

图6-50　显示函数计算结果

🖊 知识点拨

除了上述方法，用户还可根据需要手动输入公式：单击需要输入公式的单元格，然后直接输入公式内容，按Enter键即可。

6.3 使用数学和三角函数

在日常工作和学习中会被用到的数学和三角函数包括：ABS、ACOS、AGGREGATE、ASIN、ATAN、COS、EXP、FLOOR、GCD、INT、LCM、LN、LOG、MDETERM、MOD、RAND、SIGN、SUM、SUMIF、SUMIFS、SUMSQ、TAN等共58种。本节将对常见的几种函数进行详细介绍。

6.3.1 整数处理函数

整数处理函数应用于舍去、舍入数字，或者四舍五入时。

1. INT函数

INT函数是整数处理函数的一种，它用来将数字向下舍入到最接近的整数。该函数的语法格式为：

```
INT(number)
```

其中，参数number指定需要向下舍入到最接近的整数。参数不能是一个单元格区域。使用INT函数，当数值为正数时，舍去小数点部分返回整数；当数值为负数时，返回不能超过该数值的最大整数。下面介绍INT函数的用法。

【例6-13】使用INT函数对"3.6"（单元格"B2"）和"-2.2"（单元格"B3"）取整。

01 单击需要插入函数的单元格，如"B2"，输入"=INT(A2)"，然后按Enter键确认输入。取整的结果为"3"，如图6-51所示。

02 将鼠标指针放到"B2"单元格的右下角，当鼠标指针变成"+"时，按住鼠标左键向下拖动，填充公式到"B3"单元格。取整的结果为"-3"，如图6-52所示。

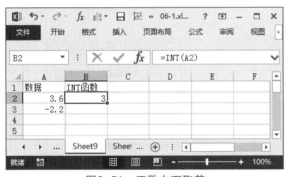

图6-51 正数向下取整

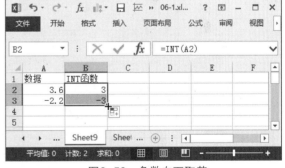

图6-52 负数向下取整

2. TRUNC函数

TRUNC函数可以将数字的小数部分截取，返回整数。该函数的语法格式为：

```
TRUNC(number,[num_digits])
```

其中，参数number表示需要去掉小数数字；参数num_digits用于指定数值舍去后的位数，其默认值为0。下面介绍TRUNC函数的用法。

【例6-14】使用TRUNC函数截取数字的不同小数位数。

01 单击需插入函数的单元格，如"C2"，输入"=TRUNC(A2,B2)"，然后按Enter键确认输入。函数的计算结果如图6-53所示。

02 将公式复制到其他单元格中，查看保留不同位数的结果，如图6-54所示。

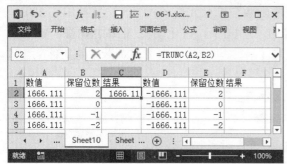

图6-53 保留两位小数

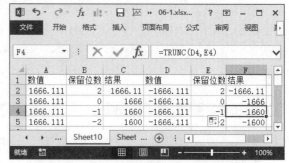

图6-54 显示保留不同小数位数的结果

3.MROUND函数

MROUND函数用来按照指定基数的倍数对参数进行四舍五入。该函数的语法格式为：

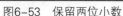

```
MROUND(number, multiple)
```

其中，参数number指要取舍的值；参数multiple指将数值number进行四舍五入的基数。如果数值number除以基数的余数大于或等于基数的一半，则MROUND函数向远离零的方向舍入。下面介绍MROUND函数的用法。

【例6-15】用户此次的进货数量一定，用纸箱装货，每个纸箱可装的数量已知，计算所需的纸箱数量。

01 单击需插入函数的单元格，如"D3"，在单元格中输入"="，然后单击"插入函数"按钮，如图6-55所示。

02 弹出"插入函数"对话框，在"或选择类别"下拉列表框中选择"数学与三角函数"选项，在"选择函数"列表框中选择"MROUND"选项，单击"确定"按钮，如图6-56所示。

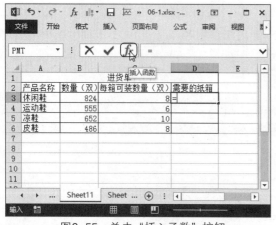

图6-55 单击"插入函数"按钮

图6-56 "插入函数"对话框

03 弹出"函数参数"对话框，在Number文本框中输入"B3/C3"，在"Multiple"文本框中输入"C3/C3"，然后单击"确定"按钮，如图6-57所示。

04 返回后，单元格中显示出计算的结果。将公式复制到其他需计算纸箱数量的单元格中，最终结果如图6-58所示。

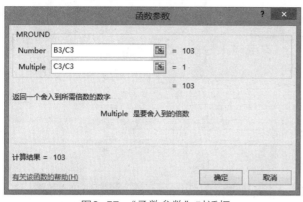

图6-57 "函数参数"对话框

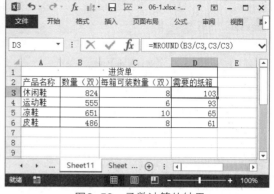

图6-58 函数计算的结果

6.3.2 三角函数

三角函数的中心是原点，半径为1，它以圆周上坐标（x,y）中的x为余弦，y为正弦，y/x为正切。三角函数常用于数学计算。下面介绍几种常见的三角函数。

1. SIN函数

SIN函数是用来计算给定角度的正弦值。该函数的语法格式为：

```
SIN(number)
```

其中，参数number是指需要求正弦值的角度，一般以弧度表示。下面介绍SIN函数的用法。

【例6-16】使用SIN函数计算指定弧度的正弦值。

01 单击需插入函数的单元格，如"C2"，在单元格中输入"="，然后单击"函数"按钮，弹出下拉列表，从中选择"SIN"函数，如图6-59所示。

02 弹出"函数参数"对话框，从中设置参数，即要计算正弦值的弧度数所在单元格的地址，然后单击"确定"按钮，如图6-60所示。

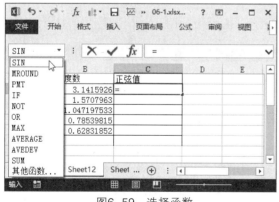

图6-59 选择函数

图6-60 设置参数

03 返回后，单元格中已经显示出计算的结果，如图6-61所示。

04 将鼠标指针移动到"C2"单元格的右下角，当鼠标指针变成"+"时，按住鼠标左键向下拖动，到合适位置释放后，公式即被填充到鼠标拖过的单元格中，计算出其他弧度的正弦值，如图6-62所示。

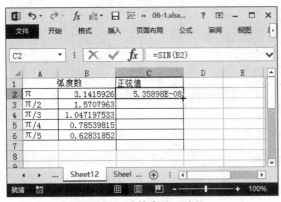
图6-61 计算出的正弦值

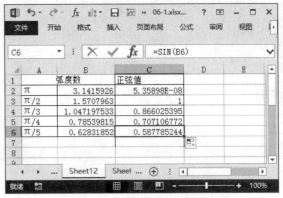
图6-62 计算多个弧度的正弦值

2. ACOS函数

ACOS函数用来求数值的反余弦值，也就是求角度。该函数的语法格式为：

```
ACOS(number)
```

其中，参数number是指角度的余弦值，大小必须在-1和1之间，如果参数超过这个范围，则会返回错误值。下面介绍ACOS函数的用法。

【例6-17】使用ACOS函数计算反余弦值。

01 单击"B2"单元格，在单元格中输入"=ACOS(A2)"，如图6-63所示。

02 按Enter键确认输入，"B2"单元格中显示出计算的结果，也就是求出的反余弦值，如图6-64所示。

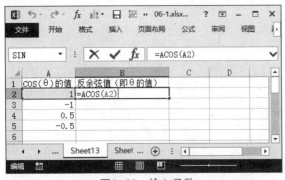
图6-63 输入函数

图6-64 显示计算结果

3. TANH函数

TANH函数用来求数值的双曲正切值。该函数的语法格式为：

```
TANH(number)
```

其中，参数number表示需要求双曲正切值的任意实数，一般用弧度单位来表示。下面介绍TANH函数的用法。

【例6-18】使用TANH函数计算指定弧度的双曲正切值。

01 单击需插入函数的单元格，如"C2"，在单元格中输入"=TANH(B2)"，如图6-65所示。

02 按Enter键确认输入，"C2"单元格中显示出计算的结果，也就是求出的双曲正切值，如图6-66所示。

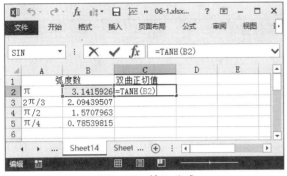

图6-65 输入公式

图6-66 显示计算结果

6.4 逻辑与信息函数

逻辑与信息函数是一类比较特别的函数，它能够为用户返回系统当前的一些状态信息，还能够对其他公式返回的错误值进行判断。

6.4.1 信息函数

信息函数用来确定单元格内数据的类型。用户可以通过信息函数确定单元格中的数据是奇数还是偶数，是数字还是文本等。通过对单元格中数据类型的判断，可以为用户后续的操作提供依据。

1. CELL函数

CELL函数是一个信息函数，它将显示有关单元格的格式、位置或内容等信息。该函数的语法格式为：

```
CELL ( info_type,reference )
```

其中，参数info_type用双引号的半角文本指定需检查的信息，为文本值。如果文本的拼写不正确或用全角输入，则返回错误值"#VALUE!"。如果没有加双引号，则会返回错误值"#NAME?"。表6-1中显示了info_type参数的可能值和相应返回结果。

表6-1

info_type	返回信息
address	用绝对引用形式，将引用区域左上角的第一个单元格作为返回值引用
col	将引用区域左上角的单元格列标作为返回值引用
color	如果单元格的负值以不同的颜色显示，则为1，否则返回0
contents	引用单元格的值，不是公式
filename	包含引用的文件名（包括全部路径）、文本类型。如果包含目标引用的工作表尚未保存，则返回空文本（""）
parentheses	所有单元格都加括号或者单元格中为正值，则为值1；否则返回0
prefix	引用单元格中文本的对齐方式。如果单元格文本居中，则返回插入字符（^）；如果单元格文本两端对齐，则返回反斜线（\）；如果文本单元格左对齐，则返回单引号（'）；如果单元格文本右对齐，则返回双引号（"）；如果是其他情况，则返回空文本（""）

续表

info_type	返回信息
protect	如果单元格锁定，则返回1；如果单元格没有锁定，则返回0
row	引用单元格的行号
type	引用单元格的数据类型。如果单元格包含文本常量，则返回"1"，如果单元格为空，则返回"b"；如果单元格包含其他内容，则返回"v"
Width	引用单元格的列宽
format	引用单元格的数字格式

参数reference是需要显示相关信息的单元格。若参数reference是某一单元格区域，则函数只将该信息返回到左上角的单元格。若省略，则将info_type参数中指定的信息返回给最后更改的单元格。

【例6-19】选取不同的info_type，查看返回引用单元格的信息。

01 单击需插入函数的单元格，如"C2"，输入公式"=CELL("contents",A1)"，然后按Enter键确认输入。此时引用的是单元格的值，将返回单元格的内容，如图6-67所示。

02 单击"C3"单元格，在其中输入公式"=CELL("color",B2)"，然后按Enter键确认输入。此时引用单元格中负数没有以不同的颜色显示，所以返回"0"，如图6-68所示。

图6-67 引用单元格的值　　图6-68 返回0

2. ISEVEN

ISEVEN 函数是用来判断一个数值是否偶数的信息函数。该函数的语法格式为：

```
ISEVEN(number)
```

其中，参数number是待检查的数值，用于检测数值是否为偶数。如果参数为偶数，则返回"TRUE"，否则返回"FALSE"。如果number不是整数，则去尾取整。如果指定的单元格是空白的，则会视为0，结果返回"TRUE"。如果指定单元格中的是文本等数值以外的数据时，则返回错误值"#VALUE!"。下面介绍ISEVEN 函数的用法。

【例6-20】使用ISEVEN 函数判断数值是否为偶数。

01 单击需插入函数的单元格，如"B2"，输入"=ISEVEN(A2)"，然后按Enter键确认输入，返回结果为"TRUE"。因为22.1不是整数，去掉小数点后的数，则变成22，就是偶数了，所以返回"TRUE"，如图6-69所示。

02 单击"B3"单元格，输入"=ISEVEN(A3)"，然后按Enter键确认输入，返回结果为"FALSE"，如图6-70所示。这是因为11是奇数。

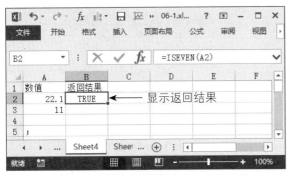

图6-69 数值为偶数时返回"TRUE"

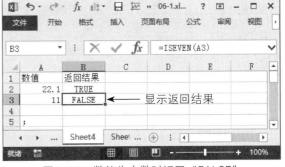

图6-70 数值为奇数时返回"FALSE"

03 单击"B4"单元格,输入"=ISEVEN(A4)",然后按Enter键确认输入,返回结果为"TRUE",如图6-71所示。这是因为空单元格被当作0,是偶数。

04 单击"B5"单元格,输入"=ISEVEN(A5)",然后按Enter键确认输入,返回结果是错误值,如图6-72所示。这是因为";"不属于数据类型,所以返回错误值。

图6-71 空单元格时返回"TRUE"

图6-72 返回错误值

6.4.2 逻辑函数

逻辑函数是指一些对表达式的值进行逻辑判断,根据结果返回一个逻辑值,即"TRUE"或"FALSE"值的函数。下面介绍几种常见的逻辑函数。

1. AND函数

AND函数用来判断指定的多个条件是否全部成立。该函数的语法格式为:

```
AND(logical1, logical2,…)
```

其中,参数logical1表示要检验的第一个条件,其计算结果可以为"TRUE"或"FALSE"。参数logical2表示要检验的第二个条件,该条件为可选项,其计算结果可以为"TRUE"或"FALSE"。该函数最多可包含255个条件。只有当所有的条件都成立时,计算结果才会返回"TRUE"。下面介绍AND函数的用法。

【例6-21】使用AND函数判断80是否在100到110之间。

01 单击需插入函数的单元格,如"A2",输入"80",然后单击"B2"单元格,输入公式"=AND(A2>100,A2<110)",如图6-73所示。

02 输入完成后,按Enter键确认输入,在"B2"单元格中出现返回值"FALSE",如图6-74所示。这是因为"80"是小于"100"的。在本例中,有一个条件值是假的,则返回的结果为假,即"FALSE"。

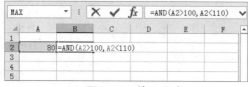

图6-73 输入公式

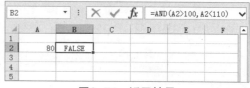

图6-74 返回结果

2. OR函数

OR函数也是用来判断条件真假的，只要有一个条件为真，就返回"TRUE"。该函数的语法格式为：

```
OR(logical1, logical2,…)
```

其中，参数logical1表示要检验的第一个条件，也是必须的参数，其计算结果为"TRUE"或"FALSE"。参数logical2表示要检验的第二个条件，该条件为可选项，其计算结果可以为"TRUE"或"FALSE"。该函数最多可包含255个条件。下面介绍OR函数的用法。

【例6-22】使用OR函数判断学生是否至少一科成绩大于80分。

01 在成绩表中选中需要输入函数的单元格，单击"插入函数"按钮，弹出"插入函数"对话框，从中选择"OR"选项。打开"函数参数"对话框，依次设置函数参数，如图6-75 所示，然后单击"确定"按钮。

02 返回成绩表后，将公式填充到下面的单元格中，填充的单元格中都显示出OR函数的返回值。三个学科中只要有一科大于80分，就会显示"TRUE"，三科都小于或等于80分的则显示"FALSE"，如图6-76所示。

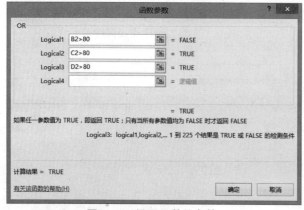

图6-75 设置函数的参数

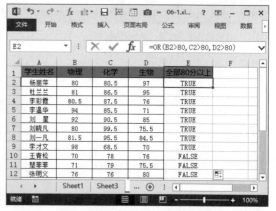

图6-76 显示函数判断的结果

3. NOT函数

NOT函数可以判定指定的条件不成立。该函数的语法格式为：

```
NOT(logical)
```

其中，参数logical代表需要进行判断的条件。下面介绍NOT函数的用法。

【例6-23】使用NOT函数查看哪些学生需要重考。

01 选中需要插入函数的单元格，弹出"插入函数"对话框，从中选择"NOT"选项。此时将打开"函数参数"对话框，依次设置函数参数，如图6-77 所示，然后单击"确定"按钮。

02 返回工作表后，将公式向下填充。之后，工作表中分数大于等于60的会显示"TRUE"，而分数小于60的则会显示"FALSE"，如图6-78所示。

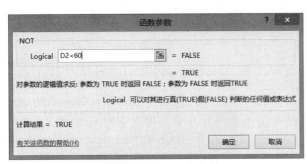

图6-77 设置函数参数

图6-78 显示函数计算结果

4. IF函数

IF函数可以根据指定的条件返回不同的结果。该函数的语法格式为：

```
IF(logical_test,valve_if_true,value_if_false)
```

其中，参数logical_test是用带有比较运算符的逻辑值指定条件判定的公式；参数valve_if_true指定逻辑式成立时返回的值；参数value_if_false指定逻辑式不成立时返回的值。除公式或函数外，也可以指定需要显示的数值或文本，被显示的文本要加双引号，如果不进行任何处理，则省略参数。下面介绍IF函数的用法。

【例6-24】使用IF函数查看学生考试通过的情况。

01 选中需要插入函数的单元格，单击"插入函数"按钮，弹出"插入函数"对话框，从中选择"IF"选项。此时将打开"函数参数"对话框，依次设置函数参数，如图6-79 所示，然后单击"确定"按钮。

02 返回工作表后，将公式填充到下面的单元格中。之后，在工作表中，分数大于等于60分的显示通过，分数小于60分的显示不通过，如图6-80所示。

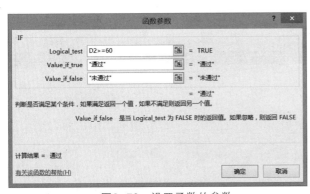

图6-79 设置函数的参数

图6-80 显示函数的计算结果

📝 知识点拨

根据逻辑式判断指定条件，如果条件式成立，则返回真条件下的指定内容，如果条件式不成立，则返回假条件下的指定内容。如果在真条件、假条件中指定了公式，则根据逻辑式的判断结果进行各种计算。如果真条件或假条件中指定加双引号的文本，则返回文本值，如果只处理真或假中的任一条件，则可以省略不处理该条件的参数，此时，单元格内返回0。

6.5 文本函数

文本函数主要是用来对公式中的字符串进行处理，如更改字符大小写、转换字符格式、连接字符、提取字符、查找字符等。下面介绍文本函数的相关知识。

6.5.1 提取字符

在日常处理的文本数据中，经常需要提取其中的一部分字符做进一步处理，如从产品编号中提取字符来判断产品的类别、提取身份证号码中的出生年月等等。提取字符的函数，常见的有三种，分别是LEFT函数、MID函数和RIGHT函数。下面介绍这三种函数。

1. LEFT函数

LEFT函数用来从字符串的最左端位置提取指定数量的字符。该函数的语法格式为：

```
LEFT(text,[num_chars])
```

其中，参数text表示需要提取字符的字符串；参数num_chars表示提取字符的个数。下面介绍用LEFT函数的用法。

【例6-25】用LEFT函数提取电话号码中的区号信息。

① 单击需插入函数的单元格，如 "B2"，输入 "=LEFT(A2,4)"，如图6-81所示。

② 按Enter键后，在单元格中出现提取的信息。将公式复制到下面的单元格中，显示其余电话号码的区号信息，如图6-82所示。

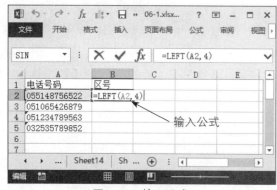

图6-81 输入公式

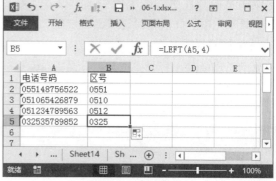

图6-82 显示结果

2. MID函数

MID函数用来从字符串中间的任意位置提取指定数量的字符。该函数的语法格式为：

```
MID(text,start_num,num_chars)
```

其中，参数text表示需要提取字符的字符串；参数start_num表示提取字符的起始位置；参数num_chars表示提取字符的个数。下面介绍MID函数的用法。

【例6-26】使用MID函数提取身份证号码中的出生日期。

在18位身份证号码中，从第7位开始到第14位是出生日期。

① 单击需插入函数的单元格，如 "B2"，输入 "=MID(A2,7,8)"，如图6-83所示。

② 按Enter键后，在单元格中出现提取的信息。将公式复制到下面的单元格中，显示其余身份证号提取的出生日期，如图6-84所示。

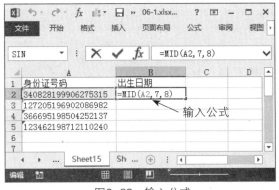

图6-83 输入公式　　　　　　　　　图6-84 显示出生日期

3.RIGHT函数

RIGHT函数用来从字符串最右端提取指定数量的字符。该函数的语法格式为：

```
RIGHT(text,[num_chars])
```

其中，参数text表示需要提取字符的字符串；参数num_chars表示提取字符的个数。下面介绍RIGHT函数的用法。

【例6-27】使用RIGHT函数提取准考证号码。

某校学生的准考证号是学号的后几位，现在通过学号获取准考证号。

01 在需要插入函数的"E2"单元格中输入"=RIGHT(A2,7)"，如图6-85所示。

02 按Enter键确认输入,将公式向下填充到其他单元格中，即可提取所有学生的准考证号，如图6-86所示。

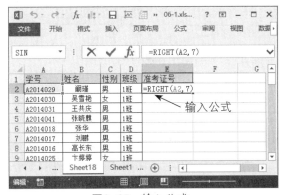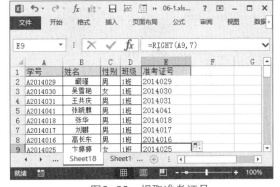

图6-85 输入公式　　　　　　　　　图6-86 提取准考证号

6.5.2 查找字符

如果用户需要对字符串中某个字符进行定位，就需要在字符串中找到它。有两种函数是用来查找字符位置的，它们分别是FIND函数和SEARCH函数。下面介绍这两种函数的相关知识。

1. FIND函数

FIND函数用来定位某一个字符在指定字符串中的起始位置，并以数字表示。如果查找字符串中有多个同样的字符串，则函数只能返回从左向右方向第一次出现的位置；如果查找的字符不存在，则返回错误值。该函数的语法格式为：

```
FIND(find_text,within_text,[start_num])
```

其中，参数find_text表示需要查找的字符；参数within_text表示被查找的字符串；参数start_num表示开始搜索的位置，省略表示从第一个字符开始搜索。下面介绍FIND函数的用法。

【例6-28】使用FIND函数指定数字"3"在字符串中的起始位置。

在一张购买清单上，数量"3"在字符串中的位置不同，求其所在的位置。

01 单击需插入函数的单元格，如"B2"，输入"=FIND(3,A2)"，如图6-87所示。

02 按Enter键确认输入,然后将公式填充到其他需求函数返回值的单元格中，即可查看所有字符串中"3"所在的位置，如图6-88所示。

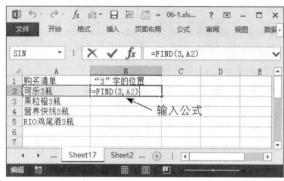
图6-87 输入公式

图6-88 显示函数查找结果

2. SEARCH函数

SEARCH函数用来定位某一个字符在指定字符串中的起始位置，并以数字表示。它和FIND函数非常相似，区别在于FIND函数可以区分英文大小写，但是不支持通配符，而SEARCH函数支持通配符，但不区分英文大小写。该函数的语法格式为：

```
SEARCH(find_text,within_text,[start_num])
```

其中，参数和FIND函数的参数表示值一致。下面介绍SEARCH函数的相关操作。

【例6-29】使用SEARCH函数定位数字"3"在字符串中的起始位置。

一些单元格中输入了由通配符和数字"3"组成的字符串，且"3"在字符串中的不同位置。

01 单击需插入函数的单元格，如"B8"，在单元格中输入"=SEARCH(3,A8)"，如图6-89所示。

02 按Enter键确认输入，将公式填充到其他单元格中，即可查看所有字符串中"3"所在的位置，如图6-90所示。

图6-89 输入公式

图6-90 显示函数的查找结果

6.5.3 使用函数替换文本中的字符

用户如果需要对字符进行批量替换，但又希望保留原有数据，可以使用SUBSTITUTE函数和REPLACE函数。下面介绍这两种函数的相关操作。

1. SUBSTITUTE函数

SUBSTITUTE函数用来将目标文本中指定的字符串替换为新的字符串。该函数的语法格式为：

```
SUBSTITUTE(text,old_text,new_test,instance_num)
```

参数text表示字符串；参数old_text表示需要替换的字符；参数new_test表示替换的新字符；参数instance_num用来指定以新字符替换字符串中第几次出现的旧字符。下面介绍SUBSTITUTE函数的用法。

【例6-30】使用SUBSTITUTE函数删除产地名称中的空格。

01 单击需插入函数的单元格，如"C17"，左单元格中输入"=SUBSTITUTE(B17," ",)"，如图6-91所示。

02 按Enter键确认输入，然后将公式复制到其他单元格中，即可看到删除空格后的产地名称，如图6-92所示。

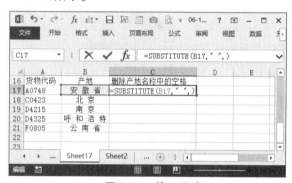

图6-91　输入公式

图6-92　删除空格后的效果

📝 **知识点拨**

当参数text中没有包含参数old_text所查的字符时，保持原字符串不变，SUBSTITUTE函数区分大小写和全角半角；当参数new_test指定的新字符串为空文本或者省略该参数的值而仅保留前面的逗号时，相当于将所查字符删除；当参数instance_num省略时，原字符串中所有被查字符将被替换，如果指定了数值，如"3"，则仅第三次出现时才会被替换。

2. REPLACE函数

REPLACE函数用来根据起始位置和文本字符数将旧字符替换为指定的新字符串。该函数的语法格式为：

```
REPLACE(old_text,start_num,num_chars,new_text)
```

其中，参数old_text表示需要被替换的旧字符；参数start_num表示进行替换的位置；参数num_chars表示将被替换的字符个数；参数new_text表示用于替换的新字符。参数start_num和参数num_chars是用来指定原字符串中需要替换的字符起始位置和字符长度，当参数num_chars为0时，相当于在指定位置插入新字符；参数new_text为空文本或省略该参数的值仅保留逗号时，相当于删除指定字符。下面介绍REPLACE函数的用法。

【例6-31】使用REPLACE函数替换获奖观众手机号码中的数字，保护获奖观众的隐私。

01 单击需要存放替换后字符串的单元格，在其中输入公式 "=REPLACE(A23,4,4,"****")"，如图6-93所示。

02 按Enter键确认输入，然后将公式复制到其他单元格中,即可看到处理后的号码，如图6-94所示。

图6-93 输入公式

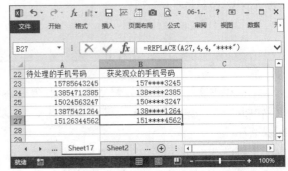

图6-94 手机号码处理后的效果

6.6 统计分析函数

统计函数主要用于对数据区域进行统计分析。它的应用非常广泛，比如统计学生成绩、统计销售员业绩、统计单位人数、统计男女比例等等。下面介绍统计函数的相关知识。

6.6.1 常用的统计分析函数

在日常的工作中，人们最常用的就是统计函数，常见的统计函数有MAX、MIN、AVERAGE、COUNT、COUNTIF等。下面介绍这几种函数的相关知识。

1. MAX函数

MAX函数是用来统计一组值中的最大值的函数。该函数的语法格式为：

```
MAX(number1, number2, …)
```

在MAX函数中，参数number1是必要条件，表示一个数，其余参数是可选条件。该函数最多可以有255个参数。下面介绍MAX函数的用法。

【例6-32】使用MAX函数求电视机在各省的最大销量。

01 单击需要存放最大销量数据的单元格，输入 "=MAX(C2:C63)"，如图6-95所示。

02 按Enter键确认输入，此时单元格中显示出函数的计算结果，即各省电视机的最大销量，如图6-96所示。

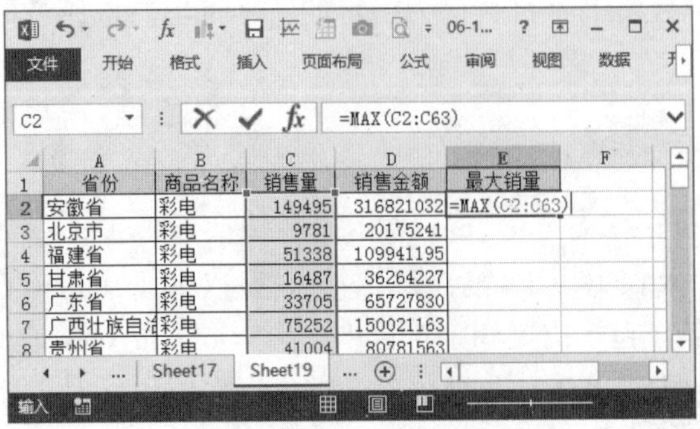

图6-95 输入公式

图6-96 显示计算结果

2. AVERAGE函数

AVERAGE函数是用来求一组数值的平均值的函数。该函数的语法格式为：

```
AVERAGE(value1,[value2],…)
```

在AVERAGE函数中，参数value1是必须的，表示一个数，其他参数是可选择的。该函数最多可以有255个参数。下面介绍AVERAGE函数的用法。

【例6-33】使用AVERAGE函数求各省电视机销售额的平均值。

01 单击需要存放计算结果的单元格，然后在单元格中输入 "=AVERAGE(D2:D63)"，如图6-97所示。

02 按Enter键确认输入，此时，在该单元格中显示出AVERAGE函数的计算结果，即各省电视机销售额的平均值，如图6-98所示。

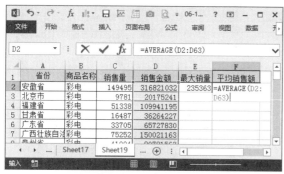

图6-97 输入公式

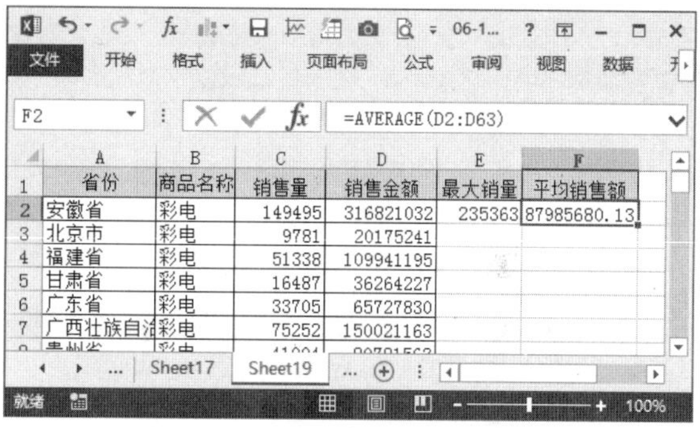

图6-98 显示求平均值的计算结果

3. COUNT函数

COUNT函数用来统计单元格区域或数组中数值数据的个数。该函数的语法格式为：

```
COUNT(value1,[value2],…)
```

其中，参数value1表示一个数值数据，该函数最多可以有255个参数。下面介绍COUNT函数的用法。

【例6-34】使用COUNT函数统计停产的生产线个数。

01 选中需要存放计算结果的单元格，在其中输入 "=COUNT(B2:B11)"，如图6-99所示。

02 按Enter键确认输入，此时单元格中显示出COUNT函数的计算结果，即停止生产的生产线个数，如图6-100所示。

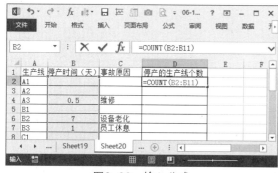

图6-99 输入公式

图6-100 显示计算结果

4. COUNTIF函数

COUNTIF函数主要用来统计工作表中满足指定条件的数据个数。该函数的语法格式为：

```
COUNTIF(range,criteria)
```

其中，参数range表示要对其进行计数的单元格区域。单元格中会被计数的数据包括数字、名称、数组和包含数字的引用，空值和文本值将被忽略。参数criteria是指定的条件。下面介绍COUNTIF函数的用法。

【例6-35】使用COUNTIF函数统计迟到员工的人数。

01 选中需要存放统计结果的单元格，在其中输入"=COUNTIF(C2:C71,">=1")"，如图6-101所示。

02 按Enter键确认输入，此时，在该单元格中显示出COUNTIF函数的统计结果，即该月迟到的员工人数，如图6-102所示。

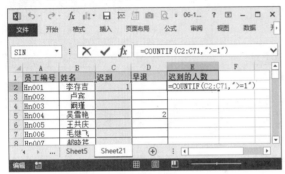

图6-101 输入公式

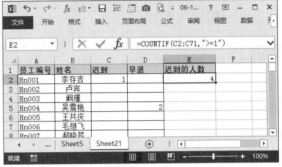

图6-102 显示统计结果

6.6.2 排位和排列组合函数

排位函数用来对数据中某个项目或属性进行排位。排列组合函数是求数值的排列数的函数。这些函数包括RANK、LARGE、SMALL和PERMUT。下面介绍这几种函数的相关知识。

1. RANK函数

RANK函数用来统计一个数字在数字列表中的排位。该函数的语法格式为：

```
RANK(number,ref,[order])
```

其中，参数number是指需要排位的数字；参数ref是指数字列表数组或对数字列表的引用，它会忽略非数值型的数据；参数order是一个数字，指明数字排位的方式，如果order为0或忽略，数组排位就会按照基于ref按照降序排序，如果order不为0，数字的排位就会基于ref按照升序排序。下面介绍RANK函数的用法。

【例6-36】使用RANK函数对学生的总成绩进行排名。

01 选中需要存放统计结果的单元格，在其中输入"=RANK(K2,K2:K51,0)"，如图6-103所示。

02 按Enter键确认输入，此时，在该单元格中就显示出RANK函数的统计结果，即该名学生在所有学生中总成绩的排名情况，如图6-104所示。

2. LARGE函数

LARGE函数用来返回数据列表中第K个最大值。该函数的语法格式为：

```
LARGE(array,K)
```

其中，参数array是指第K个最大值所在的区域，参数K是指该值在区域中的位置，按从大到小排序。下面介绍LARGE函数的用法。

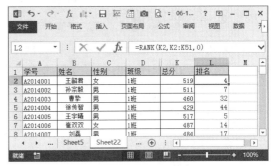

| | 图6-103 输入公式 | | 图6-104 显示排名 |

【例6-37】 使用LARGE函数统计库存商品前两名的值。

01 选择存放最大库存值的单元格，在单元格中输入 "=LARGE(C2:C72,1)"，按Enter键确认输入，此时，在该单元格中就显示出所有库存商品中最大的值，如图6-105所示。

02 选中存放第二大库存值的单元格，在单元格中输入 "=LARGE(C2:C72,2)"，按Enter键确认输入。此时，在该单元格中就显示出所有库存中排名第二的库存值，如图6-106所示。

图6-105 求最大库存值

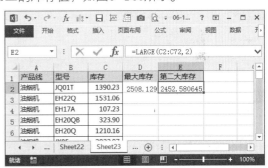

图6-106 求第二大库存值

3. PERMUT函数

PERMUT函数用来从给定数目的对象集合中选取若干对象的排列数。该函数的语法格式为：

```
PERMUT(number,number_chosen)
```

其中，参数number是指统计对象的个数；参数number_chosen是指每个排列中对象的个数。下面介绍PERMUT函数的用法。

【例6-38】 使用PERMUT函数计算，如选取一定数量的展品，这些展品有多少种展出方式。

01 选中需要存放计算结果的单元格，在其中输入 "=PERMUT($A$2,B2)"，如图6-107所示。

02 按Enter键确认输入，此时，在该单元格中就显示出计算的结果。即当在5个展品中选取1个时，有五种排列方式。将公式复制到其他单元格，即可查看抽取不同数量的展品，排列方式的种类，如图6-108所示。

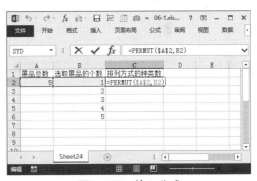

图6-107 输入公式

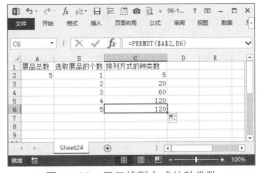

图6-108 显示排列方式的种类数

6.6.3 概率分布函数

概率分布是指概率变量的分布情况。概率分布函数是用来求概率值的函数，它包括求离散型概率分布的函数和求连续型概率分布的函数两种。下面介绍这两种概率分布函数。

1. BINOM.DIST函数

BINOM.DIST函数用来返回一元二项式分布的概率。该函数的语法格式为：

```
BINOM.DIST(number_s,trials,probability_s,cumulative)
```

其中，参数number_s表示实验成功的次数；参数trials表示独立实验的次数；参数probability_s表示每次实验中成功的概率；参数cumulative表示决定函数形式的逻辑值，如果cumulative为"FALSE"，则返回概率密度函数及number_s次成功的概率；如果cumulative为"TRUE"，则返回累积分布函数，即至多number_s次成功的概率。下面介绍BINOM.DIST函数的用法。

【例6-39】使用BINOM.DIST函数计算，抛掷硬币不同次数时，得到正面的概率。

01 选中用来存放计算结果的单元格，如"B3"，输入"=BINOM.DIST(0,B$2,A$2,FALSE)"，然后按Enter键确认输入，得到计算结果，如图6-109所示。该结果表示抛5次硬币都得到硬币反面的概率。

02 选中用来存放计算结果的单元格，输入"=BINOM.DIST(0,C$2,A$2,TRUE)"，然后按Enter键确认输入，得到计算结果，如图6-110所示。该结果表示抛8次硬币都得到硬币反面的概率。

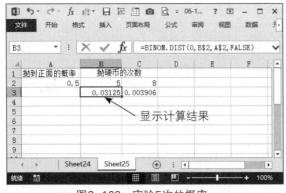

图6-109 实验5次的概率

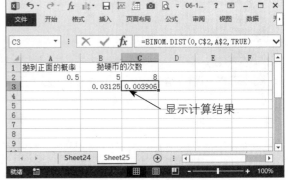

图6-110 实验8次的概率

2. CONFIDENCE.T函数

CONFIDENCE.T函数用于返回总体平均值的置信区间。该函数的语法格式为：

```
CONFIDENCE.T(alpha,shandard_dev,size)
```

其中，参数alpha用于计算置信度的显著水平，置信度的计算公式为"100*(1-alpha)%"，即当alpha等于0.1，置信度就是90%；参数shandard_dev表示数据区域的总体标准偏差；参数size表示样本的大小。下面介绍CONFIDENCE.T函数的用法。

【例6-40】使用CONFIDENCE.T函数求学生视力的置信区间。

检查了某班100名学生的视力，平均视力为0.7，测量数据的总体标准偏差为1.2，置信度为90%。

01 选中用于存放计算结果的单元格，如"D5"，输入"=CONFIDENCE.T(0.1,B6,B7)"，然后按Enter键确认输入，得到计算结果，如图6-111所示。

02 在"D6"单元格中输入"=D5+B5"，按Enter键确认，得到置信区间的最大值，在"D7"单元格

中输入 "=B5-D5"，然后按Enter键确认，得到置信区间的最小值，如图6-112所示。

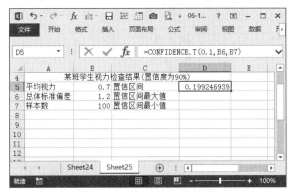

图6-111　计算置信区间

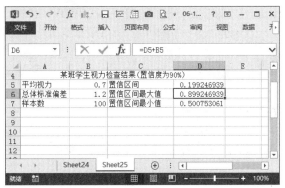

图6-112　计算置信区间的最大/小值

6.6.4　其他统计函数

除了上述几种统计函数外，还有检验统计函数和协方差、相关系数与回归分析统计函数等。下面介绍其中的CHISQ.TEST和COVARIANCE.P函数。

1. CHISQ.TEST函数

CHISQ.TEST函数用来返回独立性检验值，即返回$\chi 2$分布的统计值及相应的自由度，可以使用$\chi 2$检验值确定假设结果是否为实验所证实。该函数的语法格式为：

```
CHISQ.TEST(actual_range,expected_range)
```

其中，参数actual_range表示包含观察值的数据区域，是用来检验期望值的；参数expected_range是指包含行列汇总的乘积与总计值之比率的数据区域。下面介绍CHISQ.TEST函数的用法。

【例6-41】使用CHISQ.TEST函数验证肺癌是否和吸烟有关。

01 选择用于存放计算结果的单元格，输入 "=CHISQ.TEST(B3:C4,E3:F4)"，如图6-113所示。

02 按Enter键确认输入，得到计算结果。将小数位数设置为 "12"，最终结果如图6-114所示。该结果显示吸烟与肺癌并无决定性的关系。

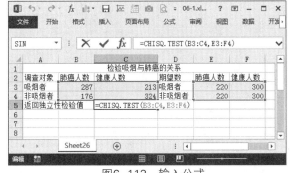

图6-113　输入公式

图6-114　显示计算结果

2. COVARIANCE.P函数

COVARIANCE.P函数用来返回总体协方差，即两个数据集对每对数据点的偏差乘积的平均数，利用协方差可以确定两个数据集之间的关系。该函数的语法格式为：

```
COVARIANCE.P(array1,array2)
```

其中，参数array1表示第一个所含数据为整数的单元格区域；参数array2表示第二个所含数据为整数的单元格区域。下面介绍COVARIANCE.P函数的用法。

【例6-42】使用COVARIANCE.P函数计算数据的总体协方差。

01 选中用于存放计算结果的单元格，在其中输入"=COVARIANCE.P(A1:A7,B1:B7)"，如图6-115所示。

02 按Enter键确认输入，得到计算结果，即两组数据的总体协方差，如图6-116所示。

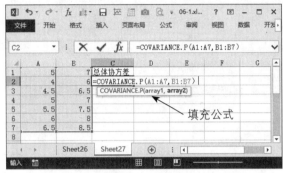
图6-115 输入公式

图6-116 显示计算结果

6.7 日期时间函数

日期时间函数广泛应用于日期数据的处理，如计算员工的退休时间、一个项目的周期、两段时间的时间差等。

6.7.1 当前日期和周数

在日期时间函数中，有几种函数是用来返回当前日期和周数的，使用它们可以知道当前的日期，也可以知道指定日期是星期几。下面介绍其中两种函数的知识。

1. TODAY函数

TODAY函数用来返回当前日期的序列号。序列号是指Excel日期和时间计算使用的日期-时间代码。该函数的语法格式为：

```
TODAY()
```

如果在输入函数前，选定的单元格格式是"常规"型，Excel会自动更改为"日期"型，如果用户要看序列号，就必须将单元格格式更改为"数值"型或"常规"型。下面介绍TODAY函数的用法。

【例6-43】使用TODAY函数计算当前日期。

01 选中需要使用公式的单元格，打开"开始"选项卡，单击"数字"命令组的"对话框启动器"按钮，如图6-117所示。

02 弹出"设置单元格格式"对话框，从中将该单元格的格式设置为"日期"型，然后单击"确定"按钮，如图6-118所示。

03 在该单元格中输入"=TODAY()"，按Enter键确认输入，此时，该单元格中即显示出当前日期，如图6-119所示。

04 将该单元格的格式更改为"常规"型，该单元格中即显示出当前日期的序列号，如图6-120所示。

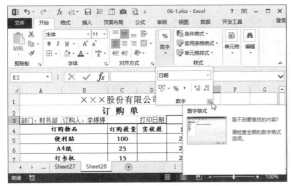

图6-117 单击"对话框启动器"按钮　　　　图6-118 "设置单元格格式"对话框

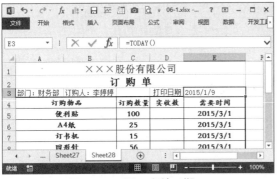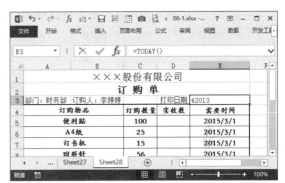

图6-119 显示当前日期　　　　　　　　　图6-120 显示序列号

2. WEEKDAY函数

WEEKDAY函数用来返回某个日期所代表的星期几。该函数的语法格式为：

```
WEEKDAY(serial_number,[return_type])
```

其中，参数serial_number表示指定的日期；参数return_type是用于确定返回值类型的数字。return_type数字为1或省略，则1～7代表从星期天到星期六；数字为2，则1～7代表从星期一到星期天；数字为3，则0～6代表从星期一到星期天。下面介绍WEEKDAY函数的用法。

【例6-44】使用WEEKDAY函数计算指定日期是星期几。

01 选中需要显示星期的单元格，在其中输入"="星期"&WEEKDAY(A2,1)"，按Enter键确认输入，此时在该单元格中就会显示出结果，如图6-121所示。

02 在下一个单元格中输入"="星期"&WEEKDAY(A3,2)"，按Enter键确认输入，该单元格也显示星期2，如图6-122所示。这是因为return_type的值选的不一样，所以才会出现这种情况。

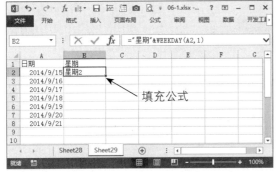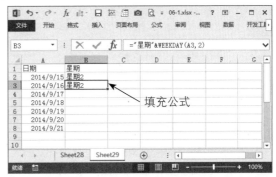

图6-121 return_type为1　　　　　　　　图6-122 return_type为2

6.7.2 日期与时间

YEAR、MONTH、DAY、HOUR、SECOND等函数用来返回指定数列号的"年""月"等数字，也就是统计一个时间段。下面介绍这些函数的用法。

1. YEAR函数

YEAR函数用来返回某个日期对应的年份。该函数的语法格式为：

```
YEAR(serial_number)
```

参数serial_number是一个日期值。下面介绍YEAR函数的用法。

【例6-45】使用YEAR函数提取员工的入职年份。

01 选中需要存放函数返回结果的单元格，输入"=YEAR(B2)&"年""，如图6-123所示。

02 按Enter键确定输入，该单元格中显示出该日期所在的年份。将公式复制到其他单元格中，显示其余日期的年份，结果如图6-124所示。

图6-123 输入公式

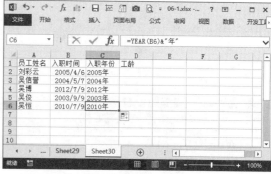

图6-124 显示结果

2. HOUR函数

HOUR函数用来返回时间值的小时数，取值是0到23之间的整数。该函数的语法格式为：

```
HOUR(serial_number)
```

参数serial_number代表一个日期时间值，其中包含需要查找的小时。下面介绍HOUR函数的用法。

【例6-46】使用HOVR函数提取指定时间的小时数。

01 选中需要存放函数返回结果的单元格，输入"=HOUR(A2)&"时""，如图6-125所示。

02 按Enter键确定输入，该单元格中显示出时间的小时数。将公式复制到其他单元格中，显示其余时间的小时数，结果如图6-126所示。

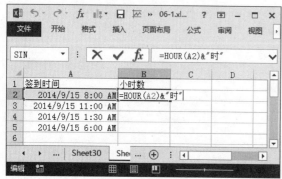

图6-125 输入公式

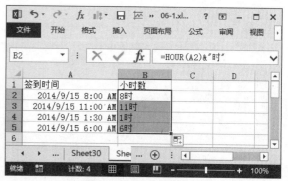

图6-126 显示小时数

✒ **知识点拨**

连接符"&"表示"和"的意思。

6.7.3 时间和日期计算函数

有些函数是用来计算时间的，比如设定一个日期，相隔一定天数后，得到另一个日期值。这种计算其实是计算时间和日期的序列号。下面将介绍这种函数的用法。

1. WORKDAY函数

WORKDAY函数用来返回起始日期之前或之后，与该日期相隔指定工作日的某一日期的日期值。该函数的语法格式为：

```
WORKDAY(start_date,days,[holidays])
```

其中，参数start_date代表起始日期；参数days表示起始日期之前或之后不含周末和节假日的天数，为正值时，表示起始天数之后的日期，为负值时，表示起始天数之前的日期；参数holidays是一个可选的时间列表，其中包含需要从工作日中排除的双休日和节假日。下面介绍WORKDAY函数的用法。

【例6-47】使用WORKDAY函数计算最后的交货日期。

客户订了一批货，订货时间是2014年12月1日。合同规定，供货商90天后必须交货，但遇到法定节假日可以顺延，延迟交货，求最后的交货日期。

01 选中需要存放函数返回值的单元格，在其中输入"=WORKDAY(B2,C2,A4:A19)"，如图6-127所示。

02 按Enter键确定输入，此时在该单元格中显示出计算的结果，即最后的交货日的日期，如图6-128所示。

图6-127　输入公式

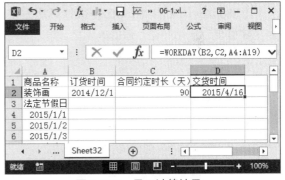

图6-128　显示计算结果

2. TIME函数

TIME函数用来返回特定时间的小数值。该函数的语法格式为：

```
TIME(hour,minute,second)
```

其中，参数hour表示小时；参数minute表示分钟；参数second表示秒。下面介绍TIME函数的用法。

【例6-48】使用TIME函数显示指定时间。

01 选中需要存放函数返回值的单元格，输入"=TIME(A26,B26,C26)"，如图6-129所示。

02 按Enter键确定输入，此时该单元格中显示出指定的时间(需修改单元格格式)。将公式复制到下面的单元格中，即可显示所有指定的时间，如图6-130所示。

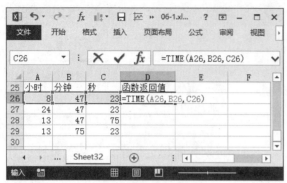

图6-129　输入公式

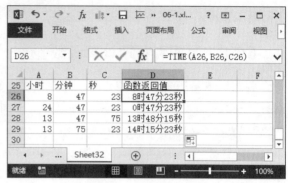

图6-130　显示指定的时间

6.7.4　时间差函数

时间差函数用来求两个日期之间的时间差，并且将一年当作360天计算。

1. DAYS360函数

DAYS360函数将一年分为12个月，每月30天，计算结果返回两日期间相差的天数。该函数的语法格式为：

```
DAYS360(start_date,end_date,[method])
```

其中，参数start_date表示计算的起始日期；参数end_date表示计算的终止日期；参数method是一个逻辑值，它用来指定在计算中采用欧洲方法还是美国方法。下面介绍DAYS360函数的用法。

【例6-49】使用DAYS360函数计算病人住院的天数。

01 选中需要存放函数返回值的单元格，输入"=DAYS360(B36,C36)"，如图6-131所示。

02 按Enter键确定输入，此时该单元格中显示出病人住院的天数。将公式复制到下面的单元格中，即可显示其余病人住院的天数，如图6-132所示。

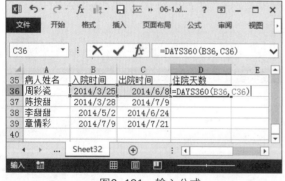

图6-131　输入公式

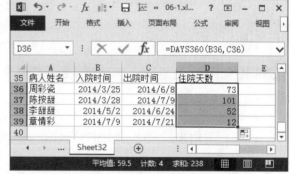

图6-132　显示住院天数

2. DATEDIF函数

DATEDIF函数用指定的单位计算起始日和结束日之间的天数。该函数的语法格式为：

```
DATEDIF(start_date,end_date,unit)
```

其中，参数start_date表示起始日期；参数end_date表示结束日期；参数unit指用特定的加双引号的字符指定日期的计算方法，如"Y"表示计算期间内的整年数，"YM"表示不到一年的月数。下面介绍DATEDIF函数的用法。

【例6-50】使用DATEDIF函数计算固定资产的使用年限和日数。

01 选中需存放函数返回值的单元格，输入"=DATEDIF(B42,C42,"y")"，然后按Enter键确认输入，此时，该单元格中显示出计算的年限，如图6-133所示。

02 选中需存放函数返回值的单元格，输入"=DATEDIF(B44,C44,"YD")"，然后按Enter键确认输入，此时，该单元格中显示出计算的日数，如图6-134所示。

图6-133　计算使用年限

图6-134　计算不满一年的使用日数

6.8 查找和引用函数

查找和引用函数用来在表格和数据清单中查找特定值，或者对特定单元格进行引用。查找和引用函数包含CHOOSE、MATCH、VLOOKUP、INDEX、RID、ADDRESS、ROW、TRANSPOSE等。

6.8.1 选择函数

常用查找包括CHOOSE函数和VLOOKUP函数。下面对这两种函数进行介绍。

1. CHOOSE函数

CHOOSE函数可以根据索引号从最多254个数值中选择1个，即返回指定数值列表中的数值。该函数的语法格式为：

```
CHOOSE(index_num,value1,[value2]…)
```

其中，参数index_num指定所选定的值参数。参数value1是必须有的，参数value2及之后的参数是可选参数，这些值都介于1到254之间。下面介绍CHOOSE函数的用法。

【例6-51】使用CHOOSE函数显示所有会计科目的名称。

01 选中需存放函数返回值的单元格，输入"="，然后单击"插入函数"按钮，如图6-135所示。

02 弹出"插入函数"对话框，从中选择CHOOSE函数，然后单击"确定"按钮，如图6-136所示。

03 弹出"函数参数"对话框，从中设置函数的参数值，如图6-137所示。

04 然后单击"确定"按钮，返回工作表。将公式复制到其余需要显示该函数返回值的单元格中，即可显示所有的科目名称，如图6-138所示。

图6-135 单击"插入函数"按钮 　　　　　图6-136 "插入函数"对话框

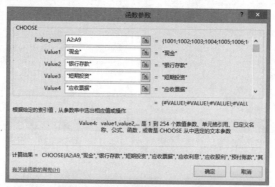

图6-137 "函数参数"对话框

图6-138 显示所有科目名称

2. VLOOKUP函数

VLOOKUP函数用来搜索某个单元格区域的第一列，然后返回该区域相同的行上的任何单元格中的值。该函数的语法格式为：

```
VLOOKUP(lookup_value,table_array,col_index_num,[range_lookup])
```

其中，参数lookup_value表示要在指定区域的第一列中搜索的值；参数table_array指包含数据的单元格区域；参数col_index_num表示参数table_array中必须返回的匹配值的列标，当col_index_num为"1"时，返回table_array第一列中的值；参数range_lookup是逻辑值，当其值为"FALSE"时，则不需要对table_array第一列中的值进行排序。下面介绍VLOOKUP函数的用法。

【例6-52】使用VLOOKUP函数提取指定客户的电话号码。

01 选中需要存放函数返回值的单元格，输入"=VLOOKUP(A9,A2:E6,4,FALSE)"，如图6-139所示。

02 按Enter键，此时该单元格中显示出指定单元格的值，即此处的客户电话号码，如图6-140所示。

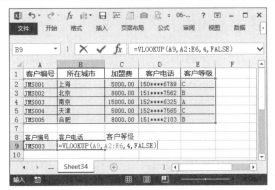

图6-139　输入公式

图6-140　显示客户电话号码

6.8.2　查找地址函数

有些函数是用来显示单元格位置的，比如ADDRESS函数是用来显示单元格地址的，ROW函数是用来显示引用单元格的行号的。下面介绍这两种函数的应用方法。

1. ADDRESS函数

ADDRESS函数可以在给定行数和列数的情况下，获取工作表单元格的地址。该函数的语法格式为：

```
ADDRESS(row_num,column_num,[abs_num],[a1],[sheet_text])
```

其中，参数row_num是用来指定要在单元格引用中使用的行号的一个数值；参数column_num是用来指定要在单元格引用中使用的列标的一个数值；参数abs_num代表指定要返回的引用类型的数值；参数a1是一个逻辑值，指定引用的样式；参数sheet_text是一个文本值，指定要用作外部引用的工作表的名称。下面介绍ADDRESS函数的用法。

【例6-53】使用ADDRESS函数获取指定单元格的地址。

01 选中需要存放函数返回值的单元格，如"B6"，在其中输入"=ADDRESS(A2,B2,C2,D2,E2)"，然后按Enter键确认输入，此时，该单元格中显示出此次引用的单元格地址，如图6-141所示。

02 将鼠标指针放到"B6"单元格的右下角，当鼠标指针变成"+"型时，按住鼠标左键，向下拖动至"B9"单元格释放，结果如图6-142所示。不同的引用类型和引用样式，导致显示的地址存在了差异。

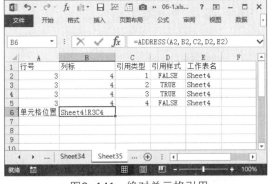

图6-141　绝对单元格引用

图6-142　显示多种类型引用的结果

2. ROW函数

ROW函数用来返回引用的行号。该函数的语法格式为:

```
ROW([reference])
```

其中,参数reference代表需要其行号的单元格或单元格区域,如果省略,则会返回ROW所在单元格的引用。下面介绍ROW函数的用法。

【例6-54】使用ROW函数显示目标单元格所在的行号。

01 选择用来存放函数返回值的单元格,输入 "=ROW(B35)+B2",按Enter键确认输入,即可显示目标行号,如图6-143所示。

02 任选一个单元格,在其中输入 "=ROW()",按Enter键确认输入后,即可显示该单元格所在的行号,如图6-144所示。

图6-143 显示目标行号

图6-144 显示本行行号

6.9 财务函数

财务函数是一类涉及财务计算的函数,它在财务会计领域的应用非常广泛,比如核算净现值、核算债券的票面价值、核算应计利息等。这些函数可以帮助用户尽快解决财务会计中复杂的计算。下面介绍财务函数的相关知识。

6.9.1 投资评价函数

投资评价函数可以计算复利终值、复利现值、净现值、回收期等。这些函数包括FV、PV、PMT、RETE、COUNPNUM、COUMIPMT、NPV等。下面介绍其中两种函数的相关知识。

1. FV函数

FV函数用来计算某项投资的未来值,它的应用条件是固定利率和等额分期付款方式。该函数的语法格式为:

```
FV(rate,nper,pmt,[pv],[type])
```

其中,参数rate表示各期利率;参数nper表示付款总期数;参数pmt代表各期所应支付的金额;参数pv代表现值;参数type用来指定各期的付款时间是在期初还是期末,它只有两种选择,选择数字 "0" 表示期末付款,数字 "1" 表示期初付款。下面介绍FV函数的用法。

【例6-55】使用FV函数计算期末付款和期初付款的终值。

用户进行一项投资，首次投资金额为10000元，以后每月继续追加投资金额为1000元，投资期限为10年，年利率为5%，现在计算期末付款和期初付款的终值。

01 选择用来存放函数返回值的单元格，输入"=FV(B3,B4,B2,B1,B5)"，然后按Enter键确认输入，该单元格中就会显示期末付款方式下的终值，如图6-145所示。

02 选择另一个单元格，输入"=FV(B3,B4,B2,B1,C5)"，然后按Enter键确认输入，该单元格中就会显示期初付款方式的终值，如图6-146所示。

图6-145 期末付款

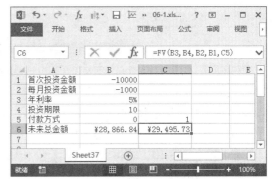
图6-146 期初付款

2. PMT函数

PMT函数用来计算贷款的每期付款额，使用它的条件是固定利率和等额分期付款方式。该函数的语法格式为：

```
PMT(rate,nper,pv,[fv],[type])
```

其中，参数rate表示贷款利率；参数nper表示贷款总额；参数pv表示本金；参数fv表示未来值；参数type用来指定付款时间，如果为"0"，则表示期初付款，如果为"1"，则表示期末付款。下面介绍PMT函数的用法。

【例6-56】使用PMT函数计算贷款的月还款金额和年还款金额。

用户为了买房子，向银行贷款70万，年利率是6.15%，他打算20年还完，且每月月末还款，现在他想知道每月还款多少？每年还款多少？

01 单击用来存放函数返回值的单元格，如"B4"，输入"=PMT(B2/12,B3*12,B1,1)"，然后按Enter键确认输入。此时"B4"单元格中就显示出计算结果，即每月需要还款的金额，如图6-147所示。

02 单击用来存放函数返回值的单元格，如"B5"，输入"=PMT(B2,B3,B1,1)"，然后按Enter键确认输入，此时"B5"单元格中就显示出计算结果，即每年需要还款的金额，如图6-148所示。

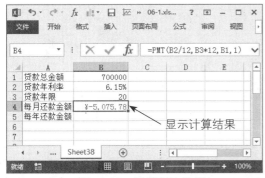
图6-147 计算月还款额

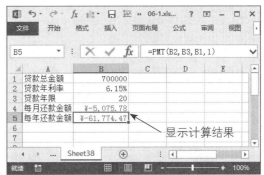
图6-148 计算年还款额

6.9.2　证券计算函数

由于证券的计算比较复杂，所以细分成很多种函数，可以对证券的价格、收益率、贴现率等进行计算。下面介绍证券计算函数的知识。

1. RECEIVED函数

RECEIVED函数用来计算一次性付息的有价证券的到期金额。该函数的语法格式为：

```
RECEIVED(settlement,maturity,inwestment,discount,[basis])
```

其中，参数settlement表示证券的成交日；参数maturity表示证券的到期日；参数inwestment表示证券的投资额；参数discount表示证券的贴现率；参数basis表示指定证券日期的计算方法及日计算基准类型basis数字"0"、数字"4"或省略，基准类型为30/360；数字"1"，基准类型为实际天数/实际天数；数字"2"，基准类型为实际天数/360；数字"3"，基准类型为实际天数/365。下面介绍RECEIVED函数的运用。

【例6-57】使用RECEIVED函数计算有价证券到期的金额。

01 单击用来存放函数返回值的单元格，如"B18"，输入"=RECEIVED(B13,B14,B15,B16,B17)"，然后按Enter键确认输入，此时该单元格中显示出basis数值为"4"（单元格"B17"中数值为"4"）时的计算结果，如图6-149所示。

02 单击用来存放函数返回值的单元格，如"C18"，在其中输入"=RECEIVED(B13,B14,B15,B16,3)"，然后按Enter键确认输入，此时该单元格中显示出basis数值为"3"时的计算结果，如图6-150所示。

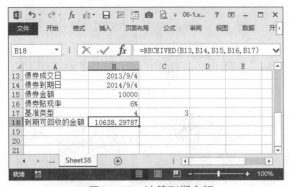

图6-149　计算到期金额

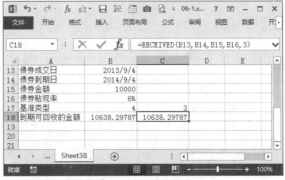

图6-150　选择不同的基准

2. TBILLYIELD函数

TBILLYIELD函数用来计算国库券的收益率。该函数的语法格式为：

```
TBILLYIELD(settlement,maturity,pr)
```

其中，参数settlement表示国库券的成交日；参数maturity表示国库券的到期日；参数pr表示国库券的价格。下面介绍TBILLYIELD函数的用法。

【例6-58】使用TBILLYIELD函数计算国库券的收益率。

用户在2013年9月15日用90.45元购买了一张面值为100元的国库券，该国库券的到期日为2014年9月14日，计算该国库券的收益率。

01 单击用来存放函数返回值的单元格，如"B29"，输入"=TBILLYIELD(B26,B27,B28)"，如图6-151所示。

02 按Enter键确认输入，将该单元格的格式修改为"百分比"。此时，该单元格中显示出计算出来的国库券收益率，如图6-152所示。

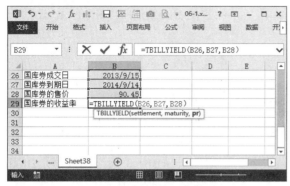

图6-151 输入公式

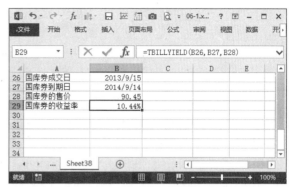

图6-152 显示计算结果

6.9.3 折旧计算函数

折旧函数用来对一定时间内的资产折旧进行计算。根据会计中计算折旧的不同方法，应运用不同的函数计算折旧。下面介绍两种计算折旧值的函数。

1. DB函数

DB函数用来计算一笔资产在给定期间内的折旧值，使用固定余额递减法。该函数的语法格式为：

```
DB(cost,salvage,life,period,[month])
```

其中，参数cost表示资产原值；参数salvage表示资产残值；参数life表示资产的使用寿命；参数period表示计算折旧值的期间；参数month表示第一年的月份数。下面介绍DB函数的用法。

【例6-59】使用DB函数计算设备每年的折旧值。

用户购买了一台机器设备，花费150000元，该设备的使用年限是10年，最终的残值是2000元，该设备每年使用12个月。如果使用固定余额递减法，该设备每年的折旧值是多少？

① 单击用来存放函数返回值的单元格，如"D2"，输入"=DB($B$1,$B$3,$B$2,C2,$B$4)"（为了方便复制公式，该函数中除了年限外，都使用绝对引用），如图6-153所示。

② 按Enter键确认输入，然后将公式复制到其他单元格中，即可查看各年该设备的折旧值，如图6-154所示。

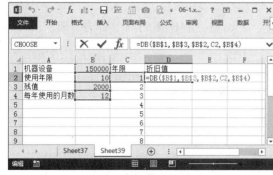

图6-153 输入公式

图6-154 显示全部折旧值

2. SYD函数

SYD函数用来计算一笔资产在指定期间内的折旧值，该函数使用的是按年限总和折旧法。该函数的语法格式为：

```
SYD(cost,salvage,life,per)
```

其中，参数cost表示资产原值；参数salvage表示残值；参数life表示资产使用年限；参数per表示使用期间。下面介绍SYD函数的用法。

【例6-60】使用SYD函数计算设备每年的折旧值。

用户购买了一台机器设备，花费150000元，该设备的使用年限是10年，最终的残值是2000元，该设备每年使用12个月。如果使用年限总和折旧法，该设备每年的折旧值是多少？

01 单击用来存放函数返回值的单元格，如"D2"，输入"=SYD($B$1,$B$3,$B$2,C2)"（为了方便复制公式，该函数中除了年限外，都使用绝对引用），如图6-155所示。

02 按Enter键确认输入，然后将公式复制到其他单元格中，即可查看各年该设备的折旧值，如图6-156所示。

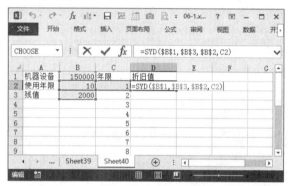

图6-155　输入公式

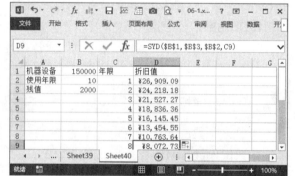

图6-156　显示全部折旧值

6.10　上机实训

通过对本章内容的学习，读者对Excel中的公式和函数有了更深地了解。下面再通过两个实训操作来温习和拓展前面所学的知识。

6.10.1　制作工资表

在日常工作中，会计人员常常需要制作工资表，下面就以制作销售部工资表为例，介绍制作工资表的操作过程。

01 制作一个表格，在其中输入基本的数据，如图6-157所示。

02 单击需计算"收入提成"的单元格，如"E3"，输入"=(D3-30000)*0.15"，然后按Enter键确认输入，如图6-158所示。

03 将鼠标指针放到"E3"单元格右下角，当指针变成"+"时，按住鼠标左键向下拖动鼠标，将公式填充到下面的单元格中，如图6-159所示。

04 单击需计算"应扣请假费"的"H3"单元格，输入"=G3*50"，然后按Enter键确认输入，如图6-160所示。

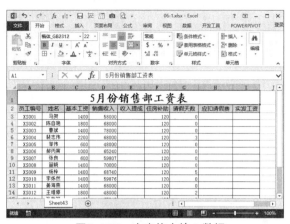

图6-157　在表格中输入数据

图6-158　输入公式

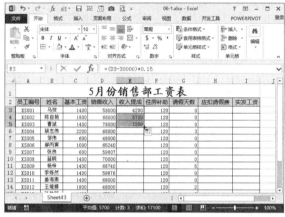

图6-159　填充公式

图6-160　输入公式

05 然后将鼠标指针放到"H3"单元格右下角，当指针变成"+"时，按住鼠标左键向下拖动鼠标，将公式填充到下面的单元格中，如图6-161所示。

06 单击用于计算"实发工资"的单元格，如"I3"，输入"=SUM(C3,E3:F3)-H3"，然后按Enter键确认输入，如图6-162所示。

图6-161　向下填充公式

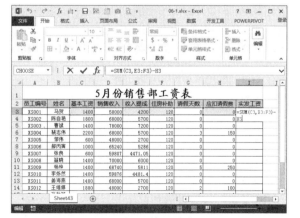

图6-162　输入公式

07 然后将鼠标指针放到"I3"单元格右下角，当指针变成"+"时，按住鼠标左键向下拖动鼠标，将公式填充到下面的单元格中，如图6-163所示。最终表格的计算结果如图6-164所示。

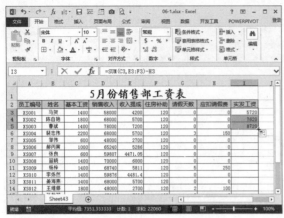

图6-163　向下填充公式 　　　　　　　 图6-164　表格的最终效果

6.10.2　提取身份信息

在制作员工信息登记表时，需要登记出生日期、性别等内容，这些信息可以通过公式直接从身份证号码中提取，下面进行详细介绍。

01 创建一个空白的工作表，在表格中输入基本数据，如图6-165所示。

02 单击用于存放"出生年份"信息的单元格，如"C2"，输入"=MID(B2,7,4)&"年""，然后按Enter键确认输入，如图6-166所示。

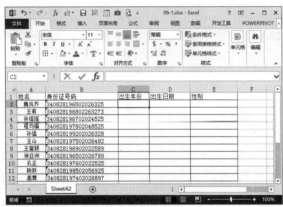

图6-165　输入基本信息 　　　　　　　 图6-166　输入公式

03 然后将鼠标指针放到"C2"单元格右下角，当指针变成"+"时，按住鼠标左键向下拖动鼠标，将公式填充到下面的单元格中，如图6-167所示。

04 单击用于存放"出生日期"信息的单元格，如"D2"，输入"=MID(B2,11,2)&"月"&MID(B2,13,2)&"日""，然后按Enter键确认输入，如图6-168所示。

05 将鼠标指针放到"D2"单元格右下角，当指针变成"+"时，按住鼠标左键向下拖动鼠标，将公式填充到下面的单元格中，如图6-169所示。

06 单击用于存放"性别"信息的单元格，如"E2"，输入"=IF(MOD(VALUE(MID(B2,17,1)),2)=0,"女","男")"，然后按Enter键确认输入，如图6-170所示。

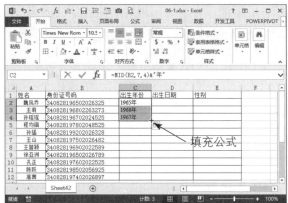

图6-167　填充公式

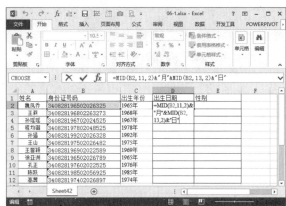

图6-168　输入公式

图6-169　填充公式

图6-170　输入公式

07 将鼠标指针放到"E2"单元格右下角,当指针变成"+"字形时,按住鼠标左键向下拖动鼠标,将公式填充到下面的单元格中,如图6-171所示。提取信息的最终结果如图6-172所示。

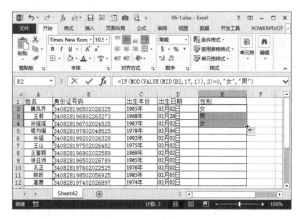

图6-171　填充公式

图6-172　表格的最终效果

6.11　常见疑难解答

下面将对学习过程中常见的疑难问题进行汇总，以帮助读者更好地理解前面所学的内容。

Q：如何将默认的计算模式更改为"手动计算"模式？

A： 单击"文件"|"选项"命令，弹出"Excel选项"对话框，单击"公式"选项，选择"手动重算"单选项，单击"确定"按钮即可，如图6-173所示。

Q：如何在条件格式中设置公式？

A： 选中数据所在的单元格，打开"开始"选项卡，单击"样式"命令组的"条件格式"按钮，从弹出的下拉列表中选择"新建规则"选项，弹出如图6-174所示的"新建格式规则"对话框。从该

图6-173　"Excel选项"对话框

对话框中选择"使用公式确定要设置格式的单元格"选项，然后在"为符合此公式的值设置格式"编辑框中输入公式，单击"确定"按钮即可，如图6-175所示。

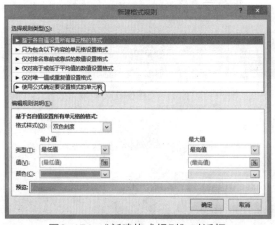

图6-174　"新建格式规则"对话框

图6-175　输入公式

Q：如何对同一个工作簿中不同工作表相同位置的单元格求和？

A： 选中需要输入公式的单元格，然后在单元格中输入"=sum(第一个工作表名称：最后一个工作表名称A1)"，然后按Enter键确认即可。"A1"指需要求和的单元格。

Q：在Excel的单元格中出现"#DIV/0"错误信息是什么意思？

A： 若输入的公式中的除数为0，或者在公式中除数引用了空白的单元格，或包含零值的单元格，就会出现错误信息"#DIV/0"。只要修改单元格引用，使公式中除数不为0或空单元格即可。

Q：在Excel的单元格中出现"#VALUE"错误信息是什么意思？

A： 造成这种情况的原因有：参数使用不正确、运算符使用不正确、执行"自动更正"命令时不能更正错误、当在需要输入数值或逻辑值时输入了文本。根据不同的原因采取不同的措施即可纠正错误。

6.12 拓展应用练习

为了让读者能够更好地掌握函数的应用，可以做做下面的练习。

◎ 统计学生的最低分和平均分

本例练习使用MIN函数和AVERAGE函数进行统计，在成绩表中计算学生语文成绩的最低分和平均分，如图6-176和图6-177所示。

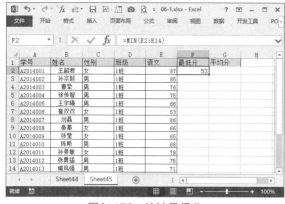

图6-176　统计最低分

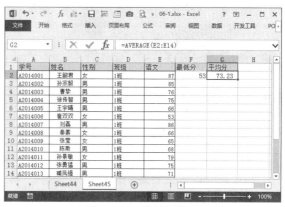

图6-177　统计平均分

操作提示

01 输入含有MIN函数的公式。

02 输入含有AVERAGE函数的公式。

◎ 统计各地区上半年的销售金额

本例练习使用SUM函数统计各地区上半年的销售金额，原表格如图6-178所示。在各区上半年销售金额统计表"总计"行的单元格中输入公式，并将该公式复制到其他需计算"总计"金额的单元格中。表格的最终计算结果如图6-179所示。

图6-178　原表格

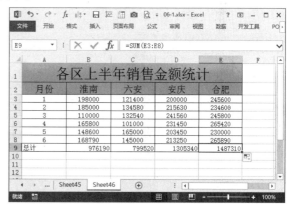

图6-179　表格的最终结果

操作提示

01 输入含有SUM函数的公式。

02 将公式填充到其他单元格中。

使用VDB函数计算折旧值

本例练习使用VDB函数计算折旧值，分别计算第一天的折旧值，第一个月的折旧值，如图6-180所示，以及第一年的折旧值，如图6-181所示。

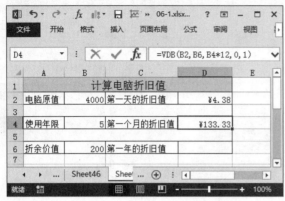

图6-180　计算第一个月的折旧值　　　　　图6-181　计算第一年的折旧值

操作提示

01 计算第一天的折旧值。

02 计算第一个月的折旧值。

03 计算第一年的折旧值。

📹 **本章概述**　图表是Excel电子表格的又一重要工具，它是数据图形化的表达。对于一些抽象的数据来说，用图表的形式来表达会更加直观。图形的种类很多，根据用户的不同需要，可插入不同的图形，图形也可以使工作表更加直观。在表格中插入图表、图片、图形、艺术字、SmartArt 图形等，都可以丰富Excel电子表格，使用户创建的表格更具可读性和美观性。本章介绍在Excel电子表格中使用图表和图形的相关操作。

📖 **知识要点**
- 认识图表；
- 编辑图表；
- 美化图表；
- 插入图片；
- 绘制图形。

7.1 轻松创建图表

图表相对于统计数据而言比较直观和方便，具有很多特性，如多样性。图表可以直观地展示统计信息，不同类型的图表可能具有不同的构成要素。图表的种类很多，包括柱形图表、折线图表、饼图等。本节介绍图表的相关知识。

7.1.1 创建图表

用户要使用图表，首先需要创建图表。图表是由图表区和绘图区组成的，图表区是整个图表的背景区域，而绘图区是用来表示数据的区域。下面介绍创建图表的相关操作。

1. 创建推荐的图表

【例7-1】创建簇状柱形图。

01 选中需要创建图表的数据单元格，打开"插入"选项卡，单击"图表"命令组的"推荐的图表"按钮，如图7-1所示。

02 弹出"插入图表"对话框，在对话框的"推荐的图表"选项卡下，有簇状柱形图、饼图和条形图三种推荐图表，用户可以根据需要自行选择合适的图表，如图7-2所示。

03 此处选择"簇状柱形图"选项，然后单击"确定"按钮。返回工作表编辑区后，可以看到创建好的图表，如图7-3所示。

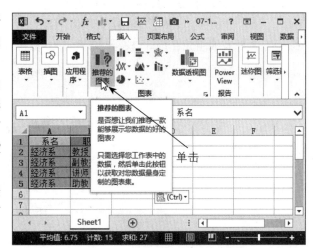

图7-1　单击"推荐的图表"按钮

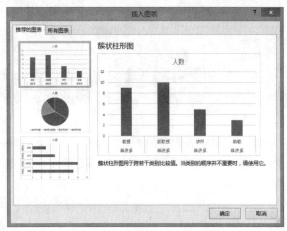

图7-2 "插入图表"对话框

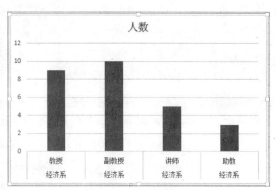

图7-3 创建好的图表

2. 创建折线图

【例7-2】创建带数据标记的折线图。

01 选中需要创建图表的数据单元格区域，打开"插入"选项卡，单击"图表"命令组的"对话框启动器"按钮，如图7-4所示。

02 弹出"插入图表"对话框，打开"所有图表"选项卡，选择"折线图"选项，然后选择折线图的类型，此处选择"带数据标记的折线图"，然后单击"确定"按钮，如图7-5所示。

图7-4 单击"对话框启动器"按钮

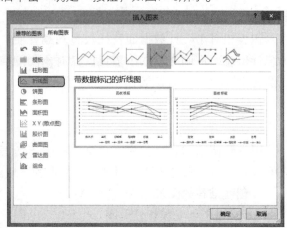

图7-5 "插入图表"对话框

03 返回工作表编辑区后，可以看到创建好的折线图，如图7-6所示。

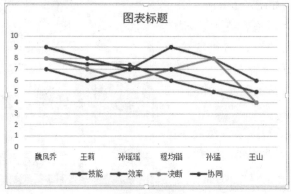

图7-6 折线图

7.1.2 创建圆环图和面积图

除了创建柱形图、折线图外，用户还可以为指定的区域创建饼图和面积图。下面介绍创建饼图和面积图的相关操作。

1. 创建圆环图

【例7-3】创建圆环图。

① 选择"B2:F2"和"B7:F7"区域，该区域包含了员工徐雪峰的基本福利情况。打开"插入"选项卡，单击"图表"命令组中的"插入饼图或圆环图"下拉按钮，弹出下拉列表，如图7-7所示。从下拉列表中选择"圆环图"选项。

② 返回工作表编辑区后，可以看到创建好的圆环图，该图表示员工徐雪峰各种福利的占比情况，如图7-8所示。

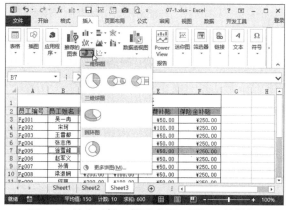

图7-7 单击"插入饼图或圆环图"下拉按钮

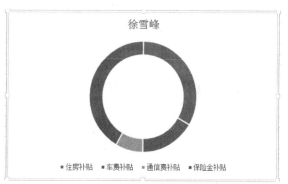

图7-8 圆环图

2. 创建面积图

面积图用来强调数据随时间的变化，可以突出一段时间内数据间的差异。

【例7-4】创建三维面积图。

① 选中"B1:B5"和"G1:G5"区域，该区域是液晶电视一年四个季度中销售金额的数据。打开"插入"选项卡，单击"图表"命令组的"插入面积图"按钮，弹出下拉列表，从中选择"更多面积图"选项，如图7-9所示。

② 弹出"插入图表"对话框，打开"所有图表"选项卡，选择"面积图"选项，接着选择"三维面积图"选项，单击"确定"按钮，如图7-10所示。

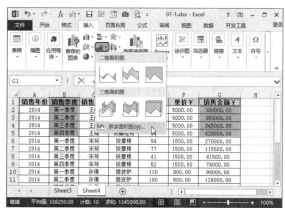

图7-9 选择"更多面积图"选项

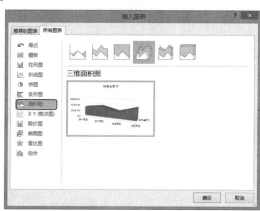

图7-10 选择"三维面积图"

03 返回工作表编辑区后，可以看到创建好的面积图，该面积图表示液晶电视在一年四个季度中的销售情况，如图7-11所示。

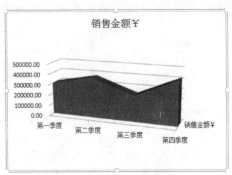

图7-11　创建的面积图

7.1.3　制作组合图

在Excel中，用户不仅可以创建柱形图、折线图、面积图等图表，还可以创建组合图，比如将柱形图和折线图组合在一起。下面介绍组合图的创建方法。

1. 柱形图和折线图的组合

【例7-5】创建柱形图和折线图的组合图。

01 选择"B1:B5""E1:E5"和"G1:G5"区域，打开"插入"选项卡，单击"图表"命令组的"插入组合图"按钮，弹出下拉列表，如图7-12所示。从下拉列表中选择"簇状柱形图-次坐标上的折线图"选项。

02 返回工作表编辑区后，可以看到已经创建好的组合图。图中的柱形图部分表示销售数量，折线图部分表示销售金额，并且图中添加了次坐标，如图7-13所示。

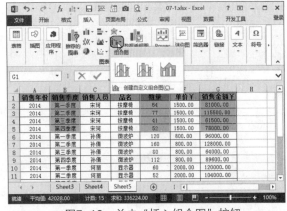

图7-12　单击"插入组合图"按钮

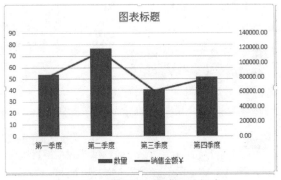

图7-13　柱形图和折线图的组合

2. 面积图和折线图的组合

【例7-6】创建面积图和折线图的组合图。

01 选中"B1:B5""E1:E5"和"G1:G5"区域，打开"插入"选项卡，单击"图表"命令组的"插入组合图"按钮，弹出下拉列表，从中选择"创建自定义组合图"选项，如图7-14所示。

02 弹出"插入图表"对话框，选择"组合"选项，打开"数量"系列的下拉列表，从中选择"带数据标记的折线图"选项，并且勾选其右侧的"次坐标轴"复选框；打开"销售金额"系列的下拉列表，从中选择"面积图"选项，如图7-15所示。

图7-14 选择"创建自定义组合图"选项

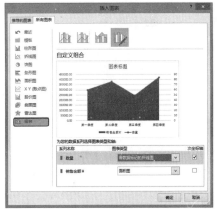

图7-15 设置组合图

03 单击"确定"按钮后,可以看到创建好的组合图。图中的面积图部分表示销售金额,折线图部分表示数量,如图7-16所示。

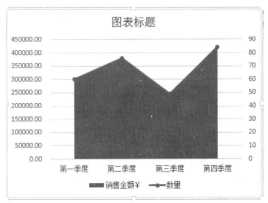

图7-16 面积图和折线图的组合

3. 柱形图和面积图的组合

【例7-7】创建面积图和柱形图的组合图。

01 选择创建组合图的数据单元格,打开"插入"选项卡,单击"图表"命令组的"对话框启动器"按钮,如图7-17所示。

02 弹出"更改图表类型"对话框,在"所有图表"选项卡下选择"组合"选项,然后选择其中的"堆积面积图-簇状柱形图"选项,如图7-18所示。

图7-17 单击"对话框启动器"按钮

图7-18 选择"堆积面积图-簇状柱形图"选项

03 单击"确定"按钮后，可以看到创建好的组合图。图中的面积图部分表示库存，柱形图部分表示发货，如图7-19所示。

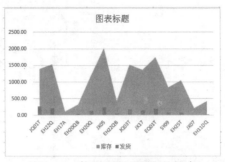

图7-19 柱形图和面积图的组合

7.2 快速编辑图表

用户创建图表以后，如果对自己创建的图表不是非常满意，还可以对创建好的图表进行编辑，使图表更符合自己的要求。本节介绍编辑图表的相关操作。

7.2.1 更改图表类型

用户要编辑图表，首先需要考虑的是图表类型的更改，只有选择最合适的图表类型，才能更好地表现出用户想要表达的意思。下面介绍更改图表类型的相关操作。

1.通过功能按钮更改图表类型

在有些图表中，某个数据系列的数值很大，而另一个的数值偏小，用这样的数据创建的图表，往往造成其中一个数据系列无法很好地显示，这时就需要更改图表类型来显示令一个数据系列了。

【例7-8】将柱形图更改为组合图（柱形图和折线图的组合）。

01 单击图表，弹出"图表工具"活动标签，打开"设计"选项卡，单击"类型"命令组的"更改图表类型"按钮，如图7-20所示。

02 弹出"更改图表类型"对话框，从中选择"组合"选项，然后将"数量"系列设置为"带数据标记的折线图"，并勾选其"次坐标轴"复选框；将"金额"系列设置为"簇状柱形图"，如图7-21所示。

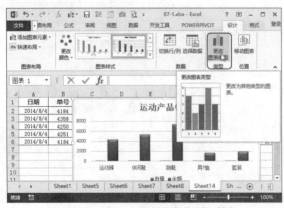

图7-20 单击"更改图表类型"按钮

图7-21 "更改图表类型"对话框

03 单击"确定"按钮后，可以看到原先的柱形图变成了现在的组合图，而且图中的两个数据系列都显示出来了，如图7-22所示。

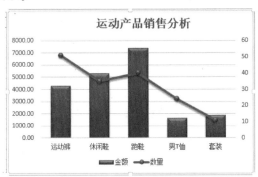

图7-22　更改类型后的图表

2. 通过快捷菜单更改图表的类型

用户创建了一个折线图，图上能清楚地看到他每个月各项工资的金额，但是他不仅想知道金额，还想知道各项工资占全部工资的比例情况。基于这种情况，用户需要更改图表的类型。

【例7-9】将折线图更改为饼图。

01 在图表上右击，弹出快捷菜单，从快捷菜单中选择"更改图表类型"选项，如图7-23所示。

02 弹出"更改图表类型"对话框，从中选择"饼图"选项，如图7-24所示。

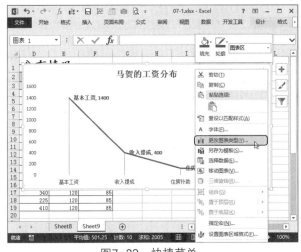

图7-23　快捷菜单

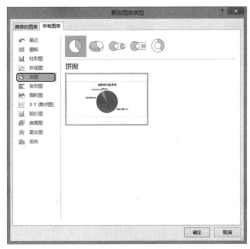

图7-24　"更改图表类型"对话框

03 单击"确定"按钮后，图表从折线图变成了饼图，在图上不仅能够看到各项工资的金额，而且可以看到它们占全部工资的比例情况，如图7-25所示。

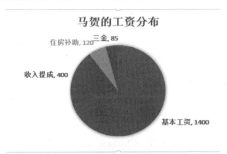

图7-25　将折线图更改成饼图后的效果

7.2.2 添加或删除数据系列

图表中的数据系列不是一成不变的，用户可以根据需要自行添加和删除数据系列。

1. 添加数据系列

【例7-10】在折线图上添加"张良"数据系列。

01 选中需要创建图表的数据单元格，此处选择"B2:F4"区域，然后打开"插入"选项卡，单击"图表"命令组的"插入折线图"按钮，如图7-26所示。从下拉列表中选择"带数据标记的折线图"选项。

02 单击创建的图表，弹出"图表工具"活动标签，打开"设计"选项卡，单击"数据"命令组的"选择数据"按钮，如图7-27所示。

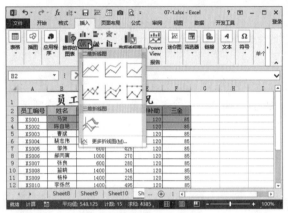

图7-26 创建折线图　　　　　　　图7-27 单击"选择数据"按钮

03 弹出"选择数据源"对话框，从中单击"添加"按钮，如图7-28所示。

04 弹出"编辑数据系列"对话框，单击"系列名称"编辑框的"折叠"按钮，如图7-29所示。

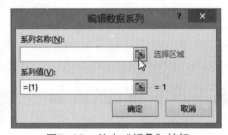

图7-28 单击"添加"按钮　　　　　　图7-29 单击"折叠"按钮

05 "编辑数据系列"对话框变小后，单击"B9"单元格（此单元格中的文字为"张良"），选择"张良"为系列名称，此时在"编辑数据系列"对话框的编辑框中出现该单元格对应的地址，再次单击"折叠"按钮，如图7-30所示。

06 "编辑数据系列"对话框恢复原先的大小，然后用同样的方法，在"系列值"编辑框中添加数据系列对应的单元格地址，单击"确定"按钮，如图7-31所示。

07 返回"选择数据源"对话框，在"图例项（系列）"列表框中多了"张良"系列。选择该系列，然后单击"确定"按钮，如图7-32所示。

08 返回图表编辑区后，可以看到图表上多了"张良"这个数据系列，即用绿色折线表示的系列，如图7-33所示。

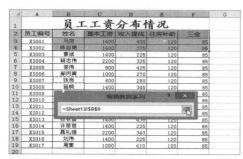

图7-30　选择系列名称所在的单元格　　　　图7-31　选择添加的系列值

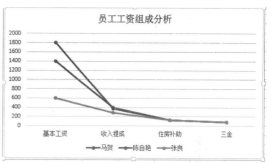

图7-32　单击"确定"按钮　　　　　　图7-33　添加了一个数据系列

2. 删除数据系列

【例7-11】删除折线图上多余的数据系列。

01 在图表上右击，弹出快捷菜单，从中选择"选择数据"选项，如图7-34所示。

02 弹出"选择数据源"对话框，在"图例项（系列）"列表框中选择要删除的系列，然后单击"删除"按钮，如图7-35所示。

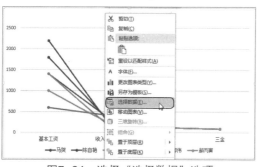

图7-34　选择"选择数据"选项　　　　　图7-35　单击"删除"按钮

03 用同样的方法，删除其余不需要的系列，然后单击"确定"按钮，如图7-36所示。

04 返回图表编辑区后，发现多余的两条数据系列被删除了，如图7-37所示。

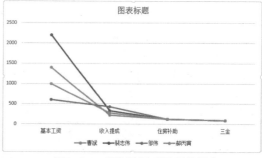

图7-36　单击"确定"按钮　　　　　　图7-37　删除数据系列后的图表

7.2.3 调整图表的大小和位置

用户创建图表后，并不是所有的图表大小都合适，用户需要调整它的大小，并把它放到合适的位置上。下面介绍调整图表大小和位置的方法。

1.调整图表的大小

【例7-12】分别以手动、命令组中的按钮和增量框以及窗格来调整柱形图的大小。

01 单击图表，将鼠标指针放置到图表的右下角，或图表四边中间的位置，当鼠标指针变成时，按住鼠标左键拖动，即可调节图表的大小，如图7-38所示。

02 单击图表，弹出"图表工具"活动标签，打开"格式"选项卡，通过"大小"命令组的按钮和增量框来调节图表大小，如图7-39所示。

03 单击"大小"命令组的"对话框启动器"按钮，打开"设置图表区格式"窗格，调整图表的大小，如图7-40所示。

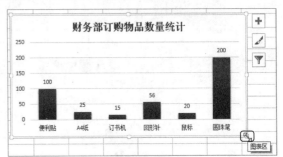

图7-38　拖动鼠标调节图表大小

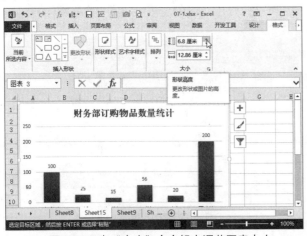

图7-39　在"大小"命令组中调节图表大小

图7-40　在窗格中调节图表大小

2.调整图表的位置

【例7-13】调整图表的位置（先在工作表中移动，然后移动到别的工作表中）。

01 单击图表，将鼠标指针放置到图表上，当指针变成时，按住鼠标左键拖动鼠标，即可移动图表的位置，如图7-41所示。

02 在图表上右击，弹出快捷菜单，从中选择"移动图表"选项，如图7-42所示。弹出"移动图表"对话框，打开"对象位于"文本框的下拉列表，从中选择图表将被移动到的那个工作表，此处选择"Sheet10"，如图7-43所示。之后，图表将被移动到工作表"Sheet10"中。

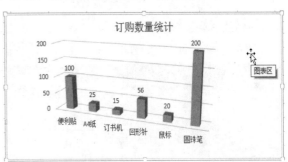

图7-41　按住鼠标左键移动图表

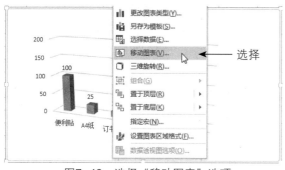

图7-42 选择"移动图表"选项

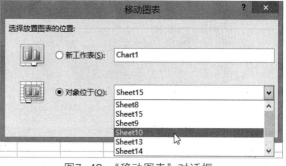

图7-43 "移动图表"对话框

知识点拨

通过单击图表，打开"图表工具"活动标签，打开"设计"选项卡，从中单击"位置"命令组的"移动图表"按钮，也可以打开"移动图表"对话框，通过该对话框来移动图表。

7.3 美化图表

用户创建图表后，不仅可以编辑图表，还可以对图表进行适当的美化，这样不仅可以使图表更加美观，而且更能体现创建者的审美情趣。本节介绍美化图表的相关操作。

7.3.1 轻松美化图表

图表是由图表区和绘图区组成的，图表区是整个图表的背景区域，而绘图区是用来表示数据的区域。下面介绍对图表区和绘图区的美化操作。

1. 美化图表区

【例7-14】美化柱形图的图表区（设置渐变填充、发光及三维效果）。

01 在图表上右击，弹出快捷菜单，从中选择"设置图表区域格式"选项，如图7-44所示。

02 弹出"设置图表区格式"窗格，打开"填充线条"选项卡，单击"填充"标签，选择"渐变填充"单选项，如图7-45所示。

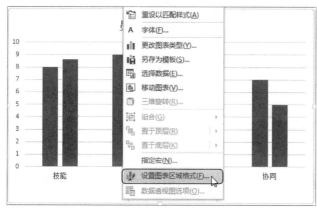

图7-44 选择"设置图表区域格式"选项

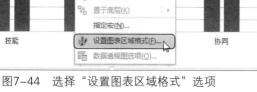

图7-45 选择"渐变填充"单选项

03 向下拖动右边的滚动条，选择一个渐变光圈，将其颜色设置为"浅绿"，然后将该光圈移动到"100%"位置，如图7-46所示。

04 选择另外一个光圈，将颜色设置为"白色"，将光圈移动到"10%"位置，如图7-47所示。

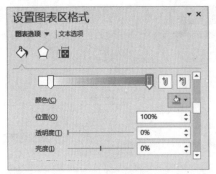

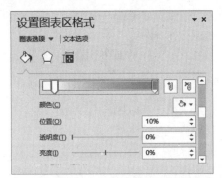

图7-46　将一个渐变光圈颜色设置为浅绿　　　图7-47　将另一个渐变光圈设置为白色

05 打开"效果"选项卡，单击"发光"标签，将发光的颜色设置为"黄色"，大小为"10磅"，如图7-48所示。

06 单击"三维格式"标签，选择"顶部棱台" | "艺术装饰"选项，如图7-49所示。

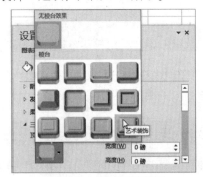

图7-48　设置发光　　　　　　　　图7-49　设置三维效果

07 当所有的美化操作结束后，关闭窗格，返回图表编辑区，可以看到美化后的图表，如图7-50所示。

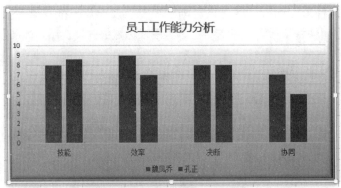

图7-50　美化图表区的最终效果

2. 美化绘图区

【例7-15】美化柱形图的绘图区（设置图片背景、柔化边缘及添加阴影）。

01 单击图表的绘图区，弹出"图表工具"活动标签，打开"格式"选项卡，单击"形状样式"命令组的"形状填充"按钮，弹出下拉列表，从中选择"图片"选项，如图7-51所示。

02 弹出加载图片页面，单击"脱机工作"按钮。此时会打开"插入图片"对话框，从中选择合适图片作为绘图区的背景，然后单击"插入"按钮，如图7-52所示。

03 单击"形状效果"按钮，弹出下拉列表，从中选择"柔化边缘" | "50磅"选项，如图7-53所示。

04 再次单击"形状效果"按钮，从下拉列表中选择"阴影" | "左上角透视"选项，如图7-54所示。

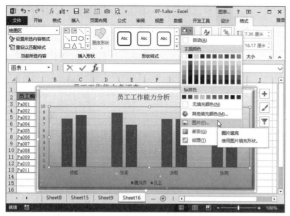

图7-51 选择"图片"选项

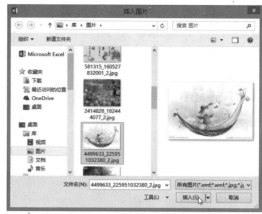

图7-52 "插入图片"对话框

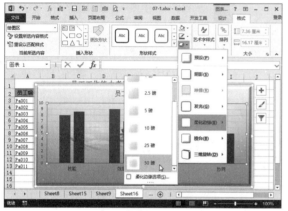

图7-53 设置柔化边缘

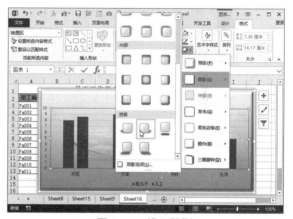

图7-54 设置阴影

05 当所有的设置都完成以后，返回图表编辑区，可以看到设置后的图表，如图7-55所示。

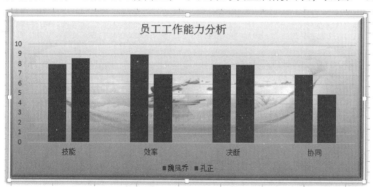

图7-55 设置绘图区的效果

✍ **知识点拨**

图表的图表区和绘图区都可以通过对应窗格来进行美化，也可以通过"图表工具"|"格式"选项卡中的命令按钮来进行美化。操作方法同上述两种方法大致相同，在此就不再赘述了。

7.3.2 设置数据系列格式

对于图表还可以进一步美化它的数据系列。下面介绍美化数据系列的相关操作。

【例7-16】设置数据系列格式（设置纯色填充、边框、发光效果及三维效果）。

01 选中图表上的"魏凤乔"系列，弹出"图表工具"活动标签，打开"格式"选项卡，单击"当前所选内容"命令组的"设置所选内容格式"按钮，如图7-56所示。

02 弹出"设置数据系列格式"窗格，打开"填充线条"选项卡，单击"填充"标签，选择"纯色填充"单选项，如图7-57所示。

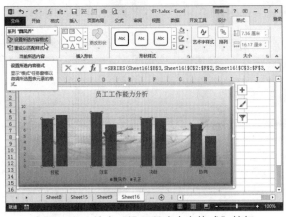

图7-56 单击"设置所选内容格式"按钮

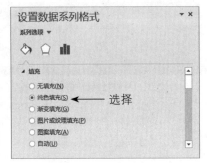

图7-57 选择"纯色填充"单选项

03 在窗格中向下拖动右侧的滚动条，填充颜色选择"红色"，透明度设置为"0"，如图7-58所示。

04 单击"边框"标签，选择"无线条"单选项，如图7-59所示。

图7-58 选择填充颜色

图7-59 设置边框

05 打开"效果"选项卡，单击"发光"标签，从中选择"橄榄色，5pt发光，着色3"选项，将其大小设置为"5磅"，透明度设置为"60%"，如图7-60所示。

06 单击"三维格式"标签，从中选择"顶部棱台"|"圆"选项，并将棱台的高度和宽度都设置为"6磅"，如图7-61所示。

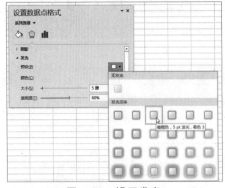

图7-60 设置发光

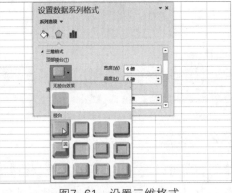

图7-61 设置三维格式

07 在"设置数据系列格式"窗格中,单击"系列选项"下拉按钮,弹出下拉列表,从中选择"系列'孔正'"选项,如图7-62所示。

08 此时"孔正"系列被选中,可以进行设置了。将该系列的填充色设置为"浅蓝",如图7-63所示,将发光颜色设置为"白色",其他的设置和"魏凤乔"系列一样,这里就不再赘述了。

图7-62 选择"孔正"系列

图7-63 将填充颜色设置为浅蓝色

09 设置好"孔正"系列后,关闭"设置数据系列格式"窗格,返回图表编辑区,可以看到经过美化的图表,如图7-64所示。

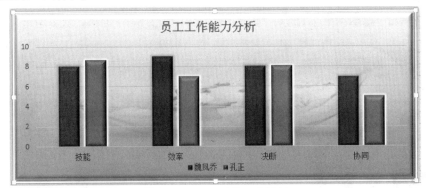

图7-64 设置后的最终效果

7.3.3 使用图表元素

Excel 2013为用户提供了9种图表元素,包括坐标轴、坐标轴标题、图表标题、数据标签、数据表、误差线、网格线、图例和趋势线。在图表中添加图表元素可以使图表更加生动,增强图表的可读性,使读者对图表创作者想要表达的意思一目了然。下面介绍添加图表元素的相关操作。

1. 添加图表标题

图表标题可以使图表显示得更加清晰,它概括地说明了图表想要表达的意思。添加图表标题,会使一张图表更加完美。

【例7-17】为柱形图添加标题——"销售员张强上半年业绩统计"。

01 单击图表,弹出"图表工具"活动标签,打开"设计"选项卡,单击"图表布局"命令组的"添加图表元素"按钮,弹出下拉列表,从中选择"图表标题"|"图表上方"选项,如图7-65所示。

02 出现图表标题后,单击图表标题修改其内容,将标题修改为"销售员张强上半年业绩统计",如图7-66所示。

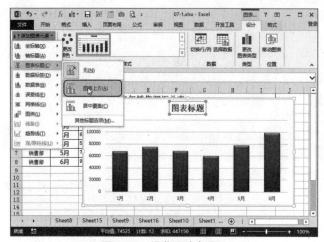

图7-65 添加图表标题

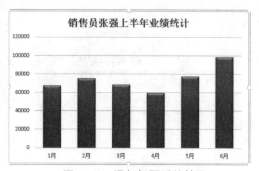

图7-66 添加标题后的效果

2. 添加数据标签

数据标签可以对图表中的数据进行描述，直接标出数值，方便用户进行分析。

【例7-18】为柱形图添加数据标签。

01 选中图表，单击"图表元素"图标，弹出下拉列表，如图7-67所示。从中勾选"数据标签"复选框。

02 此时图表上就出现了数据标签。数据标签中的数字，表示销售员张强每个月的销售金额，如图7-68所示。

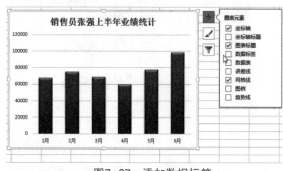

图7-67 添加数据标签

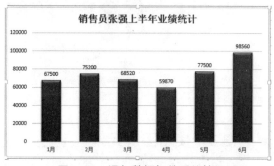

图7-68 添加数据标签后的效果

3. 添加坐标轴

坐标轴分为主坐标轴和次坐标轴，也可以分为数值轴、分类轴、时间轴和序列轴。坐标轴可以将图表数据间的关系更加清晰地表达出来，是用户分析图表的好帮手。

【例7-19】为柱形图添加坐标轴。

01 柱形图其实是有坐标轴的，但不是很明显，下面就为它添加清晰可见的坐标轴。在垂直轴上右击，弹出快捷菜单，从中选择"设置坐标轴格式"选项，如图7-69所示。

02 弹出"设置坐标轴格式"窗格，打开"填充线条"选项卡，单击"线条"标签，选择"实线"单选项，如图7-70所示。

03 向下拖动窗格右边的滚动条，单击"颜色"按钮，从下拉列表中选择"黑色"，然后设置线坐标轴线条宽度，在"宽度"增量框中输入"2磅"，如图7-71所示。

04 继续向下拖动窗格右边的滚动条，然后单击"箭头末端类型"下拉按钮，弹出下拉列表，从中选择"燕尾箭头"选项，如图7-72所示。

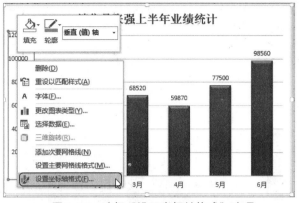

图7-69 选择"设置坐标轴格式"选项

图7-70 将坐标轴线条设置为实线

图7-71 设置坐标轴线条的颜色和宽度

图7-72 设置坐标轴箭头

05 单击"坐标轴选项"下拉按钮，弹出下拉列表，从中选择"水平（类别）轴"选项，如图7-73所示。

06 这样图表中的横坐标轴就被选中了。重复上述操作，设置横坐标轴。图表的最终效果如图7-74所示。这样图表中就出现了清晰可见的坐标轴。

图7-73 选择"水平（类别）轴"选项

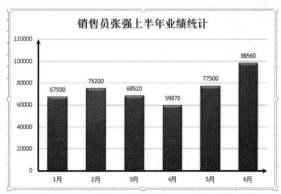

图7-74 添加坐标轴后的效果

4. 添加趋势线

趋势线有很多类型，它们可以直观地显示数据的发展趋势，帮助用户对未来走势进行预测，也是用户在工作中常用到的分析工具。

【例7-20】为柱形图添加"线性预测"趋势线。

01 单击图表，弹出"图表工具"活动标签，打开"设计"选项卡。单击"图表布局"命令组的"添

加图表元素"按钮，弹出下拉列表，从中选择"趋势线" | "线性预测"选项，如图7-75所示。

⑫ 返回图表编辑区后，可以看到图表上已经出现了趋势线，效果如图7-76所示。

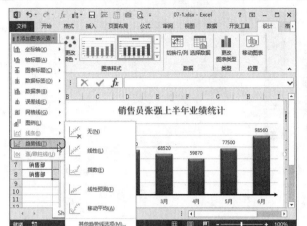

图7-75 添加趋势线

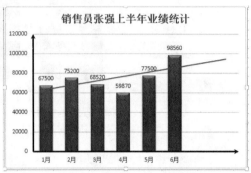

图7-76 添加了趋势线的效果

知识点拨

用户还可以根据需要添加坐标轴标题、图例、数据表和误差线等图表元素，操作过程和上述操作大致相同，在此就不再赘述了。

7.3.4 显示和隐藏图表

用户创建图表是为了辅助工作表来分析数据，当用户暂时不需要图表时，可以将工作表隐藏起来，等需要用时在将图表显示出来。这样不仅可以使工作表页面更加整洁，而且不会影响用户的工作。下面介绍显示和隐藏图表的相关操作。

【例7-21】隐藏圆环图。

⑪ 单击图表，弹出"图表工具"活动标签，单击"排列"命令组的"选择窗格"按钮，弹出"选择"窗格，如图7-77所示。

⑫ 单击窗格中的"隐藏"按钮，图表将被隐藏，此时"隐藏"按钮变成，也就是变成了"显示"按钮，如图7-78所示。

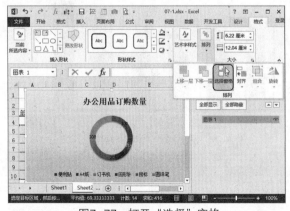

图7-77 打开"选择"窗格

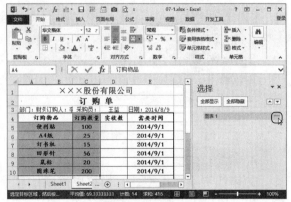

图7-78 图表被隐藏

⑬ 当用户需要查看图表时，可以单击"显示"按钮，图表将重新显示出来，此时该按钮重新变成，如图7-79所示。

图7-79　显示图表

✍ **知识点拨**

用户还可以单击"选择"窗格的"全部隐藏"按钮，同时隐藏多个图表，也可以单击"全部显示"按钮，同时显示多个图表。

7.4 插图和图形

在Excel 2013中，用户可以使用图片、形状、艺术字等使工作表的内容更加丰富，画面更加美观。本节介绍图片和图形等在Excel中的应用。

7.4.1 为图表添加图片

在日常的工作中，用户在使用工作表时，如果能在工作表中配上合适的图片，会使工作表想要表达的内容更加醒目，更引人注意。

1. 在活动计划表中插入图片

一个部门的员工将集体旅游，在制定旅游活动计划表时，如果在表格中添加上景区图片，会使计划表更加完美。

【例7-22】在活动计划表中插入图片。

01 选中需要插入图片的单元格，打开"插入"选项卡，单击"插图"命令组的"图片"按钮，如图7-80所示。

02 弹出"插入图片"对话框，从中选择合适的图片，然后单击"插入"按钮，如图7-81所示。

图7-80　单击"图片"按钮

图7-81　"插入图片"对话框

03 此时工作表中被插入了图片。调整图片大小，将其放置到对应单元格即可。使用同样的方法，继续为工作表添加其余图片，最终效果如图7-82所示。

图7-82 在工作表中插入图片后的效果

2. 使用批注添加图片

制作一份销售明细表，用户希望在分析数据时，鼠标指针移动到一个数据上，就会显示出该数据对应的产品，这样更加方便用户进行分析。

【例7-23】在批注中添加"苹果"图片。

01 选中需要显示图片的单元格，打开"审阅"选项卡，单击"批注"命令组的"新建批注"按钮，插入一个批注。然后在批注的边框上右击，弹出快捷菜单，从中选择"设置批注格式"选项，如图7-83所示。

02 弹出"设置批注格式"对话框，打开"颜色与线条"选项卡，单击"颜色"列表框的下拉按钮，弹出下拉列表，选择"填充效果"选项，如图7-84所示。

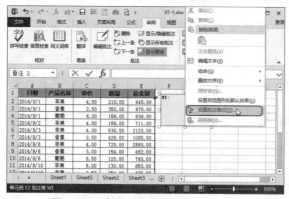

图7-83 选择"设置批注格式"选项　　　图7-84 "设置批注格式"对话框

03 弹出"填充效果"对话框，打开"图片"选项卡，单击"选择图片"按钮，如图7-85所示。

04 弹出图片加载页面，单击"脱机工作"按钮。弹出"选择图片"对话框，从中选择合适的图片，然后单击"插入"按钮，如图7-86所示。

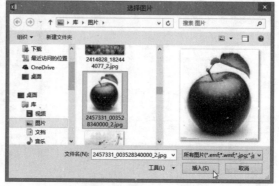

图7-85 单击"选择图片"按钮　　　图7-86 "选择图片"对话框

05 返回"填充效果"对话框，单击"确定"按钮，如图7-87所示。

06 返回"设置批注格式"对话框，单击"确定"按钮后，将鼠标指针移动到选定的单元格上，即可看见插入的图片，如图7-88所示。

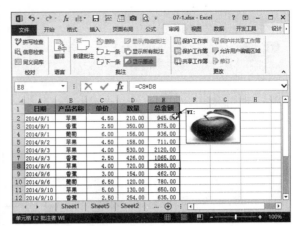

图7-87 "填充效果"对话框   图7-88 鼠标指针移动到单元格上可显示出图片

7.4.2 使用形状和艺术字

除了插入已有的图片，用户还可以插入形状和艺术字。例如可以通过插入形状创建流程图，可以插入艺术字美化工作表等。下面介绍插入形状和艺术字的相关操作。

1. 插入形状

【例7-24】制作仓库流水线流程图。

01 打开"插入"选项卡，单击"插图"命令组的"形状"按钮，弹出下拉列表，从中选择合适的形状，如"圆角矩形"选项，如图7-89所示。

02 鼠标的指针会变成"+"，将鼠标指针移动到合适位置，按住鼠标左键，拖动鼠标即可绘制出圆角矩形，如图7-90所示。然后在绘制出的圆角矩形中直接输入"仓库流水线流程图"，并设置文字样式。

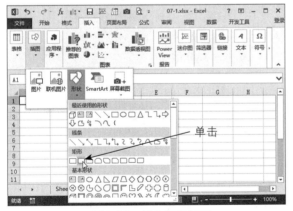

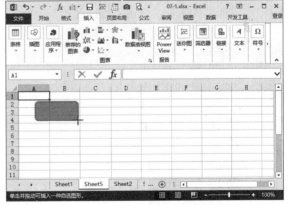

图7-89 插入圆角矩形   图7-90 拖动鼠标绘制图形

03 在圆角矩形被选中的状态下，会弹出"绘图工具"活动标签，打开"格式"选项卡，单击"插入形状"命令组的"形状"按钮，从下拉列表中选择合适的选项，此处选择"矩形"选项，如图7-91所示。

04 此时鼠标指针会变成"+"，将鼠标指针移动到合适位置，按住鼠标左键，拖动鼠标即可绘制出矩形，如图7-92所示。

05 在矩形中输入文字"接单"后，再次单击"形状"按钮，从下拉列表中选择"右箭头"选项，如图7-93所示。

06 此时鼠标指针会变成"+"，将鼠标指针移动到合适位置，按住鼠标左键，拖动鼠标即可绘制出右箭头，如图7-94所示。

图7-91　插入矩形

图7-92　拖动鼠标绘制矩形

图7-93　插入右箭头

图7-94　拖动鼠标绘制右箭头

07 用同样的方法，添加其他几个矩形和箭头图形，并输入、设置文字。

08 单击"接单"矩形，弹出"绘图工具"活动标签，打开"格式"选项卡，单击"形状样式"命令组的"其他"按钮，弹出下拉列表，从中选择合适的样式，如图7-95所示。

09 用同样的方法，设置其他形状的样式。流程图的最终结果如图7-96所示。

图7-95　选择合适的样式

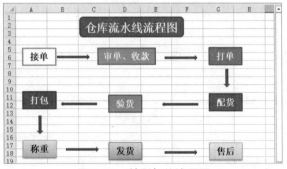

图7-96　绘制好的流程图

2. 插入艺术字

【例7-25】在表格中插入艺术字。

01 选中要插入艺术字的单元格，打开"插入"选项卡，单击"文本"命令组的"艺术字"按钮，弹出下拉列表，从中选择"填充-紫色，着色4，软棱台"选项，如图7-97所示。

02 此时会出现插入艺术字文本框。用户需在文本框中输入需要的文字，调整好大小，将它移动到单元格合适的位置。

03 选中艺术字，弹出"绘图工具"活动标签，打开"格式"选项卡，单击"艺术字样式"命令组的"文本效果"按钮，弹出下拉列表，从中选择"abc转换" | "正v型"选项，如图7-98所示。

图7-97 插入艺术字

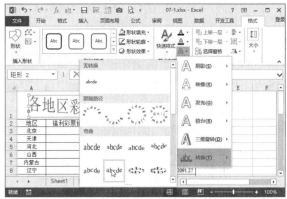

图7-98 设置艺术字abc转换

04 单击"文本效果"按钮，弹出下拉列表，从中选择"阴影" | "向下偏移"选项，如图7-99所示。

05 单击"文本效果"按钮，弹出下拉列表，从中选择"发光" | "水绿色，18pt发光，着色5"选项，如图7-100所示。

图7-99 设置艺术字阴影

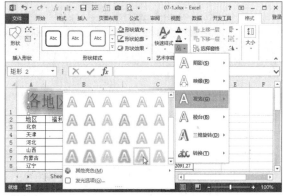

图7-100 设置发光

06 单击"形状样式"命令组的"形状效果"按钮，弹出下拉列表，从中选择"预设" | "预设7"选项，如图7-101所示。

07 设置好艺术字后，返回工作表，查看设置好的艺术字，如图7-102所示。

图7-101 设置形状效果

图7-102 插入艺术字后的效果

7.4.3　迷你图的作用大

迷你图是工作表单元格中的一个微型图表，在数据表格的旁边显示迷你图，可以一目了然地显示出表格中数据的变化趋势。迷你图有三种类型，分别是折线迷你图、柱形迷你图和盈亏迷你图。下面介绍迷你图的相关操作。

1. 插入迷你图

【例7-26】在工作表中插入柱形迷你图。

01 选中要插入迷你图的单元格，打开"插入"选项卡，单击"迷你图"命令组的"柱形图"按钮，如图7-103所示。

02 弹出"创建迷你图"对话框，单击"数据范围"编辑框的"折叠"按钮，如图7-104所示。

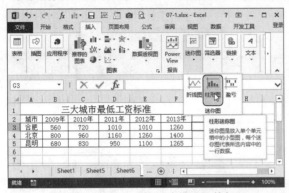
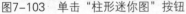

图7-103　单击"柱形迷你图"按钮　　　　图7-104　"创建迷你图"对话框

03 此时文本框变成折叠样式，拖动鼠标选中工作表中的数据区域单元格，确保被选中的单元格被绿色虚线框框住，再次单击"折叠"按钮，如图7-105所示。

04 返回"创建迷你图"对话框原始状态，此时在"数据范围"编辑框中已经添加了数据所在单元格的地址，单击"确定"按钮，如图7-106所示。

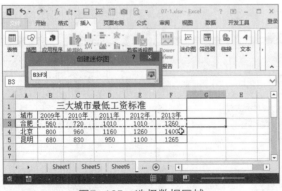

图7-105　选择数据区域　　　　　　图7-106　单击"确定"按钮

05 返回工作表编辑区后，可以看到选定的单元格中已经出现了迷你图，如图7-107所示。

	A	B	C	D	E	F	G	H
1			三大城市最低工资标准					
2	城市	2009年	2010年	2011年	2012年	2013年		
3	合肥	560	720	1010	1010	1260		
4	北京	800	960	1160	1260	1400		
5	昆明	680	830	950	1100	1265		
6								
7								

图7-107　插入迷你图的效果

2.设置迷你图

【例7-27】将迷你图的高点设置为"红色"，将低点设置为"绿色"。

① 选中迷你图，弹出"迷你图工具"活动标签，打开"设计"选项卡，单击"样式"命令组的"标记颜色"按钮，弹出下拉列表，从中选择"高点" | "红色"选项，如图7-108所示。

② 再次单击"标记颜色"按钮，从下拉列表中选择"低点" | "绿色"选项，如图7-109所示。

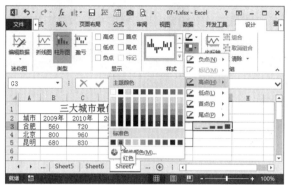
图7-108 设置高点的颜色

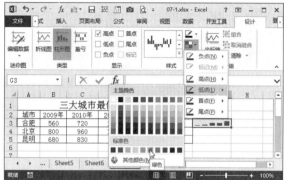
图7-109 设置低点的颜色

③ 返回工作表编辑区，可以看到设置后的迷你图，如图7-110所示。

	A	B	C	D	E	F	G	H
1		三大城市最低工资标准						
2	城市	2009年	2010年	2011年	2012年	2013年		
3	合肥	560	720	1010	1010	1260		
4	北京	800	960	1160	1260	1400		
5	昆明	680	830	950	1100	1265		
6								

图7-110 设置特殊点颜色后的效果

7.5 上机实训

通过对本章内容的学习，读者对Excel图表有了更深地了解。下面再通过两个实训操作来温习和拓展前面所学的知识。

7.5.1 自己动手创建图表

用户学会创建图表和设置图表的方法后，就可以自己动手创建图表了。下面介绍水果销售统计图的创建。

① 选中表格中"B1:C4"和"E1:E4"单元格区域。打开"插入"选项卡，单击"插入柱形图"按钮，弹出下拉列表，从中选择"三维簇状柱形图"选项，如图7-111所示。

② 创建出一个图表。选中图表标题，更改标题为"水果销售统计"，如图7-112所示。

③ 单击图表，弹出"图表工具"活动标签，打开"设计"选项卡，单击"更改图表类型"按钮，如图7-113所示。

④ 弹出"更改图表类型"对话框，选择"组合"选项，然后将"单价"系列设置为"带数据标记的折线图"，并勾选其的"次坐标轴"复选框；将"总金额"系列设置为"簇状柱形图"，单击"确定"按钮，如图7-114所示。

图7-111 选择"三维簇状柱形图"选项

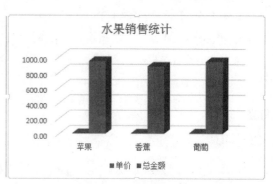

图7-112 修改图表标题

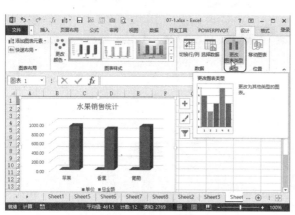

图7-113 单击"更改图表类型"按钮

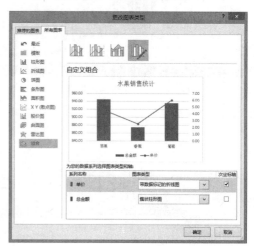

图7-114 "更改图表类型"对话框

⑤ 单击"图表样式"命令组的"其他"按钮,弹出下拉列表,从中选择"样式8"选项,如图7-115所示。

⑥ 在图表的图表区右击,弹出快捷菜单,从中选择"设置图表区域格式"选项,如图7-116所示。

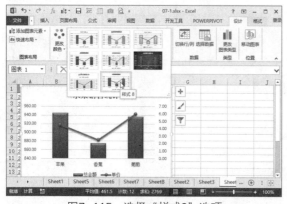

图7-115 选择"样式8"选项

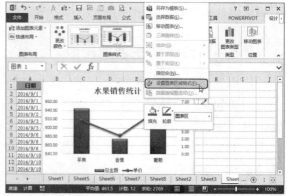

图7-116 选择"设置图表区格式"选项

⑦ 弹出"设置图表区格式"窗格,打开"填充线条"选项卡,单击"填充"标签,选择"渐变填充"单选项,如图7-117所示。

⑧ 将窗格右侧的滚动条向下拖动,然后设置填充颜色为"浅蓝",并且调整渐变光圈,如图7-118所示。

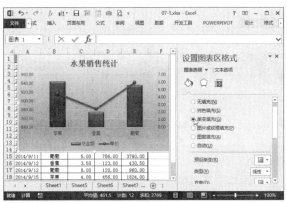

图7-117　选择"渐变填充"单选项

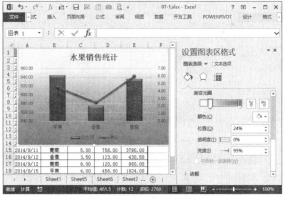

图7-118　设置渐变色

⑨ 打开"效果"选项卡，单击"三维格式"标签，选择"顶部棱台"｜"冷色斜面"选项，如图7-119所示。

⑩ 关闭窗格，单击"添加图表元素"按钮，弹出下拉列表，从中选择"数据标签"｜"居中"选项，如图7-120所示。

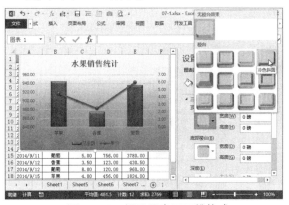

图7-119　设置图表区三维格式

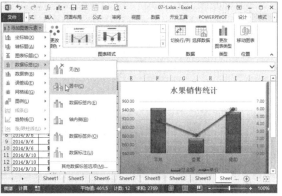

图7-120　添加数据标签

⑪ 将"总金额"数据系列的数据标签颜色设置为"白色"；选中"单价"系列的标签，按Delete键删除该标签，如图7-121所示。设置完成后的最终效果如图7-122所示。

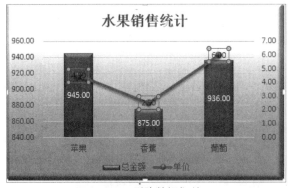

图7-121　删除数据标签

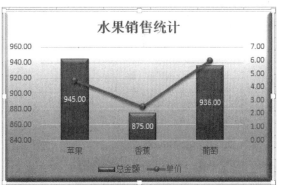

图7-122　最终效果

7.5.2　SmartArt图形的应用

SmartArt 图形有很多种，包括列表图、流程图、循环图、层次结构图、关系图、矩阵、棱锥图等。每种图都有它特殊的用途,所以SmartArt图形的应用范围很广泛。下面介绍SmartArt图形的相关操作。

01 打开"插入"选项卡,单击"插图"命令组的"SmartArt"按钮,弹出"选择SmartArt图形"对话框,单击"层次结构"选项,选择"水平层次结构"选项,然后单击"确定"按钮,如图7-123所示。

02 此时在工作表中插入了一个层次结构图。单击其中一个图形,用户就可以在该图形中输入文字了,如图7-124所示。

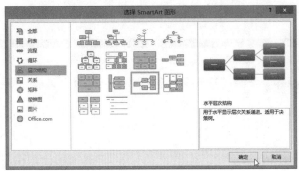

图7-123 "选择SmartArt图形"对话框

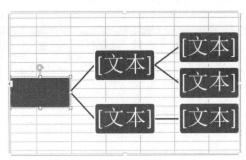

图7-124 在图形中输入文字

03 用户在每个图形中输入文字后,层次结构图就创建好了,如图7-125所示。

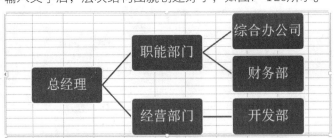

图7-125 创建好的层次结构图

04 单击"开发部"图形,弹出"SMARTART工具"活动标签。打开"设计"选项卡,单击"创建图形"命令组的"添加形状"按钮,弹出下拉列表,从中选择"在后面添加形状"选项,如图7-126所示。

05 此时在SmartArt图形中就插入了一个空白的图形,如图7-127所示。用户可以直接在图形中输入内容。用同样的方法,添加其余图形,直到满足用户的需要。

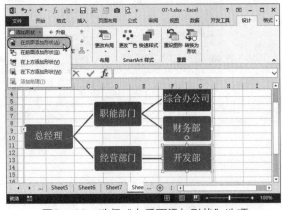

图7-126 选择"在后面添加形状"选项

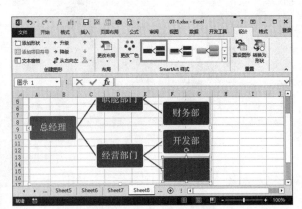

图7-127 添加了一个形状

06 当所有的图形都添加好了以后，打开"设计"选项卡，单击"更改布局"按钮，弹出下拉列表，从中选择合适的选项。此处选择"标记的层次结构"选项，如图7-128所示。

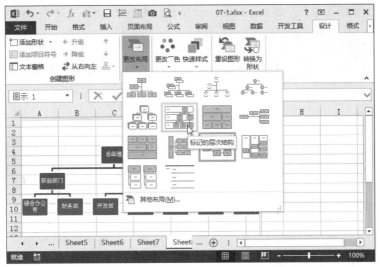

图7-128　更改布局

07 此时图形的布局就变成了刚刚选择的布局样式。单击"快速样式"按钮，弹出下拉列表，从中选择"三维"｜"嵌入"选项，如图7-129所示。

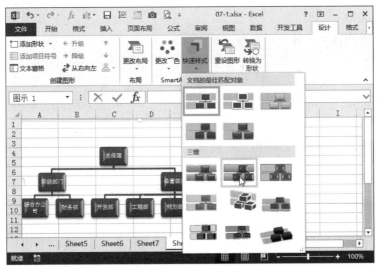

图7-129　设置样式

08 返回SmartArt 图形编辑区，就可以看到设置好的图形了，如图7-130所示。

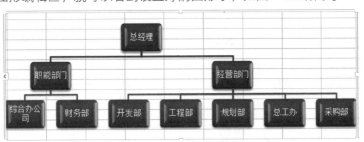

图7-130　设置后的层次结构图

7.6 常见疑难解答 💡

　　下面将对学习过程中常见的疑难问题进行汇总，以帮助读者更好地理解前面所讲的内容。

Q：如何隐藏图表中的图例？

A： 单击图表，单击"图表元素"按钮，弹出下拉列表，从中取消对"图例"复选框的勾选即可。

Q：如何在图表中添加数据表？

A： 单击图表，打开"图表工具"｜"设计"选项卡，单击"添加图表元素"按钮，弹出下拉列表，从中选择"数据表"｜"显示图例项标示"选项即可。

Q：如何在图表中添加网格线？

A： 单击图表，打开"图表工具"｜"设计"选项卡，单击"添加图表元素"按钮，弹出下拉列表，从中选择"网格线"选项，接着在其下级列表中选择合适的选项即可。

Q：如何在图表中添加误差线？

A： 单击图表，单击"图表元素"按钮，弹出下拉列表，从中勾选"误差线"复选框即可。

Q：如何设置图表的默认形状样式？

A： 打开"图表工具"｜"格式"选项卡，在"形状样式"命令组中单击"其他"按钮，弹出下拉列表，在准备设置为默认样式的样式上右击，弹出快捷菜单，从中选择"设置为默认形状"选项即可。

Q：如何清除对图表的设置，使其恢复原先的样子？

A： 打开"图表工具"｜"格式"选项卡，单击"当前所选内容"命令组的"重设以匹配样式"按钮即可。

Q：如何将多张图表中最底下的图表移至最上方？

A： 选择该图表，在图表上右击，弹出快捷菜单，从中选择"置于顶层"选项即可。

Q：如何单独移动图表的绘图区？

A： 单击图表的绘图区，当鼠标指针变成 时，拖动鼠标即可改变绘图在图表区中的位置。

Q：如何将设置好的图表保存为模板？

A： 制作好图表后，在图表上右击，弹出快捷菜单，从中选择"另存为模板"选项，弹出"保存图表模板"对话框，从中进行设置后，保存即可。

Q：如何等比缩放图表？

A： 选择图表，单击"图表工具"｜"格式"选项卡，单击"大小"命令组的对话框启动器按钮，弹出"设置图表区格式"窗格，选择"大小"选项，勾选"锁定纵横比"复选框，然后在"高度"和"宽度"增量框中输入数值即可。

Q：如何快速删除图表中的图例？

A： 选择图例，然后按Delete键即可。

7.7 拓展应用练习

为了让读者能够更好地掌握图表的创建、图表元素的添加、图表的设置等操作，可以做做下面的练习。

◉ 创建三维饼图

本例可以帮助读者练习创建饼图，包括标题和数据标签的添加及设置等操作，最终效果如图7-131所示。

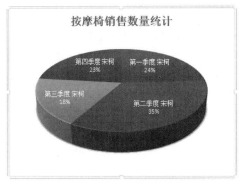

图7-131　最终效果

操作提示

01 创建三维饼图。

02 添加图表标题。

03 设置图表样式。

04 添加数据标签。

◉ 创建三维簇状条形图

本例可以帮助读者练习创建三维簇状条形图，包括为条形图添加标题、设置条形图的数据系列等，最终效果如图7-132所示。

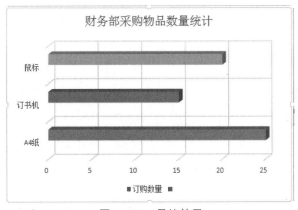

图7-132　最终效果

操作提示

01 创建三维簇状条形图。

02 添加图表标题。

03 设置数据系列格式。

04 添加网格线。

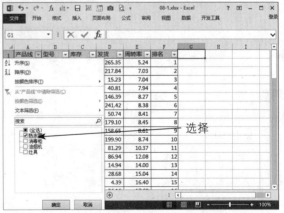

第 **8** 章

数据分析与处理

📹 **本章概述** Excel还有一个更重要的功能，即帮助用户分析和处理数据。在实际使用过程中，用户通过Excel创建表格并进行计算，同时对其中的数据进行排序、筛选和分类汇总，充分获取表中有用的数据信息，以供参考和决策。本章将对数据处理方面的应用技巧进行详细介绍。

📋 **知识要点**

- 数据的分类汇总；
- 对数据进行排序；
- 数据的筛选；
- 数据分析工具的使用。

8.1 对数据的筛选

筛选是用户对一组数据进行的一种操作，这种操作会将符合要求的数据继续显示在工作表中，而把不符合要求的数据隐藏起来，方便用户查看关注的数据。Excel 的筛选功能非常强大，能够通过多种方法筛选出用户需要的数据。本节介绍筛选的相关操作。

8.1.1 自动筛选

筛选符合条件的数据是数据处理的基本操作步骤之一，用户通过添加下拉按钮的方法，筛选出符合条件的数据，这种方法就是自动筛选。下面详细介绍这种方法。

【例8-1】从工作表中筛选出与"热水器"有关的信息。

01 打开工作表，单击表格右边最近一列的任意单元格，如"G1"单元格。打开"数据"选项卡，单击"排序和筛选"命令组的"筛选"按钮，为工作表首行添加筛选下拉按钮，如图8-1所示。

02 单击"产品线"字段的下拉按钮，弹出下拉列表，从中取消除"热水器"外的复选框的勾选，只勾选"热水器"复选框，然后单击"确定"按钮，如图8-2所示。

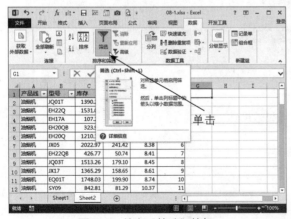

图8-1　单击"筛选"按钮

图8-2　对工作表中数据进行筛选

03 返回工作表编辑区后，可以看到工作表中只保留了"热水器"这种产品的数据，隐藏了其他产品的数据，即完成了对"热水器"这种产品的筛选操作，如图8-3所示。

图8-3 筛选后的结果

📝 知识点拨

用户还可以通过打开"开始"选项卡，单击"编辑"命令组的"排序和筛选"按钮，弹出下拉列表，从中选择"筛选"选项，为工作表添加下拉按钮进行筛选。也可以选中需要添加下拉按钮的单元格，然后按Shift+Ctrl+L组合键，为工作表添加下拉按钮进行筛选。

8.1.2 条件筛选

用户在进行筛选操作时，可以设置不同的条件，来约束筛选的结果，以便更加精确地筛选出需要的数据。下面介绍进行条件筛选的相关操作。

1. 文本筛选

【例8-2】筛选出所有自治区的销售记录。

01 单击表格右边最近一列的任意单元格，如"E1"单元格。打开"数据"选项卡，单击"排序和筛选"命令组的"筛选"按钮，为工作表添加下拉按钮。

02 单击"省份"字段的下拉按钮，弹出下拉列表，从中选择"文本筛选" | "包含"选项，如图8-4所示。

03 弹出"自定义自动筛选方式"对话框，在"包含"右侧的文本框中输入"自治区"，然后单击"确定"按钮，如图8-5所示。

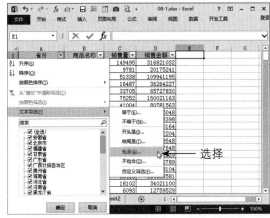

图8-4 选择"文本筛选" | "包含"选项

图8-5 "自定义自动筛选方式"对话框

04 返回工作表编辑区后，系统自动筛选出包含"自治区"三个字的省份，隐藏其他省份的数据，如图8-6所示。

图8-6 筛选出所有自治区的销售记录

2. 数字筛选

【例8-3】 筛选出彩电销售金额最大的10个省份。

01 为工作表添加下拉按钮，然后单击"销售金额"字段的下拉按钮，弹出下拉列表，从中选择"数字筛选"|"前10项"选项，如图8-7所示。

02 弹出"自动筛选前10个"对话框，从中设置为显示最大的10项，如图8-8所示。

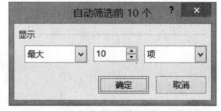

图8-7 选择"数字筛选"|"前10项"选项　　图8-8 "自动筛选前10个"对话框

03 单击"确定"按钮后，返回工作表编辑区，可以看到工作表中已经筛选出了销售金额最大的10项记录，如图8-9所示。

图8-9 筛选出销售金额前10位的销售记录

3. 日期筛选

【例8-4】筛选出2014年4月30日到2014年5月20日的数据。

01 单击表格右边最近一列的任意单元格，如"N1"单元格。打开"开始"选项卡，单击"编辑"命令组的"排序和筛选"按钮，弹出下拉列表，从中选择"筛选"选项，为工作表添加下拉按钮。

02 单击"日期"字段的下拉按钮，弹出下拉列表，从中选择"日期筛选"|"自定义筛选"选项，如图8-10所示。

03 弹出"自定义自动筛选方式"对话框，从中将日期设置为在"2014/4/30"日之后，在"2014/5/20"日之前，如图8-11所示。

图8-10 选择"日期筛选-自定义筛选"选项

图8-11 "自定义自动筛选方式"对话框

04 单击"确定"按钮后，返回工作表编辑区，就可以看到工作表筛选出了2014年4月30日到2014年5月20日之间的数据了，如图8-12所示。

图8-12 筛选出符合条件的数据

4. 多列数据同时筛选

【例8-5】筛选出2014年8月2日，鞋类产品，折扣在8到9折的产品信息。

01 用户可以分次进行上述三种筛选，还可以将它们联合起来进行筛选。选中工作表的首行，按Shift+Ctrl+L组合键，为工作表添加下拉按钮。

02 单击"日期"字段的下拉按钮，弹出下拉列表，从中选择"日期筛选"|"等于"选项，如图8-13所示。

03 弹出"自定义自动筛选方式"对话框，从中将日期设置为等于"2014/8/2"，然后单击"确定"按钮，如图8-14所示。

图8-13 进行日期筛选

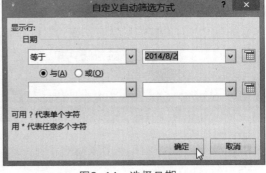
图8-14 选择日期

04 单击"货品名称"字段的下拉按钮，弹出下拉列表，从中选择"文本筛选"｜"结尾是"选项，如图8-15所示。

05 弹出"自定义自动筛选方式"对话框，从中将"货品名称"的结尾设置为"鞋"，然后单击"确定"按钮，如图8-16所示。

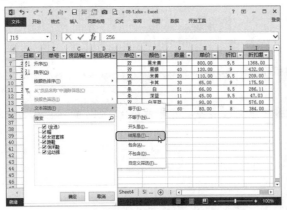
图8-15 进行文本筛选

图8-16 设置文本筛选条件

06 单击"折扣"字段的下拉按钮，弹出下拉列表，从中选择"数字筛选"｜"介于"选项，如图8-17所示。

07 弹出"自定义自动筛选方式"对话框，从中将"折扣"的范围设为大于等于"8"，小于等于"9"，然后单击"确定"按钮，如图8-18所示。

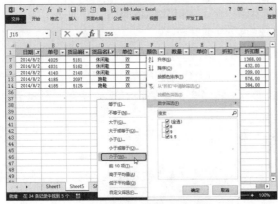
图8-17 进行数字筛选

图8-18 设置数字筛选条件

08 当所有的筛选操作结束后，返回工作表，就可以看到经过联合筛选后的结果了，如图8-19所示。

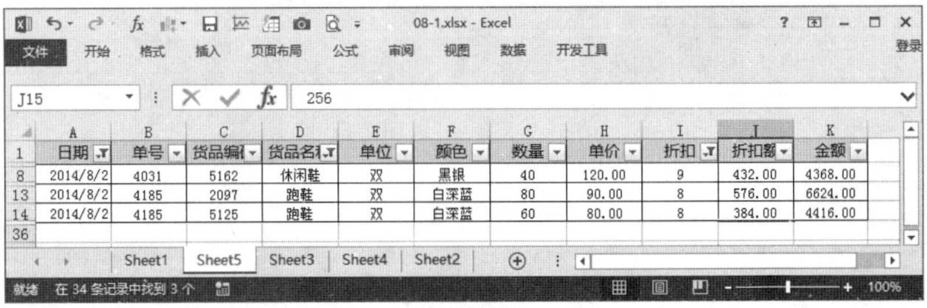

图8-19 联合筛选的结果

8.1.3 奇妙的颜色筛选

用户除了进行自动筛选和条件筛选外，还可以按照字体颜色和单元格颜色进行筛选。下面做详细介绍。

1. 按单元格中文字的颜色进行筛选

用户为工作表中不同单元格中的文字设置不同的颜色，然后按颜色进行筛选。

【例8-6】筛选出文字颜色为"蓝色"的单元格。

01 为工作表添加下拉按钮后，单击"考核科目"字段的下拉按钮，弹出下拉列表，从中选择"按颜色筛选" | "按字体颜色筛选"选项，如图8-20所示。

02 返回工作表后，发现字体颜色相同的单元格被筛选出来了，如图8-21所示。

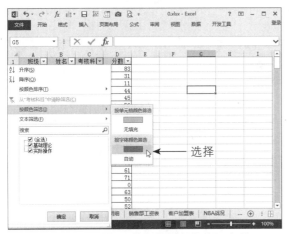

图8-20 选择"按字体颜色筛选"选项

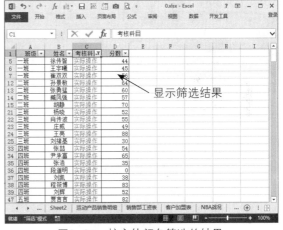

图8-21 按字体颜色筛选的结果

2. 按所选单元格的颜色进行筛选

用户也可以为工作表中不同的单元格添加不同的底纹，然后按照底纹颜色进行筛选。

【例8-7】筛选出底纹相同的单元格。

01 在有底纹颜色的单元格上右击，弹出快捷菜单，从中选择"筛选" | "按所选单元格的颜色筛选"选项，如图8-22所示。

02 返回工作表编辑区后，工作表中所有相同底纹颜色的单元格被筛选出来了，如图8-23所示。

📝 知识点拨

用下拉列表和快捷菜单都可以进行字体颜色筛选和单元格颜色筛选，但是，一次只能按一种颜色进行筛选。

图8-22　按所选单元格颜色筛选

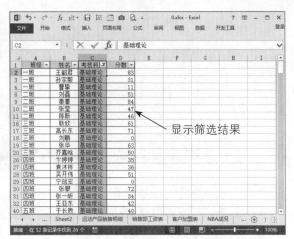

图8-23　按所选单元格筛选的结果

8.1.4　高级筛选

用户对工作表中的数据进行筛选时，如果表中的数据较多，而且筛选的条件比较复杂，用前面的几种方法操作起来就比较麻烦，这时，用户可以通过使用高级筛选来进行复杂的筛选操作。

【例8-8】筛选出指定条件的单元格（库存＜2000、发货＞50、周转率＞15）。

01 首先在工作表中创建筛选条件，然后打开"数据"选项卡，单击"排序和筛选"命令组的"高级"按钮，如图8-24所示。

02 弹出"高级筛选"对话框，选择"在原有区域显示筛选结果"单选项，确保"列表区域"编辑框中的地址是需要的筛选区域，单击"条件区域"编辑框的"折叠"按钮，如图8-25所示。

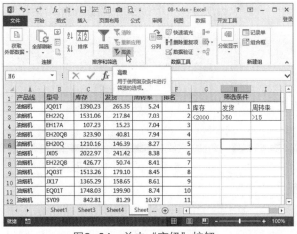

图8-24　单击"高级"按钮

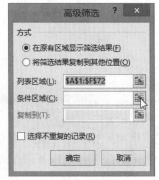

图8-25　"高级筛选"对话框

03 此时，"高级筛选"对话框变成折叠样式。选择工作表中筛选条件所在的单元格，即"G2:I3"区域，再次单击"折叠"按钮，如图8-26所示。

04 返回"高级筛选"对话框的原始样子，此时，在"高级筛选"编辑框中已经添加了筛选条件所在单元格的地址，最后单击"确定"按钮，如图8-27所示。

05 返回工作表编辑区，可以看到工作表根据设定的条件筛选出了符合条件的数据，如图8-28所示。

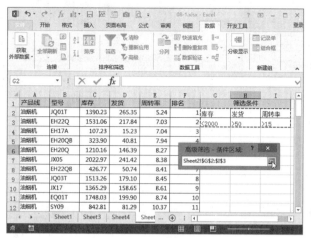

图8-26　选择筛选条件

图8-27　单击"确定"按钮

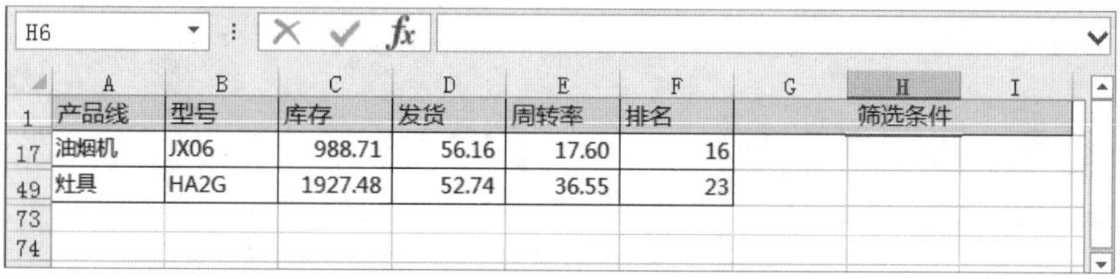

图8-28　根据条件筛选出符合条件的数据

8.2　排序

　　排序是工作中经常用到的一种操作，是将一组数据按照一定的规则进行整理排序。排序为用户分析数据提供了方便。排序的方法有很多种，可以按升序和降序排序，也可以按照字母的先后或者数据的大小进行排序。下面介绍排序的相关操作。

8.2.1　按单元格颜色排列数据

　　排序的方法很多，用户不但可以按照数据的大小进行排序，还可以按照单元格的颜色进行排序，下面介绍具体的操作方法。

　　【例8-9】在工作表中按单元格颜色进行排序（红色在最上面、黄色在中间、绿色在最底下）。

01 打开工作表，单击表格右侧最近的单元格，如"D1"单元格。打开"数据"选项卡，单击"排序和筛选"命令组的"筛选"按钮，为工作表首行添加下拉按钮，如图8-29所示。

02 单击"福利彩票销售额（万元）"字段的下拉按钮，弹出下拉列表，从中选择"数字筛选"｜"大于"选项，如图8-30所示。

03 弹出"自定义自动筛选方式"对话框，在"大于"选项右侧的文本框中输入"40000"，然后单击"确定"按钮，如图8-31所示。

04 返回工作表编辑区后，工作表筛选出了福利彩票销售额大于40000的数据。选中这些单元格，将其底纹设置成"红色"，如图8-32所示。

05 用同样的方法，将数值在20000～40000之间的数据单元格底纹颜色设置成"橙色"，将数值小于20000的数据单元格底纹设置成"绿色"，然后取消筛选。

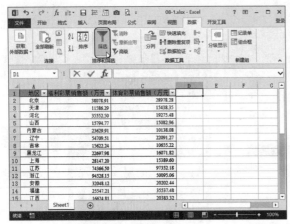

图8-29　添加下拉按钮

图8-30　选择"数字筛选"｜"大于"选项

图8-31　"自定义自动筛选方式"对话框

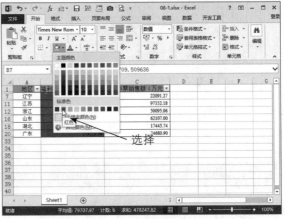

图8-32　为筛选出的单元格添加底纹颜色

06 单击添加了底纹的任意单元格，打开"数据"选项卡，单击"排序和筛选"命令组的"排序"按钮，弹出"排序"对话框。在该对话框的"列"栏，从"主要关键字"下拉列表框中选择"福利彩票销售额（万元）"选项。

07 在"排序依据"栏下的下拉列表框中选择"单元格颜色"选项，在"次序"栏的下拉列表框中选择"红色"选项，并在其右侧的下拉列表框中选择"在顶端"选项，然后单击"添加条件"按钮，如图8-33所示。

图8-33　单击"添加条件"按钮

08 这样就增加了一行次要关键字的设置选项。同样，对次要关键字也按单元格颜色排序，这次颜色选择"绿色"，将其放置在底端。再添加一项次要关键字，在"排序依据"下拉列表框中选择"数值"选项，在"次序"下拉列表框中选择"降序"选项，如图8-34所示。

09 设置完成后，单击"确定"按钮，可以看到工作表的数据按照颜色进行了排序——底纹颜色为红色的单元格排在顶端，绿色的排在底端，其中的数值也按降序进行了排列，如图8-35所示。

图8-34 设置排序关键字

图8-35 根据单元格颜色排序的结果

8.2.2 按笔画排序

在Excel表格中，中文汉字默认的排序方式为按拼音首字母进行排序，其实用户可以通过设置将表中的数据按中文汉字的笔画来进行排序。

【例8-10】将表中数据按"姓名"字段的笔画进行排序。

01 单击工作表中任意单元格。打开"数据"选项卡，单击"排序和筛选"命令组的"排序"按钮，如图8-36所示。

02 弹出"排序"对话框，在"列"栏下的"主要关键字"下拉列表框中选择"姓名"选项，在"排序依据"下拉列表框中选择"数值"选项，在"次序"下拉列表框中选择"升序"选项，然后单击"确定"按钮，如图8-37所示。

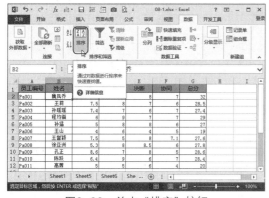

图8-36 单击"排序"按钮

图8-37 "排序"对话框

03 弹出"排序选项"对话框，选择"笔划排序"单选项，然后单击"确定"按钮，如图8-38所示。

04 返回"排序"对话框，单击"确定"按钮，返回工作表编辑区。这时可以看到表中数据已经按照姓名的笔划进行了排序，如图8-39所示。

图8-38 "排序选项"对话框

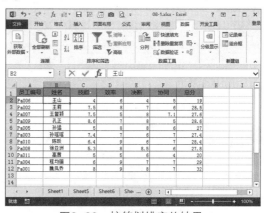

图8-39 按笔划排序的结果

8.2.3　对选择区域进行排序

用户可以对整个工作表进行排序，也可以选择表中的一部分进行排序，如选择一列进行排序，或者选择多列进行排序。下面介绍对选择的区域进行排序的相关操作。

1. 单列排序

【例8-11】将总成绩按降序排列。

01 在需要排序的列的任意单元格上，右击，此处选择"总成绩"列，弹出快捷菜单，从中选择"排序"｜"降序"选项，如图8-40所示。

02 返回工作表编辑区后，可以看到"总成绩"列中的数据按照降序进行了排序，而其他列中数据没有按照降序进行排序，如图8-41所示。

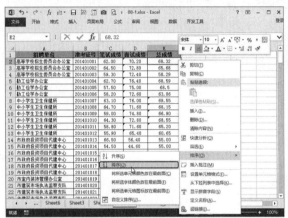

图8-40　选择"排序"｜"降序"选项　　　　　图8-41　总成绩按降序排列了

2. 多列排序

【例8-12】进行多列排序（表中的数据按总成绩降序排列，总成绩相同的，按笔试成绩降序排列，笔试成绩也相同的，按面试成绩降序排列）。

01 单击工作表任意单元格。打开"数据"选项卡，单击"排序和筛选"命令组的"排序"按钮。

02 弹出"排序"对话框，在"主要关键字"下拉列表框中选择"总成绩"选项，在"排序依据"栏的下拉列表框中选择"数值"选项，在"次序"栏的下拉列表框中选择"降序"选项，然后单击"添加条件"按钮，如图8-42所示。

03 添加次要关键字选项。在第一个次要关键字"列"栏的下拉列表框中选择"笔试成绩"选项，在"排序依据"下拉列表框中选择"数值"选项，在"次序"栏的下拉列表框中选择"降序"选项。用同样的操作，设置好第二个次要关键字，然后单击"确定"按钮，如图8-43所示。

图8-42　单击"添加条件"按钮　　　　　图8-43　依次设置好排序条件

04 返回工作表编辑区后，表中的数据按总成绩降序排列，总成绩相同的，按笔试成绩降序排列，笔试成绩也相同的，按面试成绩降序排列，如图8-44所示。

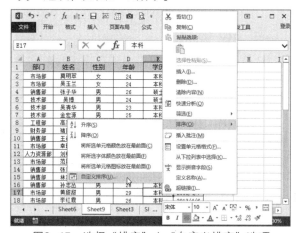

图8-44　多列排序的结果

8.2.4　自定义排序规则

用户还可以进行自定义排序。所谓自定义排序，就是由用户自己设定排序规则。下面具体介绍自定义排序规则的相关操作。

【例8-13】按指定的部门自定义排序（财务部、人力资源部、工程部、技术部、客服部、市场部、销售部）。

01 在工作表的任意单元格上右击，弹出快捷菜单，从中选择"排序"｜"自定义排序"选项，如图8-45所示。

02 弹出"排序"对话框，设置主要关键字，在"列"栏的下拉列表框中选择"部门"选项，在"排序依据"栏的下拉列表框中选择"数值"选项，在"次序"栏的下拉列表框中选择"自定义序列"选项，如图8-46所示。

图8-45　选择"排序"｜"自定义排序"选项　　图8-46　"排序"对话框

03 单击"确定"按钮后，弹出"自定义序列"对话框，从中在"输入序列"文本框中依次输入"财务部""人力资源部""工程部""技术部""客服部""市场部""销售部"，单击"添加"按钮后，输入的序列就被添加到了"自定义序列"列表框中，然后单击"确定"按钮，如图8-47所示。

04 返回"排序"对话框，可以看到"次序"下拉列表框中添加了刚才设定的排序规则，单击"确定"按钮，如图8-48所示。

图8-47　"自定义排序"对话框

05 返回工作表编辑区后，可以看到表中数据按照设定的部门顺序进行了排序，如图8-49所示。

图8-48 单击"确定"按钮　　　　　　　　　　图8-49 自定义排序的结果

8.3 创建分类汇总

分类汇总是对工作表中的数据进行分析的一种方法，它首先对工作表中指定字段的数据进行分类，然后再对同一类记录中的有关数据进行统计。经过分类汇总的数据，就是经过提炼的有效信息，这些有效信息可以指导用户工作。

8.3.1 对数据进行合并计算

用户有一张销售明细表，记录了最近4天的销售数据，现在需要统计每天的销量、折扣额和销售金额。

【例8-14】统计每天的销量、折扣额和销售金额。

01 单击工作表的任意单元格。打开"数据"选项卡，单击"分级显示"命令组的"分类汇总"按钮，弹出"分类汇总"对话框。

02 在"分类字段"下拉列表框中选择"日期"选项，在"汇总方式"下拉列表框中选择"求和"选项，在"选定汇总项"列表框中，勾选"数量""折扣额"和"金额"三个复选框，然后单击"确定"按钮，如图8-50所示。

图8-50 对数据进行分类汇总

03 返回工作表编辑区后，可以看到工作表中的数据进行了分类汇总，每一天汇总一次，分别汇总了每天的销售数量、折扣额以及销售金额，如图8-51所示。

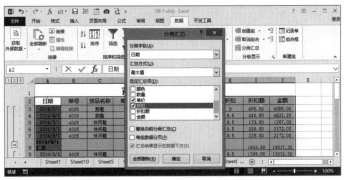

图8-51　分类汇总的结果

8.3.2　嵌套分类汇总

嵌套分类汇总是指对一个字段进行分类汇总后，再对该工作表的另一个字段进行分类汇总，是一种多级的分类汇总方式。下面介绍嵌套分类汇总的相关操作。

【例8-15】对工作表实施嵌套汇总（统计"数量""折扣额"和"金额"的汇总值，以及"单价"和"折扣"的最大值）。

01 打开已经进行了分类汇总的工作表，单击工作表数据区域内任意单元格。打开"数据"选项卡，单击"分级显示"命令组的"分类汇总"按钮，弹出"分类汇总"对话框。

02 在"分类汇总"对话框中，从"分类字段"下拉列表框中选择"日期"选项，"汇总方式"下拉列表框中选择"最大值"选项，并勾选"选定汇总项列表框"中的"单价"和"折扣"复选框，取消对"替换当前分类汇总"复选框的勾选，如图8-52所示。

图8-52　对工作表再次进行分类汇总

03 单击"确定"按钮后，返回工作表编辑区，可以看到工作表进行了嵌套分类汇总，分别统计了"数量""折扣额"和"金额"的汇总值，以及"单价"和"折扣"的最大值，如图8-53所示。

图8-53　嵌套分类汇总的结果

8.3.3　通过汇总隐藏数据

用户创建分类汇总后，可以选择只显示汇总后的数据，而隐藏明细数据，在需要使用明细数据时，再将明细数据显示出来。只显示分类汇总后的数据的方法是，单击需要隐藏明细数据的单元格，打开"数据"选项卡，单击"分级显示"命令组的"隐藏明细数据"按钮 ➖ 即可。使用同样的操作，将所有的明细数据都隐藏起来后，效果如图8-54所示。如果用户需要查看明细数据，则单击"显示明细数据"按钮 ➕ 即可。

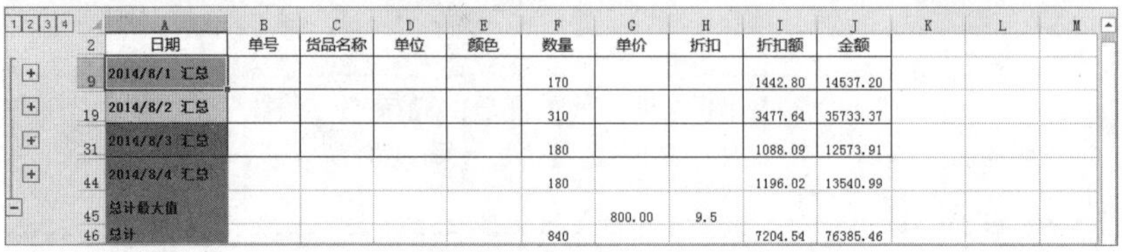

图8-54　隐藏明细只显示汇总数据的效果

除了单击命令按钮隐藏明细数据外，用户还可以单击工作表左侧的"隐藏明细数据"按钮 ➖ 来实现同样的目的，如图8-55所示。如果要查看明细数据，可以单击 "显示明细数据"按钮 ➕ 来展开明细数据。

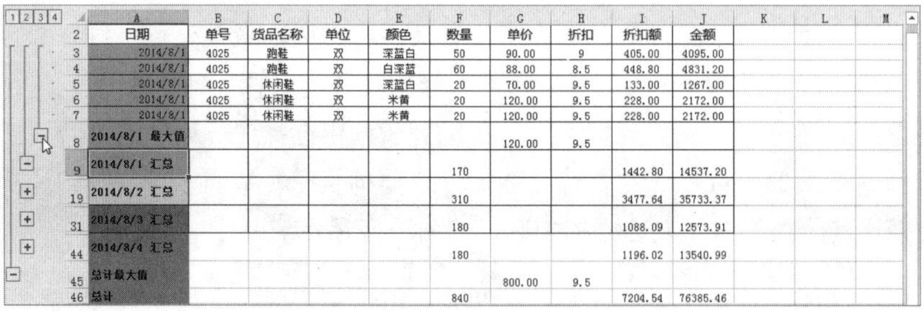

图8-55　显示8月1日的明细数据

📝 知识点拨

用户还可以通过单击工作表左上角的分级显示数据按钮 1 2 3 4 ，快速对多级数据汇总进行分级显示。如单击按钮 3 ，可以查看汇总表中前3级的数据，如图8-56所示。

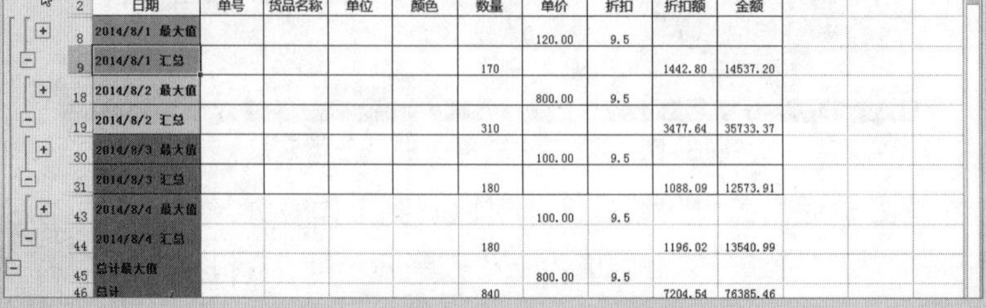

图8-56　显示前3级的数据

8.4　实用的数据分析工具

在日常工作中，用户常常需要对某项工作做出计划，而这些计划所涉及的数据，都是通过提取以前的相关数据，并对未来情况进行预测，而设定的。为了帮助用户进行预测分析，Excel提供了多种数据分析工具，这些工具可以帮助用户轻松完成预测分析，尽快制定好计划。本节将介绍这些数据分析工具。

8.4.1 用数据表进行合并计算

Excel可以帮助用户快速合并相同位置上不同工作表中的数据。

【例8-16】汇总分公司去旅游的人数。

某公司即将组织员工集体旅游，人力资源部要求各分公司将参加旅游的人数进行统计后上报总公司。图8-57左边的两个表格，就是分公司上报的数据，现在需要将两个表格中的数据合并计算后，存放到最右边的工作表中。

图8-57 将左边两个表中的数据合并到到右边的表中

① 打开"人数合计"工作表，单击"B3"单元格。打开"数据"选项卡，单击"数据工具"命令组的"合并计算"按钮，如图8-58所示。

② 弹出"合并计算"对话框，单击"引用位置"编辑框的"折叠"按钮，如图8-59所示。

图8-58 单击"合并计算"按钮

图8-59 "合并计算"对话框

③ "合并计算"对话框变成折叠样式。打开"北京分公司"工作表，从中选择引用的单元格，然后单击"折叠"按钮，如图8-60所示。

④ 返回"合并计算"对话框的原始样子。此时，"引用位置"编辑框中已经添加了所引用单元格的地址，单击"添加"按钮，该地址就被添加到了"所有引用位置"列表框中，如图8-61所示。

图8-60 选择引用位置

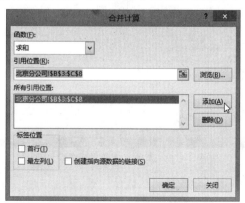

图8-61 单击"添加"按钮

05 用同样的方法，将合肥分公司的数据单元格地址添加到"所有引用位置"列表框中，然后单击"确定"按钮，如图8-62所示。

06 返回工作表编辑区后，可以看到在工作表中已经合并计算了两家分公司的数据，如图8-63所示。

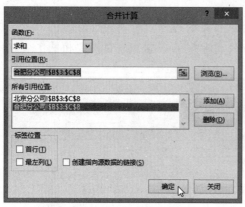

图8-62 单击"确定"按钮

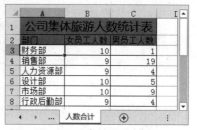

图8-63 合并后的结果

8.4.2 单变量求解

单变量求解是解决假定一个公式要取的某一结果值，其中变量的引用单元格应取值多少的问题。在Excel中根据所提供的目标值，对引用单元格的值不断调整，直到达到所需要求的公式的目标值时，变量的值才能确定。下面介绍单变量求解的相关操作。

【例8-17】用户想买房子，他的月还款能力为每月4000元，在年利率为5%的情况下，贷款20年。计算用户最多能贷多少款？

01 打开工作表，在工作表中输入数据，在"B5"单元格中输入公式，计算每月偿还贷款的金额。打开"数据"选项卡，单击"数据工具"命令组的"模拟分析"按钮，弹出下拉列表，从中选择"单变量求解"选项，如图8-64所示。

02 弹出"单变量求解"对话框，在"目标单元格"编辑框中输入"B5"，在"目标值"文本框中输入"-4000"，在"可变单元格"编辑框中输入"$B$2"，然后单击"确定"按钮，如图8-65所示。

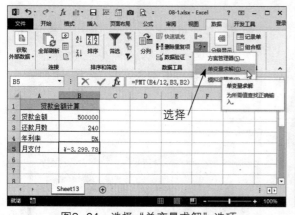

图8-64 选择"单变量求解"选项

图8-65 "单变量求解"对话框

03 弹出"单变量求解状态"对话框，列出了求解的状态。刚才的操作是对"B5"单元格进行的单变量求解，它的目标值是"-4000"，如果这些都是正确的，那么单击"确定"按钮，如图8-66所示。否则单击"取消"按钮。

04 此时工作表中已经显示出求解的结果，即在每月还款4000元的情况下，最多可贷款金额为606101.2523元，如图8-67所示。

图8-66 "单变量求解状态"对话框

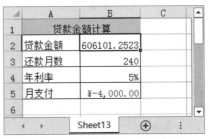

图8-67 单变量求解的结果

8.4.3 神奇的模拟运算表

模拟运算表是一个单元格区域，它可以显示一个或多个公式中替换不同值时的结果。模拟运算表有两种类型：单变量模拟运算表和双变量模拟运算表。在单变量模拟运算表中，用户可以对一个变量键入不同的值，从而查看它对一个或多个公式的影响。在双变量模拟运算表中，用户对两个变量输入不同值，从而查看它对一个公式的影响。下面介绍模拟运算表的相关操作。

1. 单变量模拟运算表

【例8-18】计算不同利润率下，产品的定价。

一件产品的成本价是30元，厂家制定了一系列的利润率指标，随着利润率的不同，对产品的定价也会不同，现在需要求出不同利润率下，产品的定价情况。

01 打开工作表，在工作表中输入数据，制定好不同的利润率指标，在"C3"单元格中输入公式，计算出第一个产品的定价，如图8-68所示。

02 选中"B3:C7"单元格区域。打开"数据"选项卡，单击"数据工具"命令组的"模拟分析"按钮，弹出下拉列表，选择"模拟运算表"选项，如图8-69所示。

图8-68 输入公式

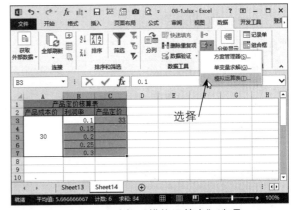

图8-69 选择"模拟运算表"选项

03 弹出"模拟运算表"对话框，在"输入引用列的单元格"编辑框中输入"$B$3"，指定"利润率"为运算的单一变量，然后单击"确定"按钮，如图8-70所示。

04 此时工作表中已经计算出不同利润率下的产品定价，如图8-71所示。

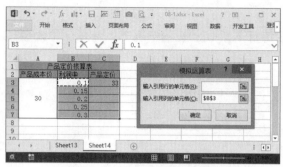

图8-70 "模拟运算表"对话框

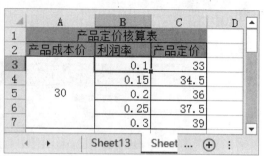

图8-71 显示计算的结果

2. 双变量模拟运算表

【例8-19】计算在年利率和贷款年限同时变化时，每月的还款额。

01 在工作表中输入基本数据，单击"B4"单元格，在其中输入公式"PMT(B2/12,B3*12,B1)"，然后按Enter键确认输入，计算出月还款额，如图8-72所示。

02 单击"A6"单元格，在单元格中输入"=B4"，然后按Enter键确认输入，如图8-73所示。

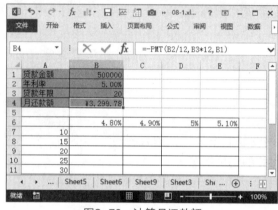

图8-72 计算月还款额

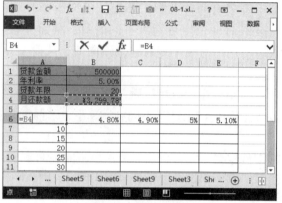

图8-73 输入公式

03 选中"A6:E11"单元格区域，打开"数据"选项卡，单击"数据工具"按钮，弹出下拉列表，从中选择"模拟分析"|"模拟运算表"选项，如图8-74所示。

04 弹出"模拟运算表"对话框，在"输入引用行的单元格"编辑框中输入"$B$2"，在"输入引用列的单元格"编辑框中输入"$B$3"，然后单击"确定"按钮，如图8-75所示。

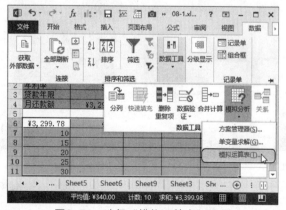

图8-74 选择"模拟运算表"选项

图8-75 "模拟运算表"对话框

05 返回工作表编辑区后，可以看到选中的区域中已经计算出了不同年利率和贷款年限下每月的还款金额，如图8-76所示。

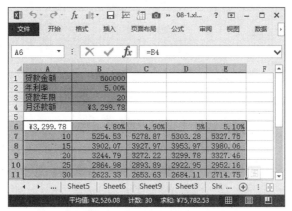

图8-76　显示计算结果

8.5　上机实训

通过对本章内容的学习，读者对Excel处理数据的操作有了更深地了解。下面再通过两个实训操作来温习和拓展前面所学的知识。

8.5.1　双变量模拟运算表

双变量模拟预算表不仅可以帮助用户同时分析两个变量对最终结果的影响，还可以利用运算表的一些特性，制作一些实用的表格，比如九九乘法表。下面介绍制作九九乘法表的过程。

01 在工作表的"A2:A10""B1:J1"单元格中分别输入1到9的数字，然后单击"A1"单元格，输入公式"=A11&"×"&A12&"="&A11*A12"，然后按Enter键确认输入。

02 选中"A1:J10"单元格区域。打开"数据"选项卡，单击"数据工具"命令组的"模拟分析"按钮，弹出下拉列表，从中选择"模拟运算表"选项，如图8-77所示。

03 弹出"模拟运算表"对话框，在"输入引用行的单元格"编辑框中输入"$A$12"，在"输入引用列的单元格"编辑框中输入"$A$11"，然后单击"确定"按钮，如图8-78所示。

图8-77　选择"模拟运算表"选项

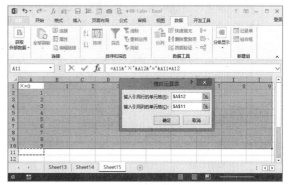

图8-78　"模拟运算表"对话框

04 此时在选定区域就创建出乘法表了，如图8-79所示。

05 为了让创建的乘法表更符合人们的习惯，可以对它进行适当的设置。选中"A1:J10"单元格区域，将字体颜色设置为"白色"。

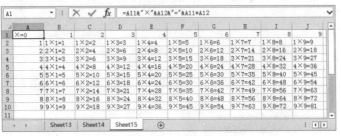

图8-79　乘法表

06 选中"B2:J10"单元格区域。打开"开始"选项卡，单击"样式"命令组的"条件格式"按钮，弹出下拉列表，从中选则"新建规则"选项，如图8-80所示。

07 弹出"新建格式规则"对话框，在"选择规则类型"列表框中选择"使用公式确定要设置格式的单元格"选项，然后在"为符合此公式的值设置格式"编辑框中输入公式"=row()>=column()"，单击"格式"按钮，如图8-81所示。

图8-80　为乘法表设置条件格式

图8-81　"新建格式规则"对话框

08 弹出"设置单元格格式"对话框，打开"字体"选项卡，将字体颜色设置为"黑色"，如图8-82所示。

09 打开"边框"选项卡，将边框颜色设置成"蓝色"，在"样式"列表框中选择边框的线条样式，单击"外边框"按钮，然后单击"确定"按钮，如图8-83所示。

图8-82　设置字体颜色

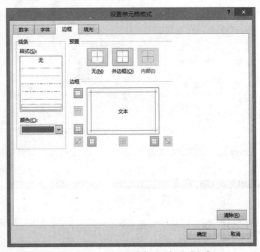

图8-83　设置边框颜色和样式

10 返回工作表编辑区，就可以看到设置好的乘法表了，如图8-84所示。

	A	B	C	D	E	F	H	I	J
1									
2		1×1=1							
3		2×1=2	2×2=4						
4		3×1=3	3×2=6	3×3=9					
5		4×1=4	4×2=8	4×3=12	4×4=16				
6		5×1=5	5×2=10	5×3=15	5×4=20	5×5=25			
7		6×1=6	6×2=12	6×3=18	6×4=24	6×5=30	6×6=36		
8		7×1=7	7×2=14	7×3=21	7×4=28	7×5=35	7×6=42	7×7=49	
9		8×1=8	8×2=16	8×3=24	8×4=32	8×5=40	8×6=48	8×7=56	8×8=64
10		9×1=9	9×2=18	9×3=27	9×4=36	9×5=45	9×6=54	9×7=63	9×8=72	9×9=81
11									

图8-84　最终设置好的乘法表

8.5.2　妙用方案管理器

用户在制定计划时，往往会同时创建多个方案，通过比较每个方案，最终找出最合适的方案。在Excel中，方案管理器可以创建不同的值或方案组，并在它们之间进行切换。下面介绍方案管理的相关操作。

用户向银行申请贷款，几家银行分别给出了不同的贷款条件，现在用户想找出最合适的贷款方案，所以用户需要创建几个方案，将几个方案放在一起进行比较，最后找出最合适的方案。

01 打开一个工作表，在工作表中制作两个表格，一个是"方案"表，一个是"各银行贷款条件"表，并在其中输入数据。

02 在"方案"表的"B5"单元格中输入公式"=PMT(B3/12,B4*12,B2)"，然后按Enter键。此时得到一个错误值，这是因为表中引用的单元格中没有数据，如图8-85所示。

图8-85　输入公式

03 打开"数据"选项卡，单击"数据工具"命令组的"模拟分析"按钮，弹出下拉列表，从中选择"方案管理器"选项，如图8-86所示。

图8-86　选择"方案管理器"选项

04 弹出"方案管理器"对话框，单击 "添加"按钮，如图8-87所示。

05 弹出"编辑方案"对话框，在"方案名"文本框中输入方案的名称，此处输入"中国银行"，在"可变单元格"编辑框中输入可变单元格地址，也就是"B2:B4"单元格区域的地址，然后单击"确定"按钮，如图8-88所示。

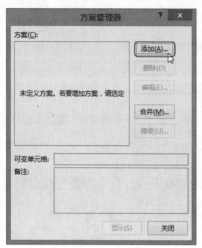

图8-87　单击"添加"按钮　　　　图8-88　"编辑方案"对话框

06 弹出"方案变量值"对话框，在其中输入中国银行的贷款条件，在"$B$2"文本框中输入贷款总额"300000"，在"$B$3"文本框中输入贷款利率"0.06"，在"$B$4"文本框中输入偿还年限"15"，如图8-89所示。

07 单击"确定"按钮，返回"方案管理器"对话框。按照步骤**03**、**04**和**05**，添加其他几个方案（方案名称分别取各家银行的名字）。最后返回"方案管理器"对话框，在"方案"列表框中选择"华夏银行"选项，然后单击"显示"按钮，"方案"表中就会显示该方案的计算结果，如图8-90所示。

图8-89　"方案变量值"对话框　　　　图8-90　显示方案结果

08 如果要将所有的方案放在一起比较，可以单击"摘要"按钮，如图8-91所示。

09 弹出"方案摘要"对话框，从中选择"方案摘要"单选项，在"结果单元格"编辑框中输入"B5"，然后单击"确定"按钮，如图8-92所示。

图8-91　单击"摘要"按钮　　　图8-92　"方案摘要"对话框

⑩ 此时弹出一个名为"方案摘要"的工作表，在该工作表中显示了所有方案的结果，如图8-93 所示。

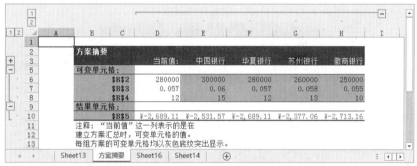

图8-93　生成的方案摘要

📑 知识点拨

　　如果在"方案摘要"对话框中选择"方案数据透视表"单选项，则单击"确定"按钮后，就会弹出"方案数据透视表"工作表，在该工作表中创建了四种方案结果的数据透视表，如图8-94所示。

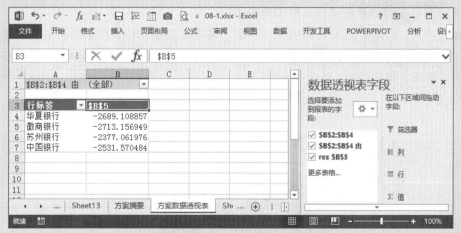

图8-94　生成方案数据透视表

8.6 常见疑难解答

下面将对学习过程中常见的疑难问题进行汇总，以帮助读者更好地理解前面所讲的内容。

Q: 如何清除数据的组合?

A: 选择需要清除组合所在的行或者列中任意的单元格，打开"数据"选项卡，单击"分级显示"命令组的"取消组合"按钮，弹出下拉列表，从中选择"取消组合"选项。这时将打开组合"对话框，在其中选择"行"或者"列"单选项，单击"确定"按钮即可。

Q: 如何在受保护的工作表中实现筛选操作?

A: 在执行保护工作表操作前，先单击工作表任意单元格，打开"数据"选项卡，单击"筛选"按钮，使工作表处于筛选状态，这样在执行工作表保护操作后，不影响对工作表进行筛选操作。

Q: 如果不能明确指定筛选条件，该如何进行筛选操作?

A: 用户可以使用通配符代替，其中半角问号代表一个字符，星号代表任意多个连续字符。用户可以根据需要，使用通配符进行相应条件的替代，来进行模糊筛选。

Q: 如何删除重复的数据?

A: 选中重复数据所在的单元格，打开"数据"选项卡，单击"删除重复项"按钮，弹出"删除重复项"对话框，选择合适的列，单击"确定"按钮即可，如图8-95所示。

图8-95 "删除重复项"对话框

Q: 如何对筛选出来的数据进行计算?

A: 如果用户希望只对筛选出来的数据进行计算，那么可以使用SUBTOTAL函数。该函数的功能是返回列表或数据库中的分类汇总。

Q: 如何将筛选出来的结果复制到其他工作表中?

A: 选中筛选结果，打开"数据"选项卡，单击"高级"按钮，弹出"高级筛选"对话框，从中选择"将筛选结果复制到其他位置"单选项，并在"复制到"编辑框中输入单元格地址，然后单击"确定"按钮即可，如图8-96所示。

图8-96 "高级筛选"对话框

8.7 拓展应用练习

为了让读者能够更好地掌握数据的分析和处理操作，可以做做下面的练习。

◉ 对工作表进行排序和筛选

本例可以帮助读者练习数据的排序和筛选操作，首先对数据进行排序，然后进行筛选。表的初始状态如图8-97所示，最终效果如图8-98所示。

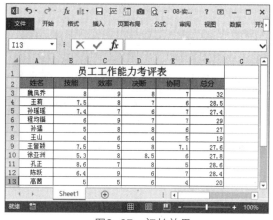

图8-97　初始效果

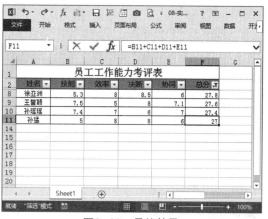

图8-98　最终效果

操作提示

01 创建员工工作能力考评表。

02 按"总分"降序排列。

03 筛选出总分在27到28之间的数据。

◉ 汇总部门奖金

本例可以帮助读者练习汇总部门奖金，并按部门进行排序的操作过程。表的初始状态如图8-99所示，最终效果如图8-100所示。

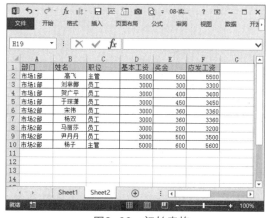

图8-99　初始表格

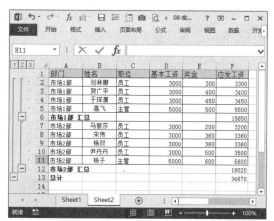

图8-100　最终效果

操作提示

01 打开"分类汇总"对话框。

02 设置分类汇总。

03 对市场1部进行升序排序。

04 对市场2部进行升序排序。

第 **9** 章

数据透视表确实很好用

📹 **本章概述**　　数据透视表是Excel的一种功能强大的数据分析工具。它的应用非常广泛，可以快速地把大量的数据转换成可以进行交互的报表，可以快速对数据进行分类汇总，还可以对表中的数据进行筛选、排序和组合。数据透视图是数据透视表的图形表示形式，它可以辅助数据透视表进行数据分析，使数据透视表更加直观。本章将对数据透视表和数据透视图的应用知识进行详细介绍。

📖 **知识要点**　● 数据透视表和数据透视图的创建；　　　● 数据透视表的筛选和排序；

　　　　　　　● 设置数据透视表；　　　　　　　　　● 刷新和删除数据透视表。

　　　　　　　● 设置数据透视图；

9.1 创建数据透视表和数据透视图

　　数据透视表是一种可以快速分类汇总、分析大量数据表格的交互式工具。数据透视表有机地综合了数据排序、筛选和分类汇总等数据分析方法的优点，可以灵活多变地展示数据的特征。数据透视图为数据透视表中的数据提供了图形表示形式，使数据表中的数据能够更加直观地显示。

9.1.1　创建数据透视表

首先介绍数据透视表的创建操作。

1. 创建简单的数据透视表

【例9-1】创建一个简单的数据透视表。

01 打开需要创建数据透视表的工作表，单击工作表的任意单元格。打开"插入"选项卡，单击"表格"命令组的"数据透视表"按钮，如图9-1所示。

02 弹出"创建数据透视表"对话框，在"表/区域"编辑框中已经包含了工作表的地址。核对地址无误后，设置数据透视表的存放位置，此处选择"新工作表"单选项，这样会将数据透视表放入新的工作表中，然后单击"确定"按钮，如图9-2所示。

03 弹出一个新的工作表，其中包含一个空白的数据透视表，同时显示"数据透视表字段"窗格。在"数据透视表字段"窗格中，单击"数据透视表字段列表"中的"商品名称"字段，按住鼠标左键，拖动鼠标，将其拖至"行"区域后释放，如图9-3所示。

04 在"数据透视表字段列表"中勾选"销售量"字段和"销售金额"复选框，这两个字段会自动添加至"值"区域中，同时相应的字段也被添加到数据透视表中。当需要的字段全部添加到合适区域后，就完成了数据透视表的创建，如图9-4所示。

图9-1 单击"数据透视表"按钮

图9-2 "创建数据透视表"对话框

图9-3 拖动字段到指定区域

图9-4 创建好的数据透视表

2. 创建非共享缓存的数据透视表

【例9-2】通过数据透视表向导创建数据透视表。

01 打开需要创建非共享缓存的数据透视表，然后按Alt+D+P组合键，弹出"数据透视表和数据透视图向导——步骤1（共3步）"对话框，从中选择"Microsoft Excel列表或数据库"单选项，指定数据源的类型。接着选择创建的报表类型，此处选择"数据透视表"单选项，单击"下一步"按钮，如图9-5所示。

02 弹出"数据透视表和数据透视图向导—第2步，共3步"对话框，在"选定区域"编辑框中输入数据源的单元格地址，然后单击"下一步"按钮，如图9-6所示。

图9-5 选择数据源和报表类型

图9-6 输入数据源地址

03 弹出"数据透视表和数据透视图向导—步骤3（共3步）"对话框，从中设置数据透视表的显示位置，此处选择"新工作表"单选项，然后单击"完成"按钮，如图9-7所示。

04 弹出空白的数据透视表并显示"数据透视表字段"窗格,在窗格中单击"货品名称"字段,按住鼠标左键不放,将该字段拖至"行"区域,如图9-8所示。

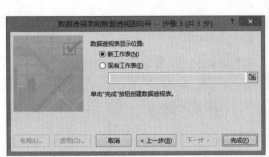

图9-7 选择数据透视表显示位置

图9-8 拖动字段到"行"区域

05 接着用同样的方法,将"数量"字段和"金额"字段都拖至"值"区域中。这样就创建好了非共享缓存的数据透视表,如图9-9所示。

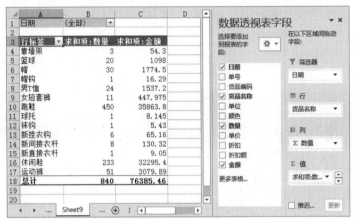

图9-9 非共享缓存的数据透视表

知识点拨

数据透视表的数据缓存是计算机内存上的一个区域,在Excel 2013中创建的数据透视表默认是共享缓存的。共享缓存可以减少文件的大小,可以同步操作由同一个数据源创建的多个数据透视表。非共享缓存的数据透视表是独立的,它不受其他数据透视表操作的影响。

9.1.2 数据透视图不可少

数据透视图是数据透视表的图形表现形式,可以更加直观地表现数据透视表中的数据。添加漂亮的数据透视图,也可以增强数据透视表的可读性和美观性。下面就具体介绍数据透视图的创建操作。

【例9-3】创建数据透视图(簇状柱形图)。

01 单击数据透视表的任意单元格,弹出"数据透视表工具"活动标签。打开"分析"选项卡,单击"工具"命令组的"数据透视图"按钮,如图9-10所示。

02 弹出"插入图表"对话框,从中选择"柱形图"|"簇状柱形图"选项,然后单击"确定"按钮,如图9-11所示。

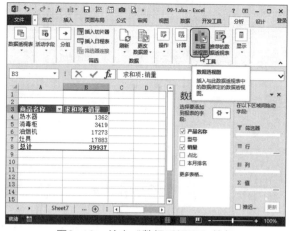

图9-10 单击"数据透视图"按钮

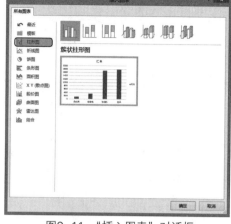

图9-11 "插入图表"对话框

03 此时就创建出一个数据透视图，单击该数据透视图，在"数据透视表字段"窗格中，"行"区域变成了"轴"区域，"列"区域变成了"图例"区域，如图9-12所示。

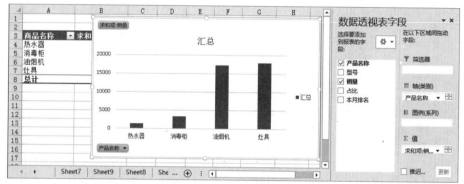

图9-12 数据透视图

9.2 快速设置数据透视表

用户创建了数据透视表以后，可以对数据透视表进行设置，比如设置数据透视表的样式、布局等等。下面就介绍设置数据透视表的相关操作。

9.2.1 更改数据透视表的样式

为了使数据透视表更加美观，更符合人们的审美要求，用户可以更改数据透视表的样式。

1. 套用内置样式

【例9-4】更改数据透视表样式（数据透视表样式中等深浅13）。

01 单击数据透视表的任意单元格，打开"数据透视表工具"活动标签。单击"设计"选项卡"数据透视表样式"命令组的"其他"按钮，从下拉列表中选择"数据透视表样式中等深浅13"样式，如图9-13所示。

02 返回数据透视表后，可以看到数据透视表的样式已经发生了变化，如图9-14所示。

2. 自定义样式

【例9-5】自定义数据透视表样式。

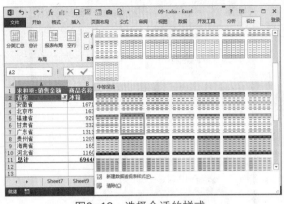
图9-13 选择合适的样式

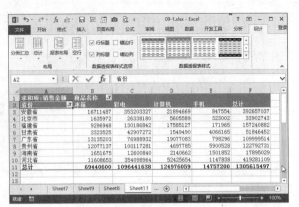
图9-14 更改样式的效果

01 在"数据透视表样式"列表框中的任意样式上右击,从快捷菜单中选择"复制"选项,如图9-15所示。

02 弹出"修改数据透视表样式"对话框,在"表元素"列表框中选择"整个表"选项,单击"格式"按钮,如图9-16所示。

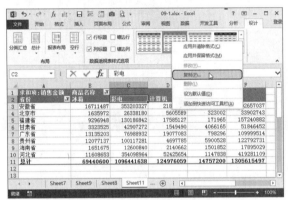
图9-15 选择"复制"选项

图9-16 "修改数据透视表样式"对话框

03 弹出"设置单元格格式"对话框,打开"边框"选项卡,从中将边框的颜色设置为"浅绿色",在"样式"列表框中选择边框的线条样式,然后单击"外边框"或"内部"按钮,设置边框样式,单击"确定"按钮,如图9-17所示。

04 返回"修改数据透视表样式"对话框,在"表元素"列表框中选择"第一行条纹"选项,然后单击"格式"按钮,如图9-18所示。

图9-17 设置数据透视表边框

图9-18 选择"第一行条纹"选项

⑤ 弹出"设置单元格格式"对话框,打开"填充"选项卡,将"图案颜色"设置为"浅绿色",将"图案样式"设置为"6.25%灰色",单击"确定"按钮,如图9-19所示。

⑥ 返回"修改数据透视表样式"对话框,在"表元素"列表框中选择"标题行"选项,然后单击"格式"按钮,如图9-20所示。

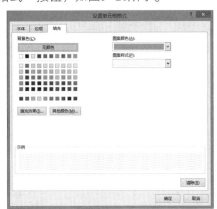

图9-19 设置第一行条纹的填充色

图9-20 选择"标题行"选项

⑦ 弹出"设置单元格格式"对话框,打开"填充"选项卡,将"图案颜色"设置为"绿色",然后单击"确定"按钮,如图9-21所示。返回"修改数据透视表样式"对话框,再次单击"确定"按钮。

⑧ 返回数据透视表编辑区,单击数据透视表任意单元格,弹出"数据透视表工具"活动标签。打开"设计"选项卡,单击"数据透视表样式"命令组的"其他"按钮,弹出下拉列表,从中选择"自定义"选项,如图9-22所示。

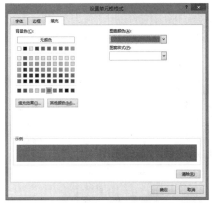

图9-21 设置标题行的填充色

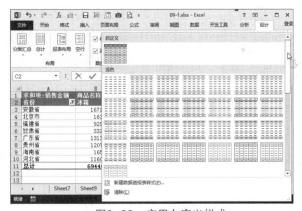

图9-22 应用自定义样式

⑨ 此时数据透视表就被应用了自定义的样式,效果如图9-23所示。

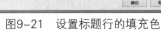

求和项:销售金额	商品名称				
省份	冰箱	彩电	计算机	手机	总计
安徽省	16711487	353203327	21894669	847554	392657037
北京市	1635972	26338180	5605589	323002	33902743
福建省	9296948	130186842	17585127	171965	157240882
甘肃省	3323525	42907272	1549490	4066165	51846452
广东省	13135203	76988932	19077083	798296	109999514
贵州省	12077137	100117281	4697785	5900528	122792731
海南省	1651675	12600840	2140662	1501852	17895029
河北省	11608653	354098964	52425654	1147838	419281109
总计	69440600	1096441638	124976059	14757200	1305615497

图9-23 应用自定义样式的效果

9.2.2 更改数据透视表的布局

用户不仅可以更改数据透视表的样式，还可以更该数据透视表的布局。下面介绍更改数据透视表布局的相关操作。

1. 手动更改报表的布局

【例9-6】更改数据透视表布局（将"姓名"字段从"列"区域移动到"行"区域）。

01 打开"数据透视表字段"窗格，单击"列"区域的"系名"字段，按住鼠标左键，将该字段拖至"行"区域，放开鼠标，如图9-24所示。

02 字段被移动后，数据透视表的布局也发生了改变，如图9-25所示。

图9-24 将字段拖动到另一个区域

图9-25 布局更改后的效果

2. 通过命令按钮改变布局

【例9-7】更改报表布局（以大纲形式显示、以表格形式显示及重复所有项目标签）。

01 单击数据透视表的任意单元格，弹出"数据透视表工具"活动标签。打开"设计"选项卡，单击"布局"命令组的"报表布局"按钮，弹出下拉列表，从中选择"以大纲形式显示"选项，如图9-26所示。

02 返回数据透视表编辑区后，可以看到数据透视表的布局发生了改变，如图9-27所示。

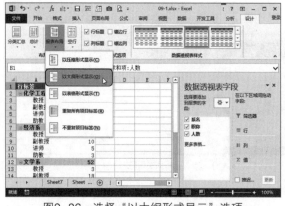
图9-26 选择"以大纲形式显示"选项

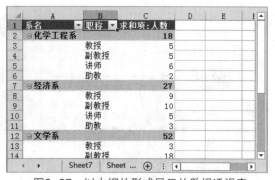
图9-27 以大纲的形式显示的数据透视表

03 单击"报表布局"按钮，从下拉列表中选择"以表格形式显示"选项，数据透视表布局如图9-28所示。

04 再次单击"报表布局"按钮，从下拉列表中选择"重复所有项目标签"选项，数据透视表布局如图9-29所示。

📝 知识点拨

数据透视表在Excel 2013中的默认显示方式是"以压缩形式显示"。

图9-28 以表格形式显示　　　　　　　　图9-29 重复所有项目标签

9.2.3 巧设数据透视表

"布局"命令组的"分类汇总"按钮、"总计"按钮和"空行"按钮也可以用于改变报表的布局。

1. "分类汇总"按钮

【例9-8】在组的底部显示所有分类汇总。

① 单击数据透视表任意单元格，弹出"数据透视表工具"活动标签。打开"设计"选项卡，单击"布局"命令组的"分类汇总"按钮，弹出下拉列表，从中选择"在组的底部显示所有分类汇总"选项，如图9-30所示。

② 此时数据透视表每个组的底部都添加了汇总行，如图9-31所示。如果用户选择"在组的顶部显示所有分类汇总"选项，则会在每个组的顶部添加分类汇总行。

图9-30 选择"在组的底部显示所有分类汇总"选项

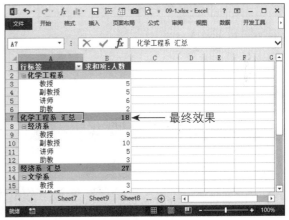
图9-31 添加分类汇总的效果

2. "总计"按钮

【例9-9】在数据透视表中取消显示"总计"行。

① 单击数据透视表任意单元格，弹出"数据透视表工具"活动标签。打开"设计"选项卡，单击"布局"命令组的"总计"按钮，弹出下拉列表，从中选择"对行和列禁用"选项，如图9-32所示。

② 此时数据透视表的"总计"行消失，如图9-33所示。

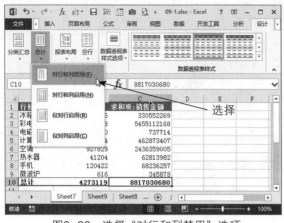

图9-32 选择"对行和列禁用"选项

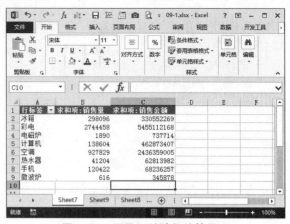

图9-33 不显示总计行的效果

3. "空行"按钮

【例9-10】在数据透视表的每个项目后插入空行。

01 单击数据透视表任意单元格，弹出"数据透视表工具"活动标签。打开"设计"选项卡，单击"布局"命令组的"空行"按钮，弹出下拉列表，从中选择"在每个项目后插入空行"选项，如图9-34所示。

02 此时数据透视表的每一个分类汇总后面都添加了一个空行，如图9-35所示。

图9-34 选项"在每个项目后插入空行"选项

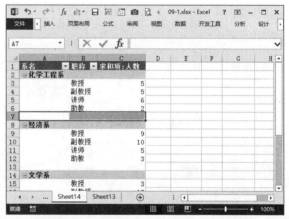

图9-35 在数据透视表中添加空行的效果

9.3 设置数据透视图

用户为数据透视表添加数据透视图后，可以对数据透视图进行设置，比如可以改变数据透视图的样式、类型，可以美化数据透视图等。下面就介绍设置数据透视图的相关操作。

9.3.1 更改数据透视图样式

数据透视图的样式不是一成不变的，用户可以根据自己的需要套用已有样式，或者自定义样式。下面就具体介绍相关操作。

1. 套用已有样式

【例9-11】更改数据透视表样式（样式5）。

01 单击数据透视图，弹出"数据透视图工具"活动标签。打开"设计"选项卡，单击"图表样式"命令组的"其他"按钮，弹出下拉列表，从中选择"样式5"选项，如图9-36所示。

02 此时数据透视图的样式就变成了刚才选择的样式，如图9-37所示。

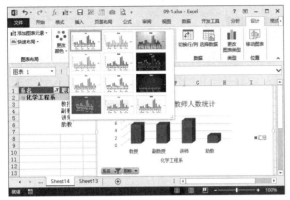

图9-36 选择样式

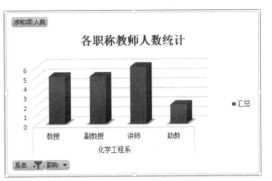

图9-37 套用新样式的效果

2. 自定义样式

【例9-12】设置数据系列格式（无填充，边框为"浅绿色"实线，柱体形状为"完整棱锥"）。

01 在数据透视表的数据系列上右击，弹出快捷菜单，从中选择"设置数据系列格式"选项，如图9-38所示。

02 弹出"设置数据系列格式"窗格，打开"填充线条"选项卡，单击"填充"标签，选择"无填充"单选项，如图9-39所示。

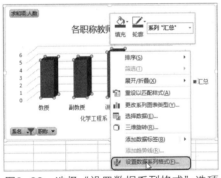

图9-38 选择"设置数据系列格式"选项

图9-39 设置填充

03 单击"边框"标签，选择"实线"单选项，如图9-40所示。

04 拖动窗格右侧的滚动条，然后将边框颜色设置为"浅绿色"，边框宽度设置为"2磅"，如图9-41所示。

图9-40 设置边框

图9-41 设置边框颜色

05 打开"系列选项"选项卡，单击"系列选项"标签，选择"完整棱锥"单选项，如图9-42所示。

06 关闭"设置数据系列格式"窗格后，可以看到自定义的数据透视图样式，如图9-43所示。

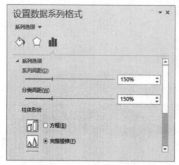

图9-42　设置柱体形状

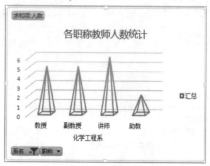

图9-43　自定义样式

9.3.2　更改数据透视图类型

用户还可以更改数据透视图的类型。数据透视图的类型包括柱形图、折线图、饼图、条形图、组合图等。下面就具体介绍更改数据透视图类型的相关操作。

1. 通过功能按钮更改数据透视图类型

【例9-13】将折线图更改为柱形图。

01 单击数据透视图，弹出"数据透视图工具"活动标签。打开"设计"选项卡，单击"类型"命令组的"更改图表类型"按钮，如图9-44所示。

02 弹出"更改图表类型"对话框，选择"柱形图"选项，从柱形图列表中选择"簇状柱形图"选项，如图9-45所示。

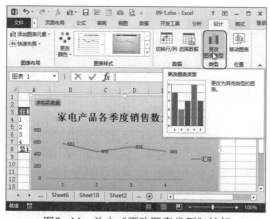

图9-44　单击"更改图表类型"按钮

图9-45　"更改图表类型"对话框

03 单击"确定"按钮，数据透视图就由原先的折线图变成了柱形图，如图9-46所示。

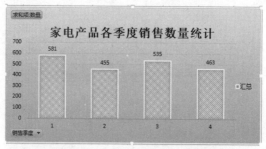

图9-46　更改图表类型后的效果

2. 通过快捷菜单更改数据透视图的类型

【例9-14】将条形图更改为饼图。

① 右击数据透视图，弹出快捷菜单，从中选择"更改图表类型"选项，如图9-47所示。

② 弹出"更改图表类型"对话框，选择"饼图"选项，从饼图列表中选择"三维饼图"选项，如图9-48所示。

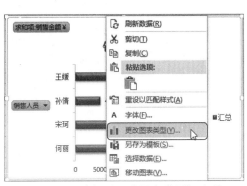
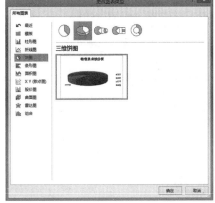

图9-47　选择"更改图表类型"选项　　　　图9-48　"更改图表类型"对话框

③ 单击"确定"按钮后，原先的条形图就变成了三维饼图，如图9-49所示。

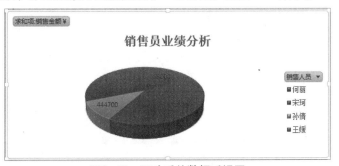

图9-49　更改后的数据透视图

9.3.3　美化数据透视图

数据透视图和普通图表一样，可以对它进行修饰。数据透视图也分为图表区和绘图区，图表区是数据透视图的背景区域，绘图区是数据透视图的数据系列区域。下面就介绍对数据透视图图表区和绘图区进行美化的相关操作。

1. 对图表区进行美化

【例9-15】设置数据透视图的图表区（形状样式为"细微效果-橄榄色，强调颜色3"，发光为"发光-橄榄色，11pt发光，着色3"，艺术字样式为"填充-橄榄色，着色3，锋利棱台"，棱台样式为"凸起"）。

① 单击数据透视图，弹出"数据透视图工具"活动标签。打开"格式"选项卡，单击"形状样式"命令组的"其他"按钮，弹出下拉列表，从中选择"细微效果-橄榄色，强调颜色3"选项，如图9-50所示。

② 单击"形状样式"命令组的"形状效果"按钮，弹出下拉列表，从中选择"发光" | "橄榄色，11pt发光，着色3"选项，如图9-51所示。

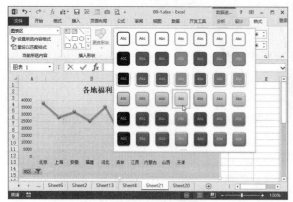

图9-50　设置样式　　　　　　　　图9-51　设置发光

03 选中数据透视图标题，单击"艺术字样式"命令组的"其他"按钮，弹出下拉列表，从中选择"填充-橄榄色，着色3，锋利棱台"选项，如图9-52所示。

04 单击"形状样式"命令组的"形状效果"按钮，弹出下拉列表，从中选择"棱台" | "凸起"选项，如图9-53所示。

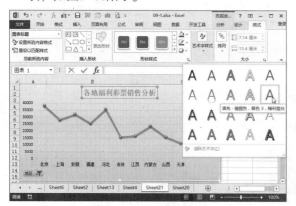

图9-52　设置标题样式　　　　　　图9-53　设置棱台

05 设置完成后，可以看到修改图表区以后的数据透视图，如图9-54所示。

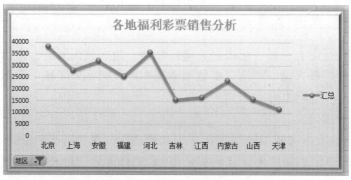

图9-54　设置图表区的效果

2. 对绘图区进行美化

【例9-16】设置数据透视图的绘图区（填充图片背景，柔化边缘大小为12磅）。

01 在数据透视表的绘图区右击，弹出快捷菜单，从中选择"设置绘图区格式"选项，如图9-55所示。

02 弹出"设置绘图区格式"窗格，打开"填充线条"选项卡，单击"填充"标签钮，选择"图片或纹理填充"单选项，单击"文件"按钮，如图9-56所示。

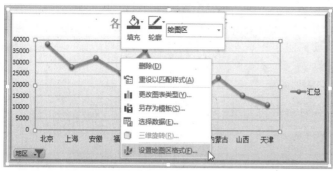

图9-55 选择"设置绘图区格式"选项

图9-56 "设置绘图区格式"窗格

03 弹出"插入图片"对话框,从中选择合适的图片,然后单击"插入"按钮,如图9-57所示。

04 此时绘图区中出现插入的图片。在"设置绘图区格式"窗格中,单击"边框"标签,选择"无线条"单选项,如图9-58所示。

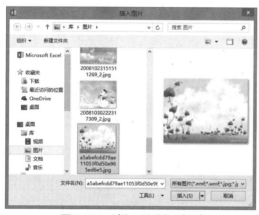

图9-57 "插入图片"对话框

图9-58 设置边框

05 打开"效果"选项卡,单击"柔化边缘"标签,将"大小"值设置为"12磅",如图9-59所示。

06 关闭"设置绘图区格式"窗格后,就可以看到美化好的数据透视图了,如图9-60所示。

图9-59 设置柔化边缘

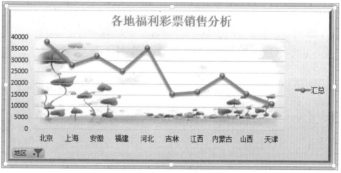

图9-60 最终效果

9.4 轻松驾驭筛选和排序

　　数据透视表是用来帮助用户分析和处理数据的,它不仅可以将数据进行分类汇总,而且可以对数据进行排序和筛选,这有助于用户快速处理数据,提高办公效率。本节介绍在数据透视表中进行筛选和排序的相关操作。

9.4.1 使用字段按钮进行筛选

在数据透视表和"数据透视表字段"窗格中，都含字段按钮，用户可以通过字段按钮的下拉列表框对数据进行筛选。

1. 通过字段按钮进行筛选

【例9-17】筛选出第一季度销售员为何丽和王媛，销售数量小于100的商品。

01 单击页字段下拉按钮，弹出下拉列表，在"搜索"文本框中输入"1"，表示筛选第一季度的数据，然后单击"确定"按钮，如图9-61所示。

02 单击"销售人员"字段按钮，弹出下拉列表，从中取消对何丽和王媛之外的销售人员的勾选，然后单击"确定"按钮，如图9-62所示。

图9-61 对页字段进行筛选 　　　　　图9-62 对销售员进行筛选

03 单击"品名"字段按钮，弹出下拉列表，从中选择"值筛选" | "小于"选项，如图9-63所示。

04 弹出"值筛选（品名）"对话框，在最右边的文本框中输入"100"，表示筛选数量小于100的商品，然后单击"确定"按钮，如图9-64所示。

05 返回数据透视表编辑区后，可以看到经过上述操作，筛选出了第一季度销售员何丽和王媛经手的，销售数量小于100的商品，如图9-65所示。

图9-63 进行"值筛选"

图9-64 "值筛选（品名）"对话框

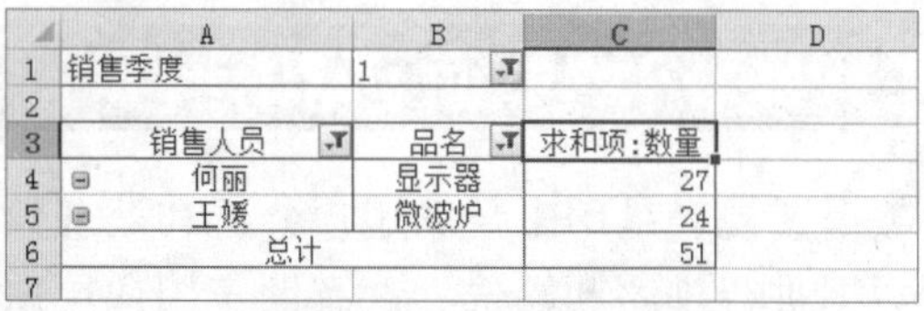

图9-65 筛选的结果

2. 通过"数据透视表字段"窗格进行筛选

【例9-18】筛选出二、三、四3个季度微波炉的销售数据。

01 单击数据透视表任意单元格，弹出"数据透视表工具"活动标签。打开"分析"选项卡，单击"显示"命令组的"字段列表"按钮，如图9-66所示。

02 弹出"数据透视表字段"窗格，在"选择要添加到报表的字段"列表中，单击"销售季度"字段按钮，如图9-67所示。

图9-66 单击"字段列表"按钮

图9-67 单击"销售季度"字段按钮

03 弹出下拉列表，从中筛选需要的季度，然后单击"确定"按钮，如图9-68所示。

04 单击"品名"字段按钮，弹出下拉列表，从中选择"标签筛选"|"等于"选项，如图9-69所示。

图9-68 对销售季度进行筛选

图9-69 进行"标签筛选"

05 弹出"标签筛选（品名）"对话框，在右边的文本框中输入"微波炉"，然后单击"确定"按钮，如图9-70所示。

06 返回数据透视表编辑区后，可以看到数据透视表已经筛选出了二、三、四3个季度微波炉的销售数据，如图9-71所示。

图9-70 "标签筛选（品名）"对话框

图9-71 筛选结果

9.4.2 使用筛选器进行筛选

在数据透视表中，筛选器有两种，一种是切片器，一种是日程表。切片器是Excel为数据透视表每个字段创建的图形化的选取器，它浮动在数据透视表之上，通过切片器中的字段进行筛选。日程表是专门用来筛选时间段的筛选器。切片器还可以和日程表同时使用，进行多条件的筛选。下面介绍通过筛选器进行筛选的相关操作。

1.通过切片器进行筛选

【例9-19】筛选出销售员宋柯和孙倩销售微波炉和显示器的销售数据。

01 单击数据透视表任意单元格。打开"插入"选项卡，单击"筛选器"命令组的"切片器"按钮，如图9-72所示。

02 弹出"插入切片器"对话框，从中勾选"销售人员"和"品名"复选框，单击"确定"按钮，如图9-73所示。

图9-72 单击"切片器"按钮

图9-73 "插入切片器"对话框

03 弹出两个切片器。为了将它们更明显地区分开来，用户可以更改其中一个切片器的样式，如"品名"切片器。单击"品名"切片器，弹出"切片器工具"活动标签，单击"快速样式"按钮，弹出下拉列表，从中选择"切片器样式深色3"选项，如图9-74所示。

04 按住Ctrl键，单击"品名"切片器中的"按摩椅"和"液晶电视"，然后单击"销售人员"切片器中的"何丽"和"王媛"，此时数据透视表就取消了对这些字段的显示，而只显示宋柯和孙倩的数据如图9-75所示。

图9-74 更改切片器样式

图9-75 利用切片器进行筛选

2. 通过日程表进行筛选

【例9-20】筛选出2014年8月21日的加班记录。

01 单击数据透视表任意单元格，弹出"数据透视表工具"活动标签，打开"分析"选项卡，单击"筛选"命令组的"插入日程表"按钮，如图9-76所示。

02 弹出"插入日程表"对话框，从中勾选"日期"复选框，单击"确定"按钮，如图9-77所示。

图9-76　单击"插入日程表"按钮　　　　　图9-77　"插入日程表"对话框

03 弹出"日期"日程表。在年份正确的情况下，筛选月份，如在日程表中选择"8月"选项，如图9-78所示。

04 单击"月"选项的下三角按钮，弹出下拉列表，从中选择"日"选项，如图9-79所示。

图9-78　选择"8月"选项　　　　　　　　图9-79　选择"日"选项

05 此时，日程表中出现2014年8月的所有日期，选择"21"日，如图9-80所示。

06 返回数据透视表编辑区，可以看到数据透视表中已经筛选出2014年8月21日的加班记录，如图9-81所示。

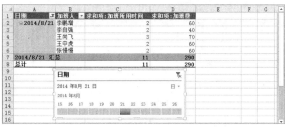

图9-80　选择"21"日　　　　　　　　　图9-81　筛选出2014年8月21日的数据

9.4.3　对数据透视表进行排序

用户可以对数据透视表的中的数据进一步排序。

1. 通过功能按钮进行排序

【例9-21】将体育彩票销售额按降序排列。

01 在需要排序的字段的数据区域上，单击任意单元格。打开"数据"选项卡，单击"排序和筛选"命令组的"排序"按钮，如图9-82所示。

02 弹出"按值排序"对话框，从中选择"降序"单选项，然后单击"确定"按钮，如图9-83所示。

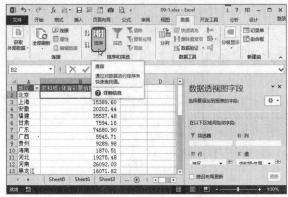

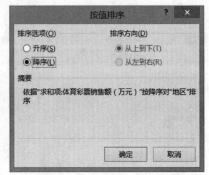

图9-82 单击"排序"按钮　　　　　　图9-83 "按值排序"对话框

03 返回数据透视表编辑区后，可以看到数据按照降序排列了，如图9-84所示。

	A	B	C	D
1	地区	求和项:体育彩票销售额（万元）		
2	江苏	97352.18		
3	广东	74680.90		
4	山东	62107.00		
5	浙江	50095.06		
6	福建	35537.48		
7	北京	28978.28		
8	云南	27886.63		
9	四川	27163.09		

图9-84 排序后的结果

2. 自定义排序

【例9-22】自定义排序（按"教授—副教授—讲师—助教"的降序排列）。

01 单击"文件"按钮，选择"选项"选项。弹出"Excel选项"对话框。从中选择"高级"选项，然后单击"编辑自定义列表"按钮，如图9-85所示。

02 弹出"自定义序列"对话框，在"输入序列"文本框中依次输入"教授""副教授""讲师"和"助教"。单击"添加"按钮，将新的序列添加到"自定义序列"列表框中，然后单击"确定"按钮，如图9-86所示。

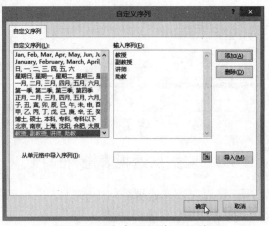

图9-85 "Excel选项"对话框　　　　　　图9-86 "自定义序列"对话框

03 返回数据透视表后，在"职称"字段上右击，弹出快捷菜单，从中选择"排序"｜"降序"选项，如图9-87所示。

04 此时，数据透视表中的数据就按照自定义的序列进行了排序，如图9-88所示。

图9-87 选择"降序"选项

图9-88 排序后的结果

9.4.4 对数据进行组合

在日常工作中，用户经常会碰到日期、文本和数字等类型的数据，而且这些数据的量非常大。有了数据透视表，用户就可以将这些数据按照不同的方式进行分组，把相同的组合起来，加快处理这些数据的速度。下面介绍数据透视表分组功能的用法。

1.创建组合

【例9-23】对数据透视表的日期进行组合（按日、月和季进行组合）。

01 单击"日期"字段数据区域的任意单元格，弹出"数据透视表工具"活动标签。打开"分析"选项卡，单击"分组"命令组的"组选择"按钮，如图9-89所示。

02 弹出"组合"对话框，在"步长"列表框中选择"日"选项，在"天数"增量框中输入"15"，然后单击"确定"按钮，如图9-90所示。

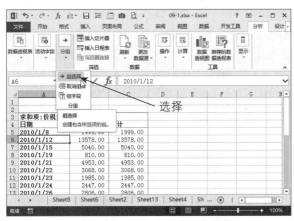

图9-89 单击"组选择"按钮

图9-90 "组合"对话框

03 此时，数据透视表中的日期以"15"天的步长进行了组合。再次单击"分组"命令组的"组选择"按钮，如图9-91所示。

04 弹出"组合"对话框，选择"步长"列表框中的"月"选项，然后单击"确定"按钮，如图9-92所示。

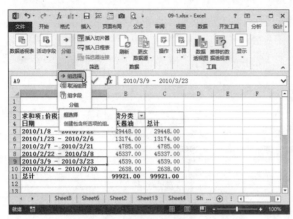

图9-91 单击"组选择"按钮　　　　　　图9-92 选择"月"选项

05 在分组的数据区域上右击，弹出快捷菜单，从中选择"创建组"选项，如图9-93所示。

06 弹出"组合"对话框，在"步长"列表框中选择"季度"选项，然后单击"确定"按钮，如图9-94所示。

图9-93 选择"创建组"选项　　　　　　图9-94 选择"季度"选项

07 返回数据透视表后，可以看到创建组以后的结果。单击 ⊟ 按钮，可以隐藏明细数据，只显示组合后的结果；单击 ⊞ 按钮，可以显示隐藏的明细数据。创建组后的数据透视表如图9-95所示。

	A		B	C	存货分类 D	E	F
1	求和项:价税合计						
2	季度		月	日期	海天酱油	总计	
3	⊟第一季		⊞1月		42622.00	42622.00	
4			⊟2月	2月7日	925.00	925.00	
5				2月21日	3860.00	3860.00	
6				2月22日	2293.00	2293.00	
7				2月25日	2620.00	2620.00	
8				2月26日	14592.00	14592.00	
9				2月27日	13292.00	13292.00	
10			⊞3月		19717.00	19717.00	
11	总计				99921.00	99921.00	

图9-95 创建组以后的数据透视表

2.取消组合

用户为数据透视表创建组合后，如果想要取消组合，可以通过两种方法完成。一种方法是单击需要取消组合的项，弹出"数据透视表工具"活动标签，打开"分析"选项卡，单击"分组"命令组的"取消组合"按钮，即可取消组合。另一种方法是在需要取消组合的项上右击，弹出快捷菜单，从中选择"取消组合"选项，即可取消该组合。

9.4.5 数据透视表的计算

数据透视表拥有强大的计算功能，不仅为用户提供了计算值字段数据的多种汇总方式和值显示方式，而且还为用户提供计算字段和计算项功能，通过它们可以将数据透视表中现有字段转换成新的字段，以满足用户的多种计算需求。下面介绍相关的计算操作。

1.更改值汇总方式

当添加到数据透视表的值字段不包含空值、文本等非数值型数据时，其默认方式为"求和"。用户创建数据透视表后，可以根据需要自行更改值汇总方式。下面介绍更改值汇总方式的几种方法。

● 在"数据透视表字段"窗格中，单击需要更改汇总方式的字段，弹出下拉列表，从中选择"值字段设置"选项，如图9-96所示。弹出"值字段设置"对话框，打开"值汇总方式"选项卡，在"计算类型"列表框中选择合适的选项即可，如图9-97所示。

图9-96　选择"值字段设置"选项　　　图9-97　"值字段设置"对话框

● 在数据透视表值字段区域右击，弹出快捷菜单，从中选择"值汇总依据"选项，在其下级菜单中选择合适选项即可，如图9-98所示。

● 如果用户在弹出的快捷菜单中选择"值字段设置"选项，则会打开"值字段设置"对话框，也可以通过该对话框进行设置。

● 单击数据透视表值字段区域，弹出"数据透视表工具"活动标签，打开"分析"选项卡，单击"活动字段"命令组的"字段设置"按钮，如图9-99所示，即可打开"值字段设置"对话框进行设置。

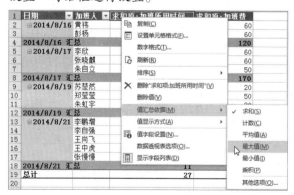
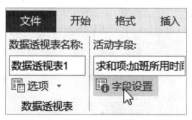

图9-98　快捷菜单　　　　　　　　图9-99　单击"字段设置"按钮

● 在数据透视表中双击值字段标签，也会弹出"值字段设置"对话框，通过对话框进行设置。

2.值显示方式

数据透视表中内置了15种值显示方式，包括"无计算""总计的百分比""列汇总的百分比""父行汇总的百分比""差异""按某一字段汇总""升序排列"等。每一种值显示方式都有其特殊的功能，用可以根据需要自行选择。下面以"父级汇总的百分比"为例，介绍设置值显示方式的相关操作。

【例9-24】统计各省市在其所在大区的销售额占比情况。

01 用户创建了一个数据透视表，表中包含了体育彩票在各省市大区的销售情况。在"数据透视表字段"窗格中，将"体育彩票销售额"字段两次拖到"值"区域。

02 修改"值"区域的两个字段的名称，一个命名为"体彩销售额汇总"，另一个命名为"所占比例"，如图9-100所示。

03 在"所占比例"字段列的任意单元格上右击，弹出快捷菜单，从中选择"值显示方式" | "父级汇总的百分比"选项，如图9-101所示。

图9-100 数据透视表的初始状态

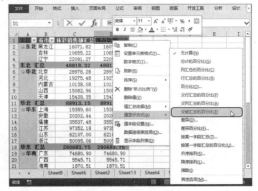

图9-101 快捷菜单

04 弹出"值显示方式（所占比例）"对话框，从中将基本字段设置为"大区"，然后单击"确定"按钮，如图9-102所示。

05 返回数据透视表编辑区后，可以看到在"所占比例"字段数据区域中，统计了各省市在其所在大区的销售额占比情况，如图9-103所示。

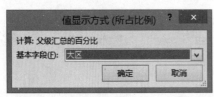

图9-102 "值显示方式"对话框

图9-103 分类汇总的销售额占比情况

📝 知识点拨

用户还可以通过"值字段设置"对话框进行值显示方式的设置。打开该对话框后，打开"值显示方式"选项卡，单击"值显示方式"下拉按钮，弹出下拉列表，从中选择合适的选项，单击"确定"按钮即可，如图9-104所示。

图9-104 设置值显示方式

3.计算字段

计算字段是通过对数据透视表中的现有字段进行计算后得到的新字段。用户可以通过添加计算字段实现自定义计算。

【例9-25】统计每个考生的总分。

01 单击数据透视表任意单元格,弹出"数据透视表工具"活动标签。打开"分析"选项卡,单击"计算"命令组的"字段、项目和集"选项,弹出下拉列表,从中选择"计算字段"选项,如图9-105所示。

02 弹出"插入计算字段"对话框,在"名称"文本框中输入计算字段的名称,此处输入"总分",在"公式"文本框中输入公式,此处输入"=基础理论+实际操作",单击"确定"按钮,如图9-106所示。

图9-105 选择"计算字段"选项　　　　　图9-106 "插入计算字段"对话框

03 返回数据透视表后,可以看到数据透视表中添加了"总分"计算字段,如图9-107所示。

图9-107 插入了"总分"计算字段

4.计算项

计算项是通过对数据透视表中现有的某一字段内的项进行计算后得到的新数据项。用户可以通过它对一些数据进行比较,比如可以计算增长率。下面就介绍添加计算项的相关操作。

【例9-26】在数据透视表中插入"增长率"计算项。

01 单击"销售季度"单元格,弹出"数据透视表工具"活动标签。打开"分析"选项卡,单击"计算"命令组的"字段、项目和集"按钮,弹出下拉列表,从中选择"计算项"选项,如图9-108所示。

02 弹出"在'销售季度'中插入计算字段"对话框,在"名称"文本框中输入"增长率",在"公式"文本框中输入公式,然后单击"确定"按钮,如图9-109所示。

03 返回数据透视表编辑区后,可以看到数据透视表已经添加了"增长率"字段,该字段表示下半年相对于上半年销售金额的增长率,如图9-110所示。

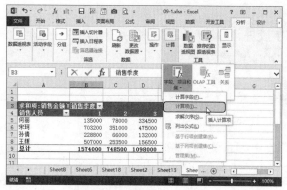

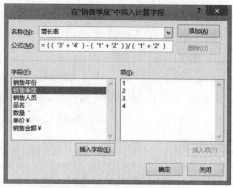

图9-108 选择"计算项"选项　　　　　图9-109 设置增长率计算项

图9-110 添加了"增长率"计算项的数据透视表

9.5 数据透视表的刷新和删除

　　用户对数据透视表的数据源进行修改后，需要对数据透视表进行刷新操作，才能使数据透视表的数据与数据源同步。当数据透视表没有用处时，用户可以将之删除，这样可以节省存储空间。下面介绍数据透视表的刷新和删除操作。

9.5.1 刷新操作

　　刷新数据透视表的方法很多，有手动刷新、自动刷新等。下面就介绍刷新数据透视表的几种方法。

1.手动刷新

手动刷新可用下面两种方法之一。

● 单击数据透视表任意单元格，弹出"数据透视表工具"活动标签。打开"分析"选项卡，单击"刷新"下拉按钮，弹出下拉列表，从中选择"刷新"选项，如图9-111所示。如果选择"全部刷新"选项，则可以刷新该工作簿中所有的数据透视表。

● 在数据透视表任意单元格上右击，弹出快捷菜单，从中选择"刷新"选项，也可以刷新数据透视表，如图9-112所示。

2.自动刷新

【例9-27】使数据透视表每隔10分钟刷新一次。

01 如果数据透视表的数据源来自于外部数据，用户可以单击数据透视表任意单元格，打开"数据"选项卡，单击"连接"命令组的"属性"按钮，如图9-113所示。

02 弹出"连接属性"对话框，打开"使用状况"选项卡，勾选"刷新频率"复选框，并在右侧的增量框中输入间隔时间的数值，如输入"10"表示每隔10分钟刷新一次，如图9-114所示。

图9-111 单击"刷新"按钮　　　　　　图9-112 通过快捷菜单进行刷新

图9-113 单击"属性"按钮　　　　　　图9-114 "连接属性"对话框

知识点拨

用户还可以单击数据透视表任意单元格，弹出"数据透视表工具"活动标签，单击"刷新"下拉按钮，选择"连接属性"选项来打开"连接属性"对话框。

9.5.2 简单的删除操作

在数透视表中，可以删除数透视表的某个字段，也可以删除整个数据透视表。

1.删除字段

【例9-28】删除"总分"字段。

01 打开"数据透视表字段"窗格，单击需要删除的字段，弹出下拉列表，从中选择"删除字段"选项，如图9-115所示。

02 此时数据透视表中的该字段消失，如图9-116所示。

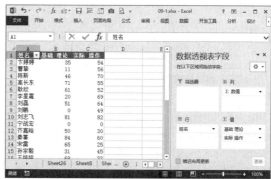

图9-115 选择"删除字段"选项　　　　　图9-116 该字段被删除

2.删除整个数据透视表

将数据透视表全部选中，然后按Delete键，即可将整个数据透视表删除。对于数据透视表中的数据，只能删除整个数据透视表，而不能删除部分数据，否则就会弹出如图9-117所示的提示。删除数据透视表后，数据源不受影响，但是依据数据透视表创建的数据透视图，将会变成静态图表。

图9-117　提示信息

9.6　上机实训

通过对本章内容的学习，读者对数据透视表和数据透视图有了更深地了解。下面再通过两个实训操作来温习和拓展前面所学的知识。

9.6.1　利用数据透视表进行分析

通过创建数据透视表和数据透视图来分析销售数据，下面进行详细介绍。

01 单击数据源表中的任意单元格，打开"插入"选项卡，单击"数据透视图"按钮，弹出下拉列表，从中选择"数据透视图和数据透视表"选项，如图9-118所示。

02 弹出"创建数据透视表"对话框，从中选择"新工作表"单选项，单击"确定"按钮，如图9-119所示。

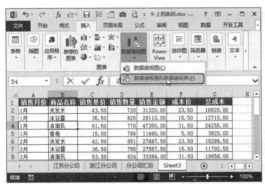 

图9-118　选择"数据透视图和数据透视表"选项　　图9-119　"创建数据透视表"对话框

03 弹出空白的数据透视表和数据透视图，在"数据透视图字段"窗格中将字段拖至合适的区域，如图9-120所示。

04 关闭"数据透视图字段"窗格，打开"分析"选项卡，单击"计算"按钮，弹出下拉列表，从中选择"字段、项目和集" | "计算字段"选项，如图9-121所示。

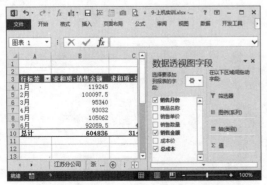 

图9-120　将字段拖至合适的区域　　　　图9-121　选择"计算字段"选项

05 弹出"插入计算字段"对话框，从中设置计算字段的名称，如"利润"及其公式，然后单击"确定"按钮，如图9-122所示。

06 此时，在数据透视表中就插入了"利润"字段。单击"插入切片器"按钮，如图9-123所示。

图9-122 "插入计算字段"对话框   图9-123 单击"插入切片器"按钮

07 弹出"插入切片器"对话框，从中勾选"销售月份"复选框，单击"确定"按钮，如图9-124所示。

08 此时数据透视表中就插入了切片器，单击切片器中的选项可进行筛选，如图9-125所示。

图9-124 "插入切片器"对话框   图9-125 用切片器进行筛选

09 单击数据透视图，打开"分析"选项卡，单击"显示/隐藏"按钮，弹出下拉列表，从中取消对"字段按钮"|"显示值字段按钮"复选项的勾选，如图9-126所示。

10 打开"设计"选项卡，单击"快速样式"按钮，弹出下拉列表，从中选择"样式14"选项，如图9-127所示。

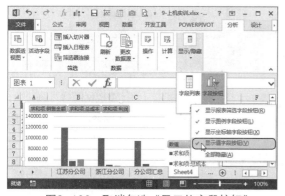

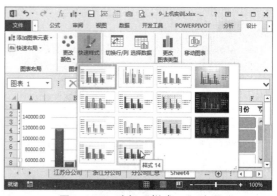

图9-126 取消勾选"显示值字段按钮"   图9-127 选择"样式14"选项

11 设置完成后的数据透视表如图9-128所示，数据透视图如图9-129所示。

月份	求和项:销售金额	求和项:总成本	求和项:利润
1月	119245.00	57705.00	61540.00
2月	100097.50	50912.00	49185.50
3月	95340.00	53200.00	42140.00
总计	314682.50	161817.00	152865.50

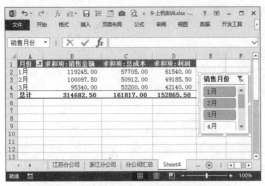

图9-128　经过筛选及设置后的数据透视表

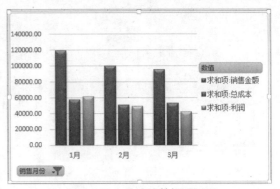

图9-129　最终的数据透视图

9.6.2　统计分公司的人事数据

用户有时需要对分公司的人事数据进行统计，为了快速完成统计工作，可以通过数据透视表来统计。

01 在工作表中分别输入分公司的员工信息，如图9-130所示。

部门	大专	本科	硕士	博士
财务部	2	3	2	1
人力资源部	2	3	2	1
销售部	9	11	2	1
市场部	5	6	2	1
技术部	0	3	6	5
工程部	0	3	6	3
客服部	6	2	1	0

部门	大专	本科	硕士	博士
财务部	3	3	3	2
人力资源部	2	3	2	1
销售部	10	9	3	2
市场部	5	5	2	1
技术部	1	3	6	5
工程部	1	3	6	3
客服部	6	2	2	1

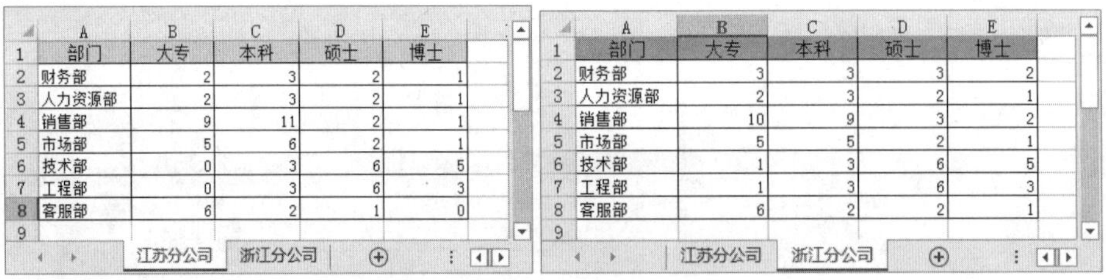

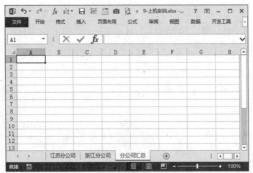

图9-130　分公司信息汇总

02 单击“新工作表”按钮，创建一个空白的工作表，并将工作表名修改为“分公司汇总”，如图9-131所示。

03 按Alt+D+P组合键，弹出“数据透视表和数据透视图向导——步骤1（共3步）”对话框，从中选择“多重合并计算数据区域”单选项，单击“下一步”按钮，如图9-132所示。

图9-131　创建新工作表

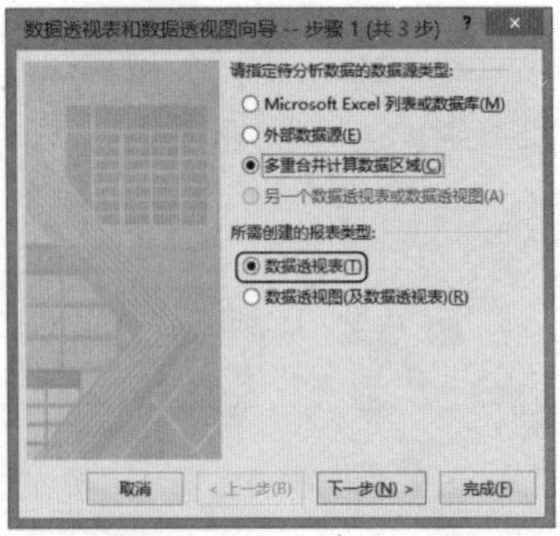

图9-132　选择“多重合并计算数据区域”单选项

04 弹出“数据透视表和数据透视图向导——步骤2a（共3步）”对话框，选择“创建单页字段”单选项，然后单击“下一步”按钮，如图9-133所示。

05 弹出“数据透视表和数据透视图向导——第2b步，共3步”对话框，单击“选定区域”编辑框的“折叠”按钮，如图9-134所示。

06 打开“江苏分公司”工作表，选中整个工作表，接着单击“折叠”按钮，如图9-135所示。

07 单击“添加”按钮，将数据区域添加到“所有区域”列表框中，如图9-136所示。

图9-133 选择"创建单页字段"单选项

图9-134 单击"折叠"按钮

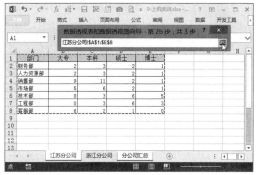

图9-135 选择数据区域

图9-136 单击"添加"按钮

08 用同样的方法,将浙江分公司的数据添加到"所有区域"列表框中,单击"下一步"按钮,如图 9-137所示。

09 弹出"数据透视表和数据透视图向导——步骤3(共3步)"对话框,在对话框中设置数据透视表 显示的位置,然后单击"完成"按钮,如图9-138所示。

图9-137 单击"下一步"按钮

图9-138 单击"完成"按钮

10 此时,在选定的工作表中就显示出创建的数据透视表,如图9-139所示。将数据透视表设置为以 表格形式显示,并关闭"数据透视表字段"窗格,最终效果如图9-140所示。

图9-139 创建的数据透视表

图9-140 以表格形式显示

9.7 常见疑难解答 💡

下面将对学习过程中遇到的疑问进行汇总，以帮助读者更好地理解前面所学的内容。

Q：刷新数据透视表后，计算字段显示为错误值？

A： 该问题是由于重命名或者删除了数据源的数据引起的。要解决该问题，只需要编辑计算字段来反应源数据的更改即可。

Q：出现错误信息：数据透视表字段名无效？

A： 在创建数据透视表时，出现如图9-141所示的错误提示，是由于数据源中的一个或多个列没有标题名称造成的。要修正此问题，找到用来创建数据透视表的数据源，确保所有的列都有一个标题即可。

图9-141　创建数据透视表的错误提示对话框

Q：字段分组时得到一个如图9-142所示的错误提示？

A： 以下情况之一将触发该错误提示：试图分组的字段是一个文本字段；试图分组的字段是一个数值字段，但它包含文本值；试图分组的字段是一个数值字段，但Excel将其识别为文本格式；试图分组的字段在数据透视表的"筛选器"区域。用户根据不同的情况采取相应的措施即可解决此问题。

图9-142　提示对话框

Q：数据透视表汇总方式默认为"计数"？

A： 如果在数据源的列中存在任何文本值或空白单元格，Excel都会自动对该列的数据字段应用"计数"，而非"求和"。要解决该问题，只需从数据源列中删除文本值或空白单元格，然后刷新数据透视表即可。

Q：如何通过数据透视表查看明细数据？

A： 在想要查看明细数据的汇总单元格上双击左键，即可在另外一个工作表中生成明细数据。

Q：如何解决"已有相同数据透视表字段名存在"（参见图9-143）的情况？

A： 重新换一个相近的名称，或者在名字中添加空格或符号即可。

图9-143　提示对话框

Q：如何直接引用数据透视表中的数据？

A： 单击数据透视表的任意单元格，在"数据透视表工具"|"分析"选项卡中单击"选项"的下拉按钮，在弹出的下拉菜单中取消对"生成GetPivotDdata"选项的选择，关闭了生成数据透视表函数GetPivotDdata，就可以直接引用数据透视表中的数据了。

9.8 拓展应用练习

为了让读者能够更好地掌握数据透视表和数据透视图的相关操作，可以做做下面的练习。

◎ 创建数据透视表

本例可以帮助读者练习数据透视表的创建、排序和切片器的插入、筛选等操作。初始效果如图9-144所示，最终效果如图9-145所示。

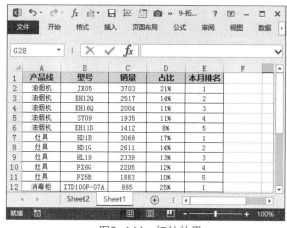

图9-144　初始效果

图9-145　最终效果

操作提示

01 创建数据透视表，并设置数据透视表的样式和布局。

02 对数据透视表进行排序。

03 插入切片器并设置切片器样式。

04 对数据透视表进行筛选。

◎ 创建数据透视图

本例可以帮助读者练习数据透视图的创建、布局的更改、数据标签的添加、图表区的美化等操作。"数据透视图"的初始效果如图9-146所示，最终效果如图9-147所示。

图9-146　初始效果

图9-147　最终效果

操作提示

01 创建数据透视图并更改数透视图样式。

02 更改数据透视图布局。

03 添加数据标签并设置标签。

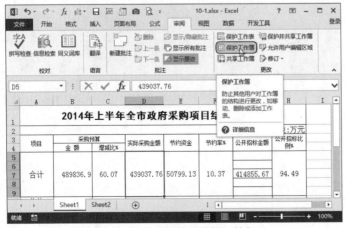

第10章
工作表的输出很重要

🎬 **本章概述**　　在实际应用中，用户可以将工作表打印出来，分发给他人进行共享，也可以将工作表发布到网上和他人共享，还可以以邮件的形式发送给其他人进行共享。在打印工作表前，需要对打印进行设置，才能打印出满足要求的工作表；通过网络共享工作表，也需要用户先将文件发布到网上或者上传到云存储中才能实现。本章将对上述操作进行详细介绍。

📖 **知识要点**
- 文件安全性设置；
- 打印设置；
- 工作表的网络输出；
- 链接的应用。

10.1　文件安全性设置

用户创建一份Excel文件后，如果不希望别人对自己的文件进行随意更改，可以对工作表区域、工作表和工作簿进行保护，也就是设置使用权限。下面介绍保护文件的相关操作。

10.1.1　工作簿安全性设置

工作簿的安全性设置包括保护工作簿结构、设置打开工作簿的密码、将工作簿标记为最终状态等等。下面详细介绍这三种安全性设置。

1.保护工作簿的结构

【例10-1】保护工作簿的结构不被更改。

01 打开"审阅"选项卡，单击"更改"命令组的"保护工作簿"按钮，如图10-1所示。

02 弹出"保护结构和窗口"对话框，从中勾选"结构"复选框，在"密码（可选）"文本框中输入密码，然后单击"确定"按钮，如图10-2所示。

图10-1　单击"保护工作簿"按钮

图10-2　"保护结构和窗口"对话框

03 弹出"确认密码"对话框,在"重新输入密码"文本框中输入密码,单击"确定"按钮,如图10-3所示。

04 此时,工作簿处于被保护状态,它的结构无法更改。在工作表标签上右击,可看到快捷菜单中很多命令选项为不可用状态,如图10-4所示。

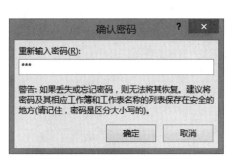

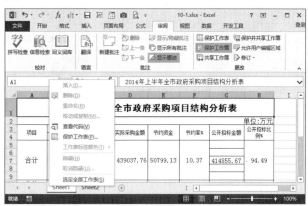

图10-3 "确认密码"对话框

图10-4 工作簿结构无法更改

知识点拨

用户如果想要解除对工作簿的保护,可以再次单击"保护工作簿"按钮,此时会弹出"撤消工作簿保护"对话框。在"密码"文本框中输入密码,如图10-5所示,如果密码正确,单击"确定"按钮后,即可解除对工作簿的保护。

图10-5 "撤消工作簿保护"对话框

2.设置打开工作簿的密码

【例10-2】设置打开工作簿的密码。

01 单击"文件"按钮,选择"信息"命令,单击"保护工作簿"按钮,弹出下拉列表,从中选择"用密码进行加密"选项,如图10-6所示。

02 弹出"加密文档"对话框,在"密码"文本框中输入密码,单击"确定"按钮,如图10-7所示。

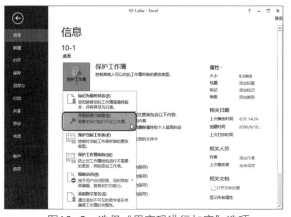

图10-6 选择"用密码进行加密"选项

图10-7 "加密文档"对话框

03 弹出"确认密码"对话框,在"重新输入密码"文本框中再次输入密码,单击"确定"按钮,如图10-8所示。

04 此时"保护工作簿"按钮添加了浅黄色底纹,右边注明"需要密码才能打开此工作簿"字样,如图10-9所示。这表示该工作簿在打开时需要密码。

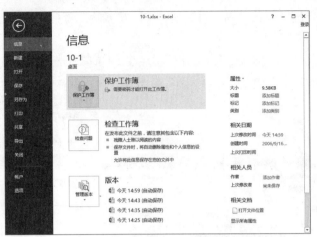

图10-8 "确认密码"对话框 　　　　图10-9 工作簿处于被保护状态

05 用户下次打开设置过密码的工作簿时，会弹出"密码"对话框，如图10-10所示。在对话框中输入正确的密码才能打开工作簿。

图10-10 "密码"对话框

知识点拨

　　用户如果不想每次打开工作簿都需要输入密码，可以将密码取消，方法是打开"另存为"对话框，单击"工具"按钮，从弹出的下拉列表中选择"常规选项"选项，如图10-11所示。弹出"常规选项"对话框，将"打开权限密码"文本框中的密码删去，保持该文本框的空白状态，单击"确定"按钮，如图10-12所示。接着将以前的工作簿替换掉，密码就取消了。

 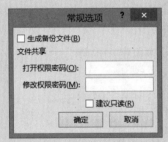

图10-11 选择"常规选项"选项 　　　　图10-12 "常规选项"对话框

3.将工作簿标记为最终状态

【例10-3】将工作簿标记为最终版本并保存。

01 单击"文件"按钮，选择"信息"命令，单击"保护工作簿"按钮，弹出下拉列表，从中选择"标记为最终状态"选项，如图10-13所示。

02 弹出第一个提示信息，单击"确定"按钮，如图10-14所示。

03 弹出第二个提示信息，单击"确定"按钮，如图10-15所示。

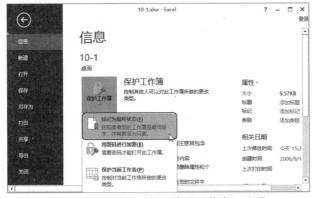

图10-13 选择"标记为最终状态"选项

图10-14 第一个提示信息

图10-15 第二个提示信息

04 此时，工作簿被标记为"只读"状态，命令按钮变成灰色不可用状态，用户无法对工作簿进行修改。若用户还想对工作簿进行编辑，可以单击"仍然编辑"按钮，如图10-16所示，即可对工作簿进行编辑。

图10-16 标记为最终状态

10.1.2 工作表安全性设置

用户也可以保护单个的工作表，设置工作表中允许其他用户编辑的区域，这样可以使不同的用户拥有不同的查看和编辑工作表的权限。用户还可以对工作表中的公式进行保护，也就是将公式隐藏起来，不在状态栏中显示。下面介绍保护工作表的相关操作。

1.保护工作表

【例10-4】保护工作表"Sheet2"。

01 打开需要保护的工作表，打开"审阅"选项卡，单击"更改"命令组的"保护工作表"按钮，如图10-17所示。

02 弹出"保护工作表"对话框，在"取消工作表保护时使用的密码"文本框中输入密码，在"允许此工作表的所有用户进行"列表框中选择合适选项，决定用户可以执行的操作，然后单击"确定"按钮，如图10-18所示。

03 弹出"确认密码"对话框，在"重新输入密码"文本框中再次输入密码，单击"确定"按钮，如图10-19所示。

04 此时，"保护工作表"按钮变成了"取消工作表保护"按钮。在工作表上右击，弹出的快捷菜单中，很多命令都是灰色不可用状态，这都表示该工作表处于被保护状态，如图10-20所示。

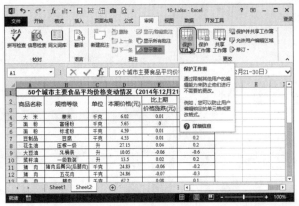

图10-17 单击"保护工作表"按钮

图10-18 "保护工作表"对话框

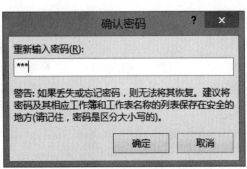

图10-19 "确认密码"对话框

图10-20 工作表处于被保护状态

2.设置允许用户编辑的区域

【例10-5】指定工作表中用户可以编辑的区域。

01 打开"审阅"选项卡,单击"更改"命令组的"允许用户编辑区域"按钮,如图10-21所示。

02 弹出"允许用户编辑区域"对话框,单击 "新建"按钮,如图10-22所示。

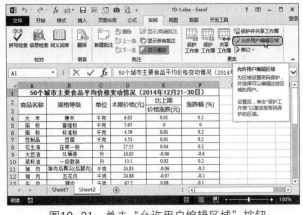

图10-21 单击"允许用户编辑区域"按钮

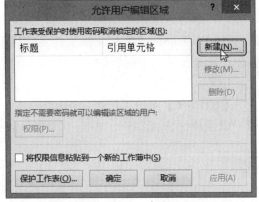

图10-22 单击"新建"按钮

03 弹出"新区域"对话框,在"标题"文本框中输入名称,在"引用单元格"文本框中输入允许用户编辑区域的单元格地址,在"区域密码"文本框中输入密码,然后单击"权限"按钮,如图10-23所示。

04 弹出"区域1的权限"对话框,单击 "添加"按钮,如图10-24所示。

图10-23 "新区域"对话框

图10-24 单击"添加"按钮

05 弹出"选择用户或组"对话框，在"输入对象名称来选择"文本框中输入允许编辑当前区域的计算机用户名，然后单击"确定"按钮，如图10-25所示。

06 返回"区域1的权限"对话框，单击"确定"按钮。返回"新区域"对话框，单击"确定"按钮。弹出"确认密码"对话框，在"重新输入密码"文本框中再次输入密码，单击"确定"按钮，如图10-26所示。

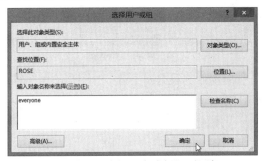

图10-25 "选择用户或组"对话框

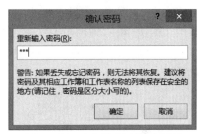

图10-26 "确认密码"对话框

07 返回"允许用户编辑区域"对话框，此时在"工作表受保护时使用密码取消锁定的区域"列表框中已经添加了允许编辑的单元格区域，如图10-27所示。单击"确定"按钮后，被授权的用户即可编辑该区域，但其他被保护的区域仍然无法编辑。

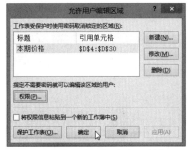

图10-27 单击"确定"按钮

3.对工作表中的公式进行保护

【例10-6】隐藏指定单元格中的公式。

01 选中需要隐藏公式的单元格，右击，弹出快捷菜单，从中选择"设置单元格格式"选项，如图10-28所示。

02 弹出"设置单元格格式"对话框，打开"保护"选项卡，从中勾选"隐藏"复选框，然后单击"确定"按钮，如图10-29所示。

03 打开"审阅"选项卡，单击"更改"命令组的"保护工作表"按钮。

04 弹出"保护工作表"对话框，在"取消工作表保护时使用的密码"文本框中输入密码，然后单击"确定"按钮，如图10-30所示。

05 弹出"确认密码"对话框，在"重新输入密码"文本框中再次输入密码，单击"确定"按钮，如图10-31所示。

图10-28　快捷菜单

图10-29　"设置单元格格式"对话框

图10-30　"保护工作表"对话框

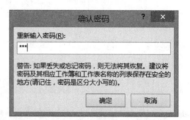

图10-31　"确认密码"对话框

06 返回工作表编辑区后，单击含有公式的单元格，编辑栏中不再显示公式，这说明该单元格中的公式已经被隐藏了，如图10-32所示。

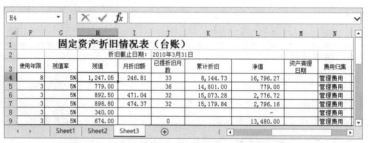

图10-32　选中单元格中的公式被隐藏

10.2 快速设置打印

　　用户完成工作表的创建后，有时候需要将它打印出来。为了使打印的工作表满足要求，用户需要对其进行设置，如设置页面、标题行、预览等等。下面介绍设置打印的相关操作。

10.2.1 快速设置页面

　　在用户对工作表进行打印之前，可以先设置页面，如设置纸张大小和方向、设置页边距等。如果用户的工作表没有设置框线，则可以设置网格线，使工作表中行与列之间的框线也同时被打印，方便用户对打印出来的工作表进行查阅。下面介绍设置页面的相关操作。

1.通过功能按钮设置页面

【例10-7】设置页边距（上下各1.91厘米、左右各0.64厘米、页眉页脚各0.76厘米），设置纸张大小（A4），设置纸张方向为纵向。

01 打开需要打印的工作表，打开"页面布局"选项卡，单击"页面设置"命令组的"页边距"按钮，弹出下拉列表，从中选择需要的边距即可，如图10-33所示。

02 单击"页面设置"命令组的"纸张大小"按钮，弹出下拉列表，从中选择需要的纸张大小即可，如图10-34所示。

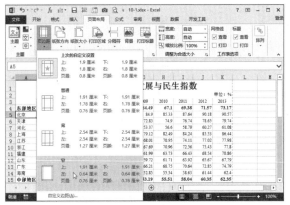

图10-33　设置页边距

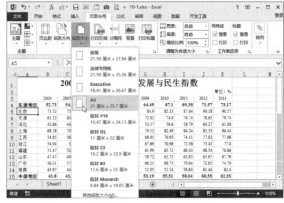

图10-34　设置纸张大小

03 单击"页面设置"命令组的"纸张方向"按钮，弹出下拉列表，从中选择纸张方向，本例为"纵向"，如图10-35所示。

04 在"工作表选项"命令组的"网格线"栏中，勾选"打印"复选框，如图10-36所示。这样就可以在打印时连同框线一起打印出来了。

图10-35　设置纸张方向

图10-36　设置打印网格线

📝 知识点拨

在Excel工作表中，系统默认显示浅灰色的网格线，但是打印时这些网格线是不会被打印出来的，只有用户勾选了"工作表选项"命令组"网格线"栏的"打印"复选框，打印工作表时才会连同网格线一起打印。

2.通过"页面设置对话框"设置页面

【例10-8】设置纸张方向为纵向，A4纸，缩放比例为100%，打印质量为200点/英寸，设置页边距（上下各1.9厘米、左右各1.8厘米、页眉页脚各0.8厘米）。

01 打开需要打印的工作表，打开"页面布局"选项卡，单击"页面设置"命令组的"对话框启动器"按钮，如图10-37所示。

图10-37　单击"对话框启动器"按钮

02 弹出"页面设置"对话框，打开"页面"选项卡，从中设置纸张的方向为纵向，大小为A4，如图10-38所示。

03 打开"页边距"选项卡，在上下左右、页眉和页脚六个增量框中按本例要求设置页面的边距，在"居中方式"选项组中设置页面的居中方式，然后单击"确定"按钮即可，如图10-39所示。

图10-38 "页面设置"对话框

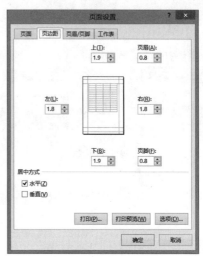

图10-39 设置页边距

10.2.2 自由选择打印区域

有时用户只需要打印工作表中的一部分数据，而不是整个工作表，则可通过设置打印区域的方法实现。下面介绍设置打印区域的相关操作。

1.设置打印区域

【例10-9】设置"A1:E10"单元格区域为打印区域。

01 打开需要打印的工作表，选中表中需要打印的区域。打开"页面布局"选项卡，单击"页面设置"命令组的"打印区域"按钮，弹出下拉列表，从中选择"设置打印区域"选项，如图10-40所示。此时被选中的打印区域会被灰色框线框住。

02 单击"文件"按钮，选择"打印"命令，可预览选中的打印区域，如图10-41所示。

图10-40 设置打印区域

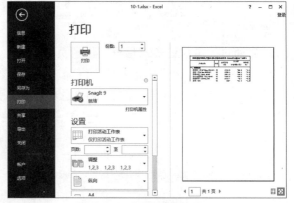

图10-41 预览打印效果

2.添加打印区域

在预览打印效果时，若发现少了一些打印区域，那么可以将遗漏的区域添加进去。

【例10-10】将"A11:E15"单元格区域添加到要打印的区域中。

01 选中遗漏的区域,打开"页面布局"选项卡,单击"打印区域"按钮,弹出下拉列表,从中选择"添加到打印区域"选项,如图10-42所示。

02 单击"文件"按钮,选择"打印"命令,即可预览添加的打印区域,如图10-43所示。

图10-42 添加打印区域

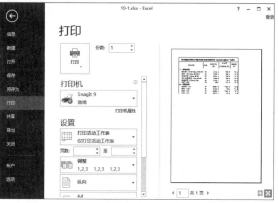

图10-43 预览添加打印区域后的效果

10.2.3 一步设置标题行打印

在通常情况下,打印大型的工作表需要几页纸,而打印出来的工作表,除了第一张包含标题行,其余的都没有标题行。为了方便用户查阅打印的工作表,可以设置标题行在每一页上都打印。

【例10-11】使工作表的每一页都打印标题。

01 打开需要打印的工作表,打开"页面布局"选项卡,单击"页面设置"命令组的"打印标题"按钮,如图10-44所示。

02 弹出"页面设置"对话框,打开"工作表"选项卡,在"顶端标题行"文本框中添加标题行的单元格地址,单击"确定"按钮,如图10-45所示。

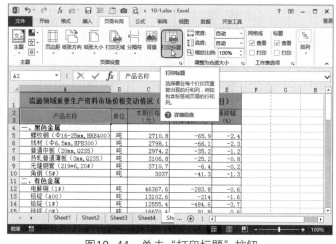

图10-44 单击"打印标题"按钮

图10-45 "页面设置"对话框

03 单击"文件"按钮,选择"打印"命令,即可看到打印效果,如图10-46所示。

04 单击预览区域中的"下一页"按钮▶,翻到下一页,即可看到第二页上也添加了标题行,如图10-47所示。

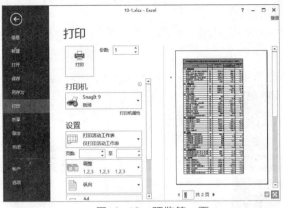
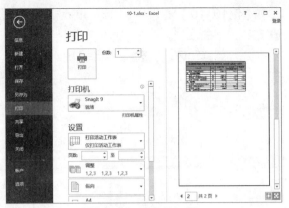

图10-46　预览第一页　　　　　　　　　　图10-47　预览第二页

10.2.4　实用的分页符

用户打印工作表时，有时需要将一张工作表分成几部分，打印在不同的页上。如果工作表中的几个部分不足以使Excel进行自动分页，那么就需要用户进行强制分页了。下面介绍插入和删除分页符的相关操作。

1.插入分页符

【例10-12】在工作表指定位置插入分页符。

01 打开需要插入分页符的工作表，选择需要插入分页符的下一行。打开"页面布局"选项卡，单击"页面设置"命令组的"分隔符"按钮，弹出下拉列表，从中选择"插入分页符"选项，如图10-48所示。

02 此时工作表指定位置处就插入了分页符。分页符显示为一条灰色的实线，如图10-49所示。用同样的方法插入其他分页符。

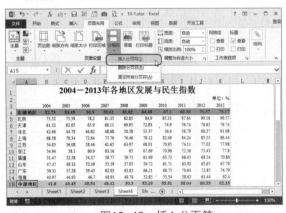
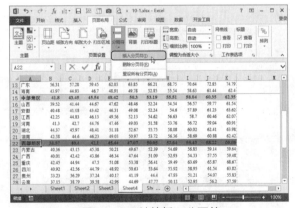

图10-48　插入分页符　　　　　　　　　　图10-49　继续插入分页符

03 本例在工作表中插入4个分页符后，单击"文件"按钮，选择"打印"命令，此时可预览工作表的打印效果，如图10-50所示。

04 通过预览窗口可看到工作表被分成了4页，单击"下一页"按钮，可查看每页的打印效果，如图10-51所示。

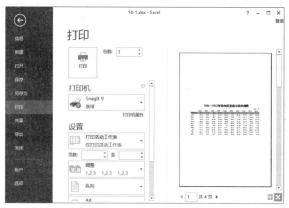

图10-50 预览第一页　　　　　　　　　　图10-51 预览第二页

2.删除分页符

【例10-13】删除指定分页符，删除所有分页符。

①　单击分页符下一行的任意单元格。打开"页面布局"选项卡，单击"页面设置"命令组的"分隔符"按钮，弹出下拉列表，从中选择"删除分页符"选项，如图10-52所示。此时就可以将该分页符删除。

②　如果用户想一次性删除所有的分页符，可以单击"页面设置"命令组的"分隔符"按钮，弹出下拉列表，从中选择"重设所有分页符"选项，如图10-53所示。此时，工作表中所有的分页符都会被删除。

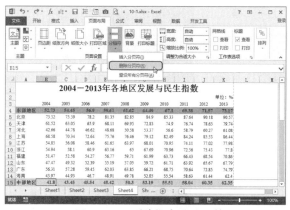

图10-52 删除指定的分页符

图10-53 删除所有的分页符

10.2.5 设置工作表的打印缩放

在日常工作中，用户会遇到需要将工作表缩小或放大打印的情况，这就需要用户在打印前进行缩放设置。

【例10-14】将所有工作表打印在同一个页面上。

①　打开需要设置缩放比例的工作表，单击"文件"按钮，选择"打印"命令，然后单击"自定义缩放"按钮，如图10-54所示。

②　弹出下拉列表，从中选择合适的选项即可，如图10-55所示。当用户选择"将工作表调整为一页"选项，则会缩小工作表，将所有的工作表区域打印在一个页面上；如果用户选择"将所有列调整为一页"选项，则会缩小工作表宽度，使其只有一个页面宽。

图10-54　单击"自定义缩放"按钮

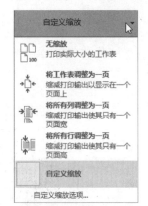

图10-55　自定义缩放下拉列表

10.2.6　其他打印设置

在打印工作表时，用户还需要设置打印份数、打印机、打印页数、打印排序等等。

【例10-15】依次设置打印机和打印份数，设置打印区域，设置打印页数和打印排序。

① 单击"文件"按钮，选择"打印"命令。在"份数"增量框中输入数值，即可设置打印的份数。单击"打印机状态"按钮，弹出下拉列表，即可选择合适的打印机，如图10-56所示。

② 单击"打印活动工作表"按钮，弹出下拉列表，从中选择合适的选项，即可设置打印区域，如图10-57所示。

③ 在"页数"和"至"增量框中输入数值，如在"页数"增量框中输入"5"，在"至"增量框中输入"10"，则会打印工作表的第5到10页，如图10-58所示。

④ 单击"调整"按钮，弹出下拉列表，从中选择合适的选项，即可设置打印排序，如图10-59所示。

图10-56　设置打印机和打印份数

图10-57　设置打印区域　　　图10-58　设置打印页数　　　图10-59　设置打印排序

10.3　网络输出

在日常工作中，用户还可以将工作表发布到网络上，这样，即使不在同一个地方，其他用户也可以快速获取工作表中的信息。同样用户也可以从网络上的工作表中获取自己需要的信息。下面介绍工作表与网络的相关操作。

10.3.1 将文档保存为网页格式

下面介绍将工作表发布到网上的具体操作。

【例10-16】将"政府采购项目结构分析表"发布到网上。

01 打开需要发布到网页上的工作表,单击"文件"按钮,如图10-60所示。

02 选择"另存为"命令,单击"计算机"|"浏览"按钮,如图10-61所示。

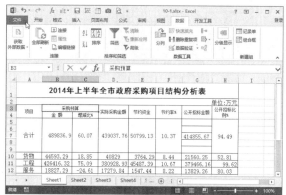

图10-60 单击"文件"按钮

图10-61 单击"浏览"按钮

03 弹出"另存为"对话框,单击"保存类型"下拉按钮,弹出下拉列表,从中选择"网页(*.htm;*.html)"选项,如图10-62所示。

04 单击"选择(E):工作表"单选项,接着单击"更改标题"按钮,如图10-63所示。

图10-62 设置保存类型

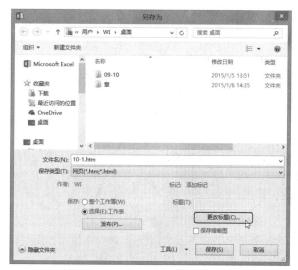

图10-63 单击"更改标题"按钮

05 弹出"输入文字"对话框,在"页标题"文本框中输入"政府采购项目结构分析表",然后单击"确定"按钮,如图10-64所示。

06 返回"另存为"对话框,单击"发布"按钮,如图10-65所示。

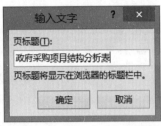

图10-64 "输入文字"对话框

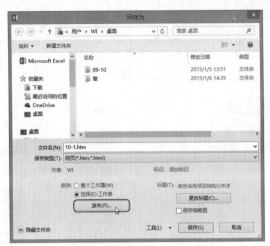

图10-65 单击"发布"按钮

07 弹出"发布为网页"对话框,在"选择"列表框中选择需要发布的工作表,然后单击"发布"按钮,如图10-66所示。

08 此时,该工作表就保存为网页格式,用户可以在浏览器中浏览该工作表了,如图10-67所示。

图10-66 "发布为网页"对话框

图10-67 发布到网页上的效果

10.3.2 将文档上传到"云端"中

云存储是指通过集群应用、网络技术或分布式文件系统等功能,将网络中大量各种不同类型的存储设备通过应用软件集合起来协同工作,共同对外提供数据存储和业务访问功能的一个系统,可以保证数据的安全性,并节约存储空间。用户将文件存储到"云端"中,就不用随身携带优盘等存储设备,只需登录到云端就可以使用文件了。下面介绍将文档上传到云端的相关操作。

【例10-17】将"10-1.xlsx"工作簿上传到OneDrive中。

01 打开浏览器,在地址栏中输入https://onedrive.live.com,进入OneDrive登录页面。在页面中输入账户名和密码,单击"登录"按钮,如图10-68所示。

02 进入OneDrive页面后,单击"文件"按钮,然后单击"上传"按钮,如图10-69所示。

03 弹出"选择要加载的文件"对话框,从中选择需要保存到云端的文件,然后单击"打开"按钮,如图10-70所示。

04 此时在OneDrive页面上出现上传文件的信息,如图10-71所示。

图10-68　登录云端

图10-69　单击"上传"按钮

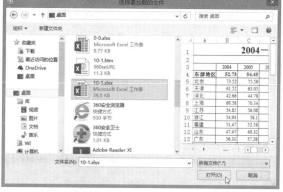

图10-70　选择要上传的文件

图10-71　正在上传文件

05 等到文件上传完成，OneDrive页面就可以看到该文件，即该文件已保存到云端了，如图10-72所示。

06 单击该文件，会弹出一个"10-1.xlsx-Microsoft Excel Online"页面，用户可以在这个页面中查看和编辑该文件，如图10-73所示。

图10-72　上传到云端的文件

图10-73　在云端中查看和编辑文件

10.3.3　共享"云端"中的文档

用户将文件上传到云端后，还可以将该文件设置为与其他用户共享。实现共享后，允许的用户就都可以查看和编辑该文件了。下面介绍在云端中共享文件的相关操作。

【例10-18】共享"10-1.xlsx"工作簿。

01 在需要共享的文件上右击，弹出快捷菜单，从中选择"共享"选项，如图10-74所示。

02 选择"邀请联系人"选项，在"收件人"文本框中输入收件人的邮件地址，如"李行"的邮件地址，在备注框中输入备注，单击"收件人可以编辑"按钮，进一步设置收件人的权限，然后单击"共享"按钮，如图10-75所示。

图10-74　选择"共享"选项

图10-75　通过邮件的方式共享

03 此时页面中的"共享对象"栏，由"只有我"变成了"李行"，如图10-76所示。

04 选择"获取链接"选项，在"选择一个选项"下拉列表中选择"仅查看"选项，然后单击"创建链接"按钮，如图10-77所示。

图10-76　完成共享

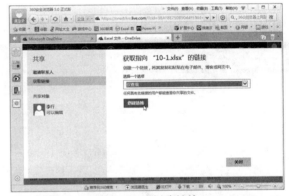
图10-77　创建链接

05 此时"仅查看"文本框中显示了刚创建的链接。单击"缩短链接"按钮，如图10-78所示。

06 链接被缩短后，选中该链接，右击，弹出快捷菜单，从中选择"复制"选项，将地址复制到剪贴板，如图10-79所示。将复制的链接地址发给其他用户，则其他用户获取链接后，打开浏览器，将链接地址粘贴到地址栏中，按Enter键，即可看到该共享文件。

图10-78　缩短链接

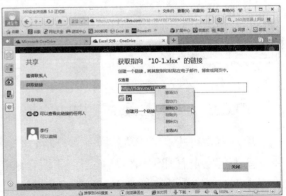
图10-79　复制链接

10.4 巧用链接

链接是指从一个对象指向另一个对象的连接关系，所指向的对象可以是网页、图片、电子邮件地址、文件，甚至是应用程序。Excel中的链接分为两种，一种是数据连接，另一种是超链接。数据链接可以使被链接的数据随着数据源中的数据同步发生改变。为某个对象添加超链接后，单击该对象，可以打开链接的工作簿、工作表或其他文件。下面介绍这两种链接的应用。

10.4.1 数据链接的应用

日常工作中，有时候会遇到相互关联的工作表：一张表中的数据是另一张表的一部分，或者是另一张表的数据源。这两张表息息相关，当一个表的数据发生变化时，另外一张也需要随之发生改变。为了确保数据更新及时，就需要用户创建两张表之间的数据链接了。下面介绍数据链接的应用。

【例10-19】建立财务部员工基本福利表和全体员工福利表之间的链接。

01 打开财务部员工基本福利表，选中与员工"宁丽"相关的数据，然后打开"开始"选项卡，单击"剪贴板"命令组的"复制"按钮，如图10-80所示。

02 打开全体员工福利表，选中与员工"宁丽"相关的数据单元格，然后单击"剪贴板"命令组的"粘贴"下拉按钮，弹出下拉列表，从中选择"粘贴链接"选项，如图10-81所示。

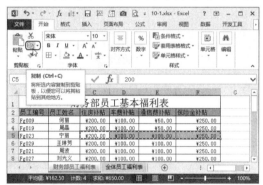

图10-80 单击"复制"按钮

图10-81 选择"粘贴链接"选项

03 完成粘贴后，返回财务部员工基本福利表，将员工"宁丽"的保险金补贴由"250"更改为"300"，如图10-82所示。

04 切换到全体员工福利表，可以看到在该表中，员工"宁丽"的保险金补贴也变成了"300"，如图10-83所示，实现数据的链接。

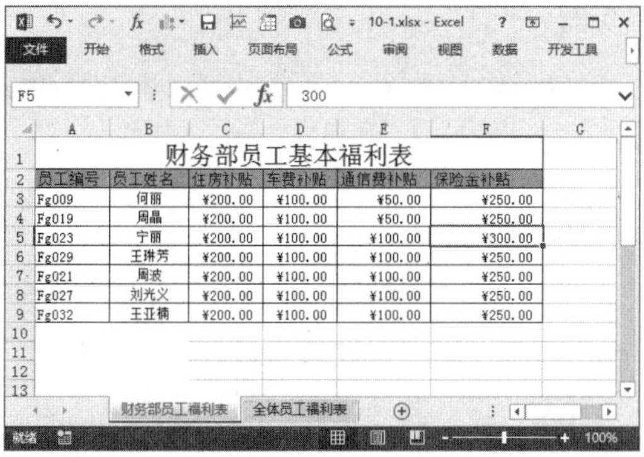

图10-82 更改财务部员工福利表中的数据

图10-83 全体员工福利表中的数据也发生改变

10.4.2 超链接的应用

超链接是指为了快速访问而创建的指向一个目标的连接关系。在某个特定位置上创建超链接，单击该位置，就可快速访问链接的工作表、网页、图形等。下面介绍超链接的应用。

1. 创建指向现有文件的超链接

【例10-20】通过超链接快速访问财务部员工福利表。

01 单击需要插入超链接的单元格，打开"插入"选项卡，单击"链接"命令组的"超链接"按钮，如图10-84所示。

02 弹出"插入超链接"对话框，在其"链接到"列表框中选择"本文档中的位置"选项，在"或在此文档中选择一个位置"列表框中选择"财务部员工福利表"选项，在"请键入单元格引用"文本框中输入需要链接的目标单元格地址，然后单击"屏幕提示"按钮，如图10-85所示。

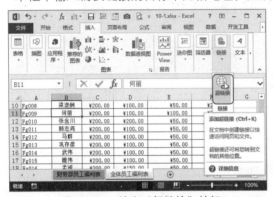

图10-84 单击"超链接"按钮

图10-85 "插入超链接"对话框

03 弹出"设置超链接屏幕提示"对话框，在"屏幕提示文字"文本框中输入需屏幕提示文字，此处输入"打开财务部员工福利表"，然后单击"确定"按钮，如图10-86所示。

04 将鼠标指针移动到设置了超链接的单元格上，当鼠标指针变成手形时，会提示链接的内容，如图10-87所示。单击该单元格，将打开指定的链接工作表，此处会打开财务部员工福利表。

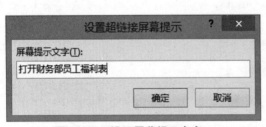

图10-86 设置屏幕提示文字

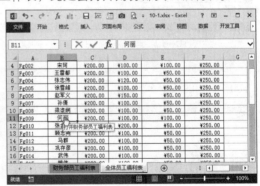

图10-87 单击打开指定工作表

2. 创建指向网页的超链接

【例10-21】使用超链接打开指定的网页。

01 在需要创建超链接的单元格上右击，弹出快捷菜单，从中选择"超链接"选项，如图10-88所示。

02 弹出"插入超链接"对话框，在"链接到"列表框中选择"现有文件或网页"选项，单击"浏览过的网页"按钮，在其右边的列表框中选择需要链接的网页，然后单击"屏幕提示"按钮，如图10-89所示。

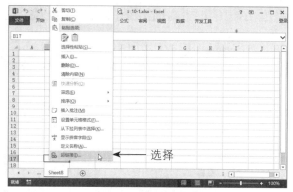

图10-88 选择"超链接"选项

图10-89 "插入超链接"对话框

03 弹出"设置超链接屏幕提示"对话框，在"屏幕提示文字"文本框输入屏幕提示文字，单击"确定"按钮，如图10-90所示。

04 返回"插入超链接"对话框后，单击"确定"按钮。此时在指定单元格中就插入了超链接，将鼠标指针移动到该单元格上，当鼠标指针变成手形，会显示出屏幕提示文字，如图10-91所示。单击该单元格即可打开链接的网页。

图10-90 设置提示文字

图10-91 打开指定的网页

10.5 上机实训

　　通过对本章内容的学习，读者对工作簿工作表的保护、打印设置、网络输出以及超链接的应用有了更深地了解。下面再通过两个实训操作来温习和拓展前面所学的知识。

10.5.1 导入文本数据

　　用户可以将外部数据保存为文本格式，然后使用导入外部数据的功能，将文本格式的数据导入到Excel工作表中，变成工作表。下面介绍具体的操作步骤。

01 打开工作表，单击"A1"单元格。打开"数据"选项卡，单击"获取外部数据"按钮，弹出下拉列表，从中选择"自文本"选项，如图10-92所示。

02 弹出"导入文本文件"对话框，从中选择文本文件，单击"导入"按钮，如图10-93所示。

03 弹出"文本导入向导-第1步，共3步"对话框，从中选择"分隔符号"单选项，在"导入起始行"增量框中输入"1"，在"文件原始格式"下拉列表中选择"936：简体中文（GB2312）"选项，勾选"数据包含标题"复选框，单击"下一步"按钮，如图10-94所示。

04 弹出"文本导入向导-第2步，共3步"对话框，勾选"Tab键"和"空格"复选框，单击"下一步"按钮，如图10-95所示。

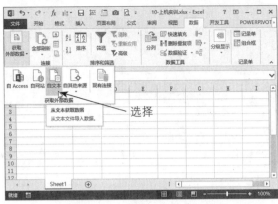

图10-92　选择"自文本"选项

图10-93　"导入文本文件"对话框

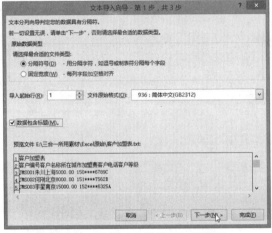

图10-94　选择"分隔符号"单选项

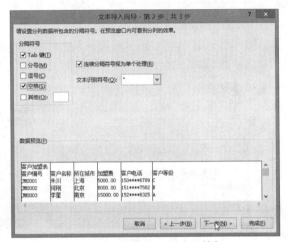

图10-95　单击"下一步"按钮

05 弹出"文本导入向导-第3步，共3步"对话框，从中选择"常规"单选项，单击"完成"按钮，如图10-96所示。

06 弹出"导入数据"对话框，保持默认设置不变，单击"确定"按钮，如图10-97所示。

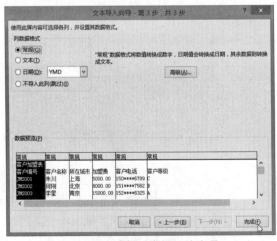

图10-96　选择"常规"单选项

图10-97　"导入数据"对话框

07 此时，在选定的工作表中就导入了客户加盟表的内容，如图10-98所示。

08 选中"A1:F1"单元格区域，打开"开始"选项卡，单击"合并后居中"按钮，如图10-99所示。

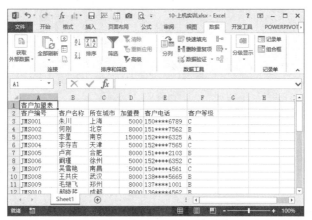

图10-98　导入Excel中的文本文件

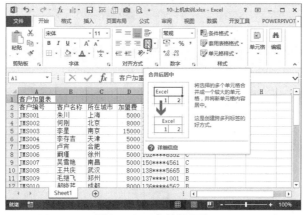

图10-99　合并单元格

09 接着设置标题行的字体和字号，然后选中"A1:F2"单元格区域，单击"填充颜色"按钮，弹出下拉列表，从中选择"绿色"选项，如图10-100所示。

10 为表格添加边框，调整列宽，最终效果如图10-101所示。

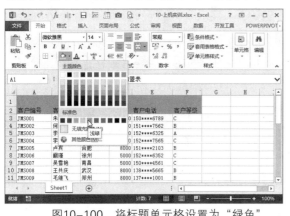

图10-100　将标题单元格设置为"绿色"

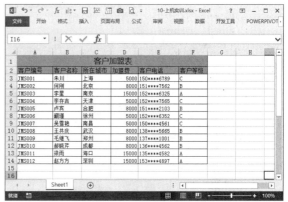

图10-101　最终效果

10.5.2　创建Web查询

　　用户在获得其他用户发布到网站的工作表地址后，可以通过浏览器浏览该工作表，也可以创建Web查询，将其导入Excel工作簿中。下面详细介绍创建Web查询的相关操作。

01 打开一个空的工作表，打开"数据"选项卡，单击"获取外部数据"命令组的"自网站"按钮，如图10-102所示。

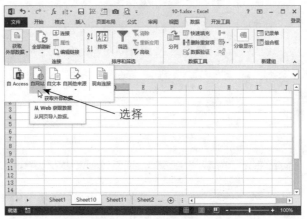

图10-102　单击"自网站"按钮

02 弹出"新建Web查询"对话框，在"地址"栏中输入工作表的网页地址，单击"转到"按钮，如图10-103所示。

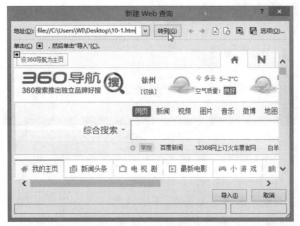

图10-103　"新建Web查询"对话框

03 此时"新建Web查询"对话框中打开了相应的网页，然后单击"选项"按钮，如图10-104所示。

04 弹出"Web查询选项"对话框，在该对话框中对查询的选项进行设置，然后单击"确定"按钮，如图10-105所示。

图10-104　单击"选项"按钮

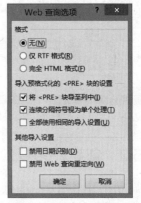

图10-105　"Web查询选项"对话框

05 返回"新建Web查询"对话框后，单击"保存查询"按钮，如图10-106所示。

06 弹出"保存查询"对话框，在其中设置查询的保存位置，然后单击"保存"按钮，如图10-107所示。

图10-106　单击"保存查询"按钮

图10-107　"保存查询"对话框

07 返回"新建Web查询"对话框后，单击■按钮，选中工作表。此时■按钮会变成☑按钮，工作表显示出浅蓝色的底纹，如图10-108所示，单击"导入"按钮。

08 弹出"导入数据"对话框，从中设置数据的存放位置，然后单击"属性"按钮，如图10-109所示。

图10-108　单击"导入"按钮

图10-109　"导入数据"对话框

09 弹出"外部数据区域属性"对话框，从中设置数据的外部属性，然后单击"确定"按钮，如图10-110所示。

10 返回"导入数据"对话框后，单击"确定"按钮。此时在Excel工作表中导入网上工作表中的数据。对数据稍作整理后，结果如图10-111所示。

图10-110　"外部数据区域属性"对话框

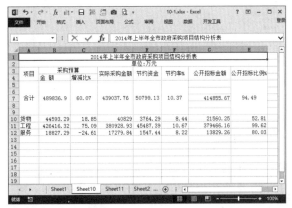

图10-111　导入到Excel中的工作表

10.6 常见疑难解答 💡

下面将对学习过程中常见的疑难问题进行汇总，以帮助读者更好地理解前面所讲的内容。

Q：如何设置Excel文档的信任区域？

A： 打开"Excel选项"对话框，选择"信任中心"选项，单击"信任中心设置"按钮，如图10-112所示。打开"信任中心"对话框，从中选择"受信任位置"选项，选中要修改的路径，单击"修改"按钮，如图10-113所示。打开"Microsoft Office受信任位置"对话框，从中设定新的信任位置，单击"确定"按钮即可。

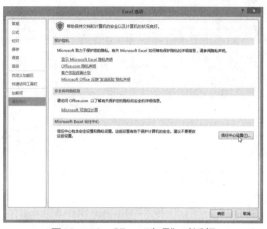

图10-112 "Excel选项"对话框

图10-113 "信任中心"对话框

Q：如何对工作簿链接的安全性进行设置？

A： 打开"Excel选项"对话框，选择"信任中心"选项，单击"信任中心设置"按钮，打开"信任中心"对话框，从中选择"外部内容"选项，然后在右侧区域进行设置即可，如图10-114所示。

Q：如何在打印时将批注也打印出来？

A： 打开"页面设置"对话框，打开"工作表"选项卡，单击"批注"右侧的下拉列表按钮，弹出下拉列表，从中选择"如同工作表中的显示"选项，单击"确定"按钮，如图10-115所示。然后打开"审阅"选项卡，单击"显示所有批注"按钮即可。

图10-114 "信任中心"对话框

图10-115 "页面设置"对话框

Q：如何将行号和列标也打印出来？

A： 打开"页面设置"对话框，打开"工作表"选项卡，从中勾选"行号列标"复选框即可。

10.7 拓展应用练习📙

为了让读者能够更好地掌握文件的安全性设置和超链接的应用，可以做做下面的练习。

◉ 对"NBA战况"表进行保护

本例可以帮助读者练习对工作进行保护的一系列操作。通过保护工作表，可以防止他人对工作表进行更改。本例要实现的最终效果如图10-116所示。

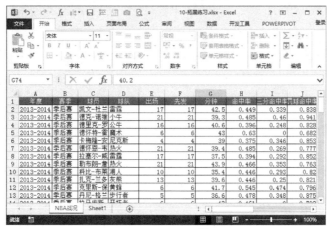

图10-116　最终效果

操作提示

① 单击"保护工作表"按钮。

② 打开"保护工作表"对话框并进行设置。

③ 打开"确认密码"对话框进行确认。

◉ 为单元格添加超链接

本例帮助读者练习超链接的应用，在"凭证清单"工作表中为"会计科目"单元格添加超链接，使单击该单元格，就切换到"会计科目表"，如图10-117和图10-118所示。

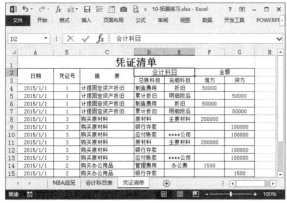

图10-117　插入超链接

图10-118　超链接的工作表

操作提示

① 从快捷菜单中选择"超链接"选项。

② 打开"插入超链接"对话框并进行设置。

③ 单击超链接，查看"会计科目表"。

第11章
PowerPoint基本操作

📽 **本章概述**　　PowerPoint是由微软公司开发的演示文稿程序，是微软办公套件Microsoft Office系列中的一个组件，用来制作和设计信息展示领域中各种类型的电子演示文稿。PowerPoint被广泛应用于各种产品的展示、演讲、报告、会议等场合。本章将详细介绍PowerPoint的基本操作，如编辑幻灯片、输入文字、插入文本框和艺术字等。

📖 **知识要点**
- 演示文稿的基本操作；
- 幻灯片的基本操作；
- 文本框的使用；
- 艺术字的使用；
- 母板的创建和设置。

11.1　初识演示文稿

在PowerPoint 2013中，用户可以根据需要创建各种各样的演示文稿。下面首先介绍演示文稿的创建方法及各种视图模式。

11.1.1　创建演示文稿

用户可以直接创建空白的演示文稿，也可以用模板创建演示文稿。下面分别对这两种创建方法进行介绍。

1. 创建空白的演示文稿

【例11-1】创建空白的演示文稿。

01 打开一个演示文稿，单击"文件"按钮，选择"新建"命令，选择"空白演示文稿"选项，如图11-1所示。

02 此时会出现一个空白的演示文稿，名为"演示文稿1"，如图11-2所示。

图11-1　选择"空白演示文稿"选项

图11-2　演示文稿1

2. 用模板创建演示文稿

【例11-2】使用模板创建演示文稿。

01 单击"文件"按钮，选择"新建"命令，选择已经存在的模板类型，此处选择"回顾"选项，如图11-3所示。

02 在"回顾"选项卡中，选择合适的模板，然后单击"创建"按钮，如图11-4所示。此时将出现一个演示文稿，该演示文稿就是按照选定的模板创建的。

图11-3　选择合适的模板

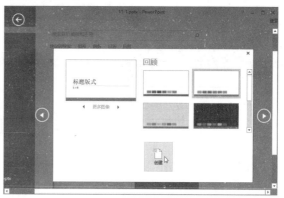

图11-4　单击"创建"按钮

11.1.2　演示文稿的视图模式

为了方便用户使用演示文稿，PowerPoint为用户提供了五种视图模式，即普通视图、大纲视图、备注页视图、幻灯片浏览视图和阅读视图，用户可以根据自己的需要进行选择。

（1）普通视图

启动PowerPoint 2013后，默认进入普通视图模式。在此视图模式下，用户可以方便地对幻灯片进行编辑修改，是最适合用户进行创作的视图模式，如图11-5所示。

图11-5　普通视图模式

（2）大纲视图

打开"视图"选项卡，单击"演示文稿视图"命令组的"大纲视图"按钮，即可切换到该视图模式下，如图11-6所示。

（3）备注页视图

单击"备注页"按钮，即可切换到备注页视图模式下。在该视图模式下，页面分为两个区，一个用来显示幻灯片，另一个用来显示备注内容，如图11-7所示。

303

图11-6　大纲视图模式

图11-7　备注页视图模式

（4）幻灯片浏览视图

单击"幻灯片浏览"按钮，将以缩略图的形式显示幻灯片，在页面上可以同时显示多个幻灯片，如图11-8所示。在这种视图模式下用户可以查看幻灯片的衔接情况，也可以方便地添加或删除幻灯片。

（5）阅读视图

单击"阅读视图"按钮，即可切换到阅读视图模式下，此时，幻灯片将占据整个页面。在这种全屏幕视图中，可以看到该幻灯片中的文字、图片、动画元素以及切换效果，是一种幻灯片放映模式，如图11-9所示。

图11-8　幻灯片浏览视图模式

图11-9　阅读视图模式

11.2　幻灯片的基本操作

对演示文稿的编辑实际上是对幻灯片的编辑，想要创建生动的演示文稿，首先要学会操作幻灯片。下面介绍编辑幻灯片的相关操作。

11.2.1　插入、选择和复制幻灯片

用户在创建演示文稿时，会遇到PowerPoint预先给出的幻灯片不够用的情况，此时就需要插入新的幻灯片了。之后，用户还可以通过选择幻灯片来编辑它们，也可以复制新的幻灯片到指定的位置。下面介绍插入、选择和复制幻灯片的相关操作。

1. 插入幻灯片

用下面几种方法都可以插入幻灯片。

- 打开"开始"选项卡，单击"幻灯片"命令组的"新建幻灯片"按钮，弹出下拉列表，从中选择合适的幻灯片即可插入该样式的幻灯片，如图11-10所示。
- 在幻灯片窗格中，选择需要插入幻灯片的位置，然后右击，在快捷菜单中选择"新建幻灯片"选项，即可创建新的幻灯片，如图11-11所示。

图11-10 单击"新建幻灯片"按钮

图11-11 快捷菜单

- 打开"插入"选项卡，单击"幻灯片"命令组的"新建幻灯片"按钮，弹出下拉列表，从中选择合适的选项即可。

2. 选择幻灯片

在演示文稿左侧的幻灯片窗格中，单击需要选择的幻灯片缩略图，即可将其选中。下面介绍选择多张幻灯片的方法。

【例11-3】选择连续的幻灯片以及选择不连续的幻灯片。

01 在幻灯片窗格中选择一张幻灯片的缩略图，然后按住Shift键，单击另一张幻灯片，这两张幻灯片之间的所有幻灯片将被同时选中，如图11-12所示。

02 在幻灯片窗格中选择一张幻灯片的缩略图，然后按住Ctrl键，单击另一张幻灯片，即可只选择这两张幻灯片，如图11-13所示。

图11-12 连续幻灯片的选择

图11-13 不连续幻灯片的选择

3.复制幻灯片

用下面几种方法都可以复制幻灯片。

- 在幻灯片窗格中，选择一张幻灯片，打开"开始"选项卡，单击"剪贴板"命令组的

"复制"按钮,如图11-14所示。

● 在幻灯片窗格中,选择需要复制的幻灯片,在上面右击,弹出快捷菜单,从中选择"复制"选项,如图11-15所示。

● 选中需要复制的幻灯片,按Ctrl+C组合键,即可复制该换灯片。

图11-14　单击"复制"按钮　　　　　　　　　图11-15　快捷菜单

11.2.2　移动和删除幻灯片

用户还可以对幻灯片进行移动和删除操作。

1. 移动幻灯片

用下面的方法都可以实现幻灯片的移动。

● 选择一张幻灯片,按住鼠标左键不放,拖动鼠标,到合适位置后,释放鼠标左键,即可将该幻灯片移动到选定位置,如图11-16所示。

● 选择幻灯片,打开"开始"选项卡,单击"剪贴板"命令组的"剪切"按钮,如图11-17所示。然后选择另一张幻灯片,右击,从快捷菜单中选择"粘贴"选项,即可将剪切的幻灯片粘贴到所选幻灯片的下方,实现幻灯片的移动。

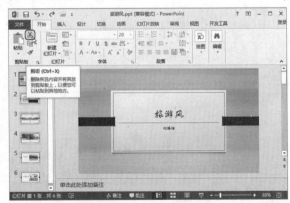

图11-16　移动幻灯片　　　　　　　　　图11-17　剪切幻灯片

知识点拨

选择需要移动的幻灯片,按Ctrl+X组合键,然后将光标定位于目标位置,按Ctrl+V组合键粘贴,也可实现幻灯片的移动。

2. 删除幻灯片

用下面的方法都可以删除幻灯片。

- 在幻灯片窗格中，选择需要删除的幻灯片，在其上右击，弹出快捷菜单，从中选择"删除幻灯片"选项，如图11-18所示，即可删除该幻灯片。删除后的效果如图11-19所示。
- 选择需要删除的幻灯片，然后按Delete键，即可将该幻灯片删除。

图11-18　快捷菜单　　　　　　　　　　　　图11-19　删除幻灯片后

11.2.3　在幻灯片中输入文本

用户创建幻灯片后，在文档的编辑区将会出现占位符（即虚线框）。不同的模板会产生不同位置、不同大小的占位符，用户可以在这些占位符中输入文字、插入图像、声音文件等幻灯片元素，还可以从外部导入已经编辑好的文档。当然，用户也可以自己在幻灯片中插入文本框并输入文字。下面将对这三种输入文字的方法进行介绍。

1. 在占位符中输入文字

【例11-4】插入带有占位符的幻灯片，并输入文字。

01 单击"幻灯片"命令组的"新建幻灯片"按钮，弹出下拉列表，从中选择"标题和内容"选项，如图11-20所示，即可插入一张幻灯片。

02 选择这一新建的幻灯片，在"单击此处添加标题"占位符中单击，然后输入文字即可，如图11-21所示。

图11-20　插入幻灯片　　　　　　　　　　　图11-21　输入文字

2. 从外部导入文字

【例11-5】导入Word文档中的文字。

01 打开"插入"选项卡，单击"文本"命令组的"对象"按钮，如图11-22所示。

02 弹出"插入对象"对话框，选择"由文件创建"单选项，然后单击"浏览"按钮，如图11-23所示。

图11-22　单击"对象"按钮

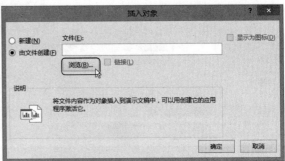

图11-23　"插入对象"对话框

03 弹出"浏览"对话框，从中选择要导入的文件，单击"确定"按钮，如图11-24所示。

04 返回"插入对象"对话框，此时在"由文件创建"文本框中已经出现所选择文件的地址，单击"确定"按钮，如图11-25所示。

图11-24　"浏览"对话框

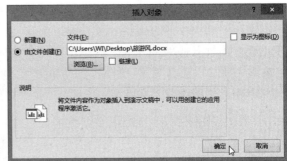

图11-25　单击"确定"按钮

05 返回幻灯片编辑区后，可以看到在编辑区中已经插入了外部文档。将鼠标指针移动到文字框的边缘，当指针变成双向箭头 ⟷ 时，拖动鼠标，调整边框的大小，如图11-26所示。

06 调整好边框大小后的最终效果如图11-27所示。

图11-26　插入外部文档后

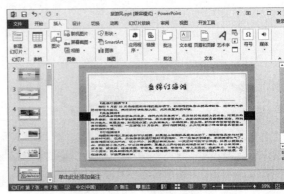

图11-27　最终效果

3.使用文本框添加文字

【例11-6】插入文本框并输入文字。

01 打开"插入"选项卡，单击"文本"命令组的"文本框"下拉按钮，弹出下拉列表，从中选择
"横排文本框"选项，如图11-28所示。

图11-28 选择"横排文本框"选项

02 此时指针变成了↓型，将指针移动到合适位置，按住鼠标左键，拖动鼠标，绘制文本框，如图
11-29所示。

03 拖动鼠标到合适位置后，释放鼠标左键，再单击绘制出的文本框，就可以在其中输入文字了。输
入文字后的效果如图11-30所示。

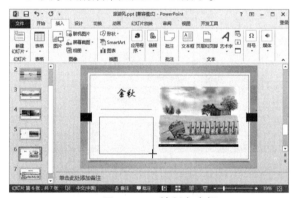

图11-29 绘制文本框

图11-30 在文本框中输入文字

11.3 设置文本框

在制作演示文稿的过程中，为了使添加的文本框更加美观大方，用户可以对文本框进行
设置，比如设置文本框的样式、文本框中文字的格式等。下面将对文本框的编辑操作进行详
细介绍。

11.3.1 设置文本框格式

用户在幻灯片中插入文本框，并在其中输入文字，接下来就需要设置文本框的格式了，比
如设置文本框中文字的格式、设置段落格式等。

1.设置文字格式

【例11-7】将文本框中的文字设置为微软雅黑、60磅、倾斜，有下划线，字距为"很
松"，颜色为浅蓝。

01 选择文本框，打开"开始"选项卡，单击"段落"命令组的"居中"按钮，如图11-31所示。

02 单击"字体"命令组的"字体"按钮，弹出下拉列表，从中选择"微软雅黑"选项，如图11-32所示。

图11-31 将文字居中显示

图11-32 设置字体

03 单击"字体"命令组的"字号"按钮，弹出下拉列表，从中选择"60"，如图11-33所示。

04 依次单击"字体"命令组的"倾斜"和"下划线"按钮，为字体添加倾斜和下划线效果，如图11-34所示。

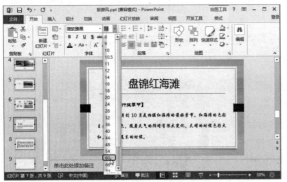
图11-33 设置字号

图11-34 设置倾斜和下划线效果

05 单击"字体"命令组的"字符间距"按钮，弹出下拉列表，从中选择"很松"选项，如图11-35所示。

06 单击"字体"命令组的"字体颜色"按钮，弹出下拉列表，从中选择"浅蓝"选项，如图11-36所示。

图11-35 设置字符间距

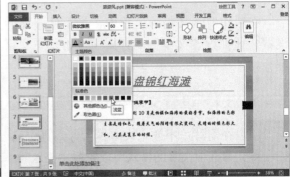
图11-36 设置字体颜色

2.设置段落格式

【例11-8】设置段落对齐方式为"两端对齐"，缩进为"首行缩进"，行距为"30磅"。

01 打开"开始"选项卡,单击"段落"命令组的"对话框启动器"按钮,如图11-37所示。

02 弹出"段落"对话框,打开"缩进和间距"选项卡,从中将"对齐方式"设置为"两端对齐",将"缩进"设置为"首行缩进",其"度量值"设置为"1.27厘米",将"行距"设置为"固定值",其"设置值"为"30磅",如图11-38所示。

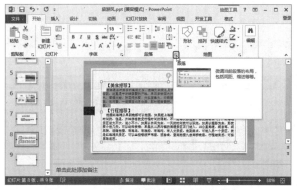 

图11-37 单击"对话框启动器"按钮　　　　　图11-38 "段落"对话框

03 打开"中文版式"选项卡,勾选"按中文习惯控制首尾字符"复选框和"允许标点溢出边界"复选框,然后单击"确定"按钮,如图11-39所示。

04 返回幻灯片编辑区后,通过格式刷,将其他段落设置成相同的格式。最终效果如图11-40所示。

 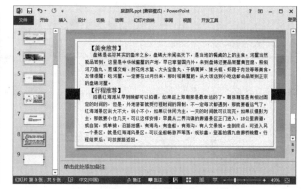

图11-39 单击"确定"按钮　　　　　图11-40 设置段落格式后的效果

11.3.2 设置文本框样式

用户在制作演示文稿时,会在幻灯片中添加很多文本框。为了使幻灯片更加美观,更符合审美要求,用户可以设置文本框的样式。

【例11-9】设置文本框形状(流程图:准备),形状样式(细微效果-橙色,强调颜色5)形状效果(预设3;橙色,11pt发光,着色5;右下对角透视),设置艺术字(填充-黑色,文本,阴影),设置文字效果(按钮形)。

01 单击文本框,弹出"绘图工具"活动标签,打开"格式"选项卡,单击"插入形状"命令组的"编辑形状"按钮,弹出下拉列表,从中选择"更改形状"|"流程图:准备"选项,如图11-41所示。

02 单击"形状样式"命令组的"其他"按钮,弹出下拉列表,从中选择"细微效果-橙色,强调颜色5"选项,如图11-42所示。

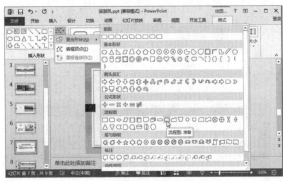

图11-41 更改文本框的形状

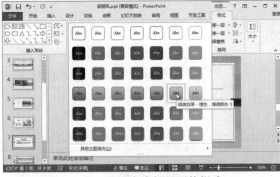

图11-42 设置文本框的形状样式

03 单击"形状效果"按钮,弹出下拉列表,从中选择"预设" | "预设3"选项,如图11-43所示。

04 单击"形状效果"按钮,弹出下拉列表,从中选择"发光" | "橙色,11pt发光,着色5"选项,如图11-44所示。

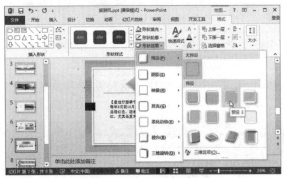

图11-43 设置预设效果

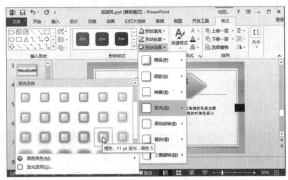

图11-44 设置发光效果

05 单击"形状效果"按钮,弹出下拉列表,从中选择"阴影" | "右下对角透视"选项,如图11-45所示。

06 单击"艺术字样式"命令组的"快速样式"按钮,弹出下拉列表,从中选择"填充-黑色,文本,阴影"选项,如图11-46所示。

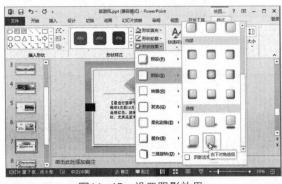

图11-45 设置阴影效果

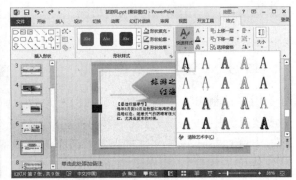

图11-46 设置字体样式

07 单击"文字效果"按钮,弹出下拉列表,从中选择"abc转换" | "按钮形"选项,如图11-47所示。

08 设置完成后,对文本框的大小和位置做适当调整,最终效果如图11-48所示。

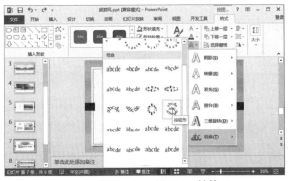

图11-47　设置abc转换

图11-48　文本框的最终效果

11.4　艺术字的应用

艺术字是经过专业的字体设计师艺术加工的汉字变形字体，它具有美观有趣、张扬醒目、易认易识等特性，是一种图案意味的字体变形。艺术字经过变体后，千姿百态，是一种对字体艺术的创新。

11.4.1　插入和更改艺术字

在幻灯片中可以插入艺术字，还可以对其样式进行修改，下面将对艺术字的插入和编辑操作进行介绍。

1.插入艺术字

【例11-10】插入指定的艺术字（填充-蓝-灰，着色3，锋利棱台）。

01 添加一张空白的幻灯片。打开"插入"选项卡，单击"文本"命令组的"艺术字"按钮，弹出下拉列表，从中选择合适的艺术字，此处选择"填充-蓝-灰，着色3，锋利棱台"选项，如图11-49所示。

02 此时幻灯片中就插入了艺术字文本框。在该文本框中输入文字，然后打开"开始"选项卡，在"字体"命令组中设置艺术字的字号，如图11-50所示。

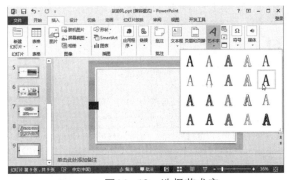

图11-49　选择艺术字

图11-50　设置艺术字的字号

2.更改艺术字样式

【例11-11】将艺术字样式修改为"渐变填充-橙色，着色1，反射"。

01 单击艺术字文本框，弹出"绘图工具"活动标签，打开"格式"选项卡，单击"艺术字样式"命令组的"快速样式"按钮，弹出下拉列表，从中选择"渐变填充-橙色，着色1，反射"选项，如

图11-51所示。

02 返回幻灯片编辑区后，可以看到更改了样式的艺术字，如图11-52所示。

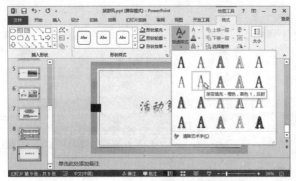

图11-51　更改艺术字样式

图11-52　更改艺术样式后的效果

11.4.2　设置艺术字的效果

艺术字的最大特点就是张扬醒目，它能够突出主题，吸引目光，增强演示文稿的效果。对于插入的艺术字，用户可以为它添加更多的效果，以使艺术字更加立体、美观。下面介绍设置艺术字效果的相关操作。

1.艺术字的纹理效果

【例11-12】创建带有纹理效果的艺术字。

01 在幻灯片中创建艺术字。打开"格式"选项卡，单击"艺术字样式"命令组的"对话框启动器"按钮，如图11-53所示。

02 弹出"设置形状格式"窗格，打开"文本填充轮廓"选项卡，单击"文本填充"标签，选择"图片或纹理填充"单选项，然后单击"纹理"按钮，如图11-54所示。

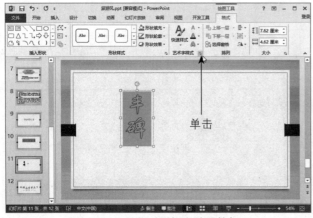

图11-53　单击对话框启动器按钮

图11-54　单击"纹理"按钮

03 弹出下拉列表，从中选择"白色大理石"选项，如图11-55所示。

04 打开"文本效果"选项卡，单击"顶部棱台"按钮，弹出下拉列表，从中选择"硬边缘"选项，如图11-56所示。

05 关闭"设置形状格式"窗格，单击"形状样式"命令组的"对话框启动器"按钮，如图11-57所示。

06 弹出"设置图片格式"窗格，打开"文本填充轮廓"选项卡，单击"填充"标签，选择"图片或纹理填充"单选项，如图11-58所示。

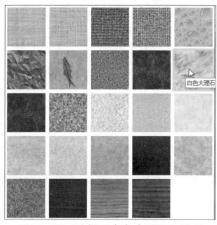

图11-55　选择"白色大理石"选项

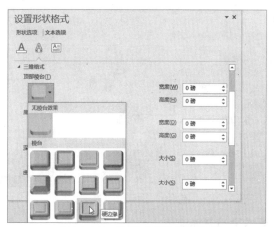

图11-56　选择"硬边缘"选项

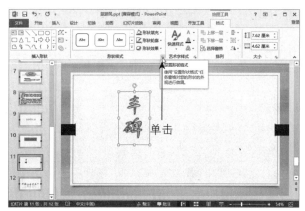

图11-57　单击"对话框启动器"按钮

图11-58　设置文本框填充色

07 打开"文本效果"选项卡，单击"顶端棱台"按钮，弹出下拉列表，从中选择"冷色斜面"选项，如图11-59所示。

08 单击"材料"按钮，弹出下拉列表，从中选择"亚光效果"选项，如图11-60所示。

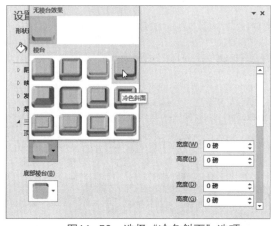

图11-59　选择"冷色斜面"选项

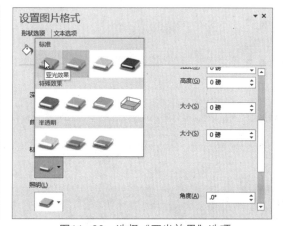

图11-60　选择"亚光效果"选项

09 单击"照明"按钮，弹出下拉列表，从中选择"三点"选项，如图11-61所示。设置完成后，返回艺术字编辑区，可以看到设置好的艺术字效果，如图11-62所示。

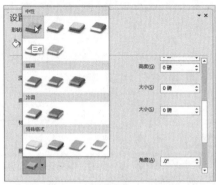

图11-61 选择"三点"选项　　　　　　　图11-62 最终效果

2.艺术字的立体效果

【例11-13】为"桂林山水甲天下"设置三维立体效果。

01 在幻灯片中插入艺术字后,打开"格式"选项卡,单击"艺术字样式"命令组的"文本轮廓"按钮,弹出下拉列表,从中选择"浅蓝"选项,如图11-63所示。

02 单击"文本填充"按钮,弹出下拉列表,从中选择"渐变" | "中心辐射"选项,如图11-64所示。

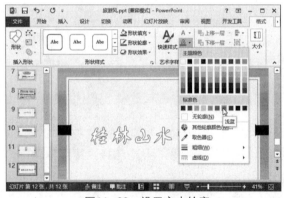

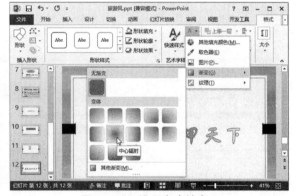

图11-63 设置文本轮廓　　　　　　　　图11-64 设置文本填充

03 单击"文本效果"按钮,从弹出的下拉列表中选择"abc转换" | "单地道"选项,如图11-65所示。

04 单击"文本效果"按钮,从弹出的下拉列表中选择"三维旋转" | "前透视"选项,如图11-66所示。

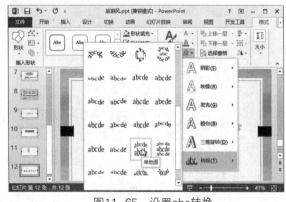

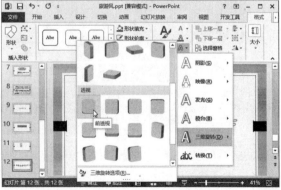

图11-65 设置abc转换　　　　　　　　图11-66 设置三维旋转

05 单击"文本效果"按钮，从弹出的下拉列表中选择"棱台"｜"凸起"选项，如图11-67所示。

06 单击"文本效果"按钮，从弹出的下拉列表中选择"阴影"｜"靠下"选项，如图11-68所示。

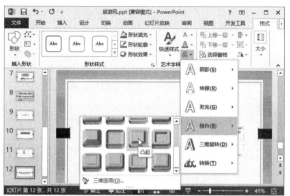

图11-67 设置棱台效果

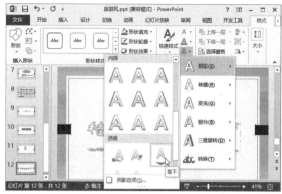

图11-68 设置阴影效果

07 单击"文本效果"按钮，从弹出的下拉列表中选择"发光"｜"青色，11pt发光，着色2"选项，如图11-69所示。

08 设置完成后，返回艺术字编辑区，可以看到设置后的艺术字，如图11-70所示。

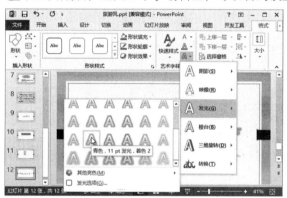

图11-69 设置发光效果

图11-70 最终效果

11.5 创建和设置母版

　　幻灯片母版用于设置幻灯片的整体样式。在幻灯片母版中，用户可以设置各种标题文字、背景，可以添加各种占位符。在幻灯片母版中，只要更改一项内容，就会更改所有幻灯片的设计。用户可以在创建幻灯片时直接套用母版。在PowerPoint中有三种母版，分别是幻灯片母版、讲义母版和备注母版。本节将对幻灯片母版的创建和设置方法进行介绍。

11.5.1 幻灯片母版

　　幻灯片母版可以控制整个演示文稿的外观，包括颜色、字体、背景、效果和其他所有内容。一旦创建幻灯片母版，以后就可以直接套用母版，让用户省去了很多设置上的麻烦。下面介绍创建和设置幻灯片母版的操作方法。

　　【例11-14】创建幻灯片母版并应用该母版。

01 打开"视图"选项卡，单击"母版视图"命令组的"幻灯片母版"按钮，如图11-71所示。随后进入母版编辑状态，在幻灯片窗格中显示了不同用途的幻灯片母版，从中选择需要进行设置的幻灯片母版。

02 选中幻灯片中需要设置的文字，单击"字体"按钮，弹出下拉列表，从中选择合适的字体，此处选择"隶书"选项，如图11-72所示。

图11-71 单击"幻灯片母版"按钮

图11-72 设置母版字体

03 设置好字体后，单击"颜色"按钮，弹出下拉列表，从中设置字体的颜色，此处选择"清新"选项，如图11-73所示。

04 单击"效果"按钮，弹出下拉列表，设置字体的效果，此处选择"Office 2007-2010"选项，如图11-74所示。

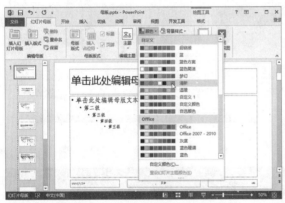

图11-73 设置字体颜色

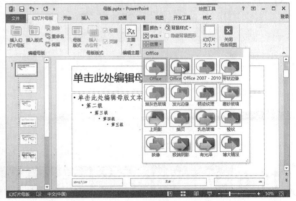

图11-74 设置字体效果

05 设置好字体后，可以为母版添加背景。单击"背景样式"按钮，弹出下拉列表，从中选择"设置背景格式"选项，如图11-75所示。

06 弹出"设置背景格式"窗格，选择"图片或纹理填充"单选项，然后单击"文件"按钮，如图11-76所示。

07 弹出"插入图片"对话框，从中选择合适的背景图片，单击"插入"按钮，如图11-77所示。

08 设置好背景后，关闭"设置背景格式"窗格，返回母版编辑区。单击"编辑母版"命令组的"重命名"按钮，弹出"重命名版式"对话框，在"版式名称"文本框中输入母版的名称，然后单击"重命名"按钮，如图11-78所示。

09 用户还可以在母版中选择一张幻灯片，为其插入占位符。单击"插入占位符"按钮，弹出下拉列表，从中选择需要的占位符，如图11-79所示。

⓿ 此时鼠标指针变成"十"，在合适位置按住鼠标左键，拖动鼠标，绘制占位符。绘制完成后，调节幻灯片中占位符的大小和位置，如图11-80所示。

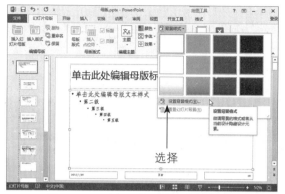

图11-75 选择"设置背景格式"选项

图11-76 单击"文件"按钮

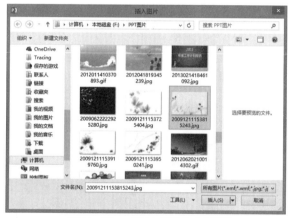

图11-77 "插入图片"对话框

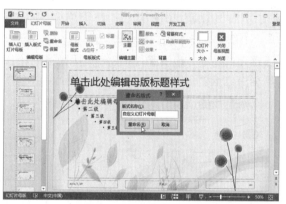

图11-78 重命名母版

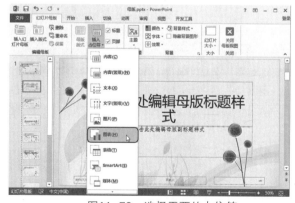

图11-79 选择需要的占位符

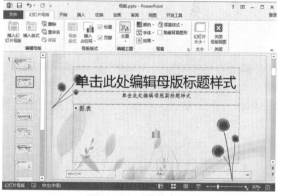

图11-80 调节占位符

⓫ 设置完成后，保存母版。单击"创建幻灯片"按钮，退出母版视图状态，然后单击"新建幻灯片"按钮，弹出下拉列表，从中可以看到刚刚设置的母版。选择"标题幻灯片"选项，如图11-81所示。

⓬ 此时，演示文稿中就添加了一张新幻灯片，该幻灯片套用了母版样式，如图11-82所示。

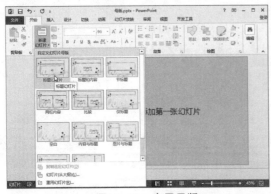
图11-81 应用母版

图11-82 应用母版的效果

11.5.2 讲义母版

讲义母版用来自定义演示文稿用作打印时的外观。创建和设置讲义母版，包括布局、背景、页眉页脚等方面的项目。下面将介绍创建和设置讲义母版的方法。

【例11-15】创建讲义母版（纵向、标准大小，每页放4张幻灯片）。

01 打开"视图"选项卡，单击"母版视图"命令组的"讲义母版"按钮，如图11-83所示。

02 弹出"讲义母版"选项卡，单击"页面设置"命令组的"讲义方向"按钮，弹出下拉列表，从中选择需要的选项，本例选择的是"纵向"，如图11-84所示。

图11-83 单击"讲义母版"按钮

图11-84 设置讲义方向

03 单击"页面设置"命令组的"幻灯片大小"按钮，弹出下拉列表，从中选择"标准（4：3）"选项，如图11-85所示。

04 弹出"Microsoft PowerPoint"对话框，单击"确保适合"按钮，如图11-86所示。

图11-85 设置幻灯片大小

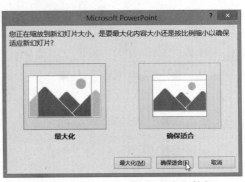
图11-86 单击"确保适合"按钮

05 单击"页面设置"命令组的"每页幻灯片数量"按钮,弹出下拉列表,从中选择"4张幻灯片"选项,如图11-87所示。

06 设置完成后,单击"关闭母版视图"按钮,可以退出讲义母版视图,如图11-88所示。

图11-87 设置每页幻灯片的数量

图11-88 退出讲义母版视图

11.6 上机实训

通过对本章内容的学习,读者对PowerPoint软件的基本操作有了更深地了解。下面将再通过两个练习来温习和拓展前面所学的知识。

11.6.1 制作唐诗课件

通过制作纯文本演示文稿,帮助读者温习设置母版背景、设置字体和字号、插入幻灯片、插入艺术字和文本框等操作。

01 打开"视图"选项卡,单击"母版视图"命令组的"幻灯片母版"按钮,如图11-89所示。

02 进入幻灯片母版视图状态,单击"背景样式"按钮,弹出下拉列表,从中选择"设置背景格式"选项,如图11-90所示。

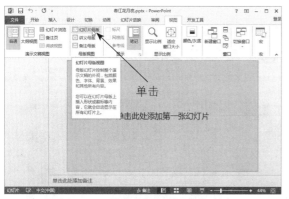

图11-89 单击"幻灯片母版"按钮

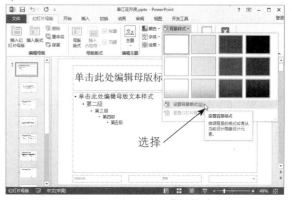

图11-90 选择"设置背景格式"选项

03 弹出"设置背景格式"窗格,单击其中的"文件"按钮,如图11-91所示。

04 弹出"插入图片"对话框,从中选择合适的背景图片,单击"插入"按钮,如图11-92所示。

图11-91 单击"文件"按钮

图11-92 "插入图片"对话框

05 关闭母版视图。打开"开始"选项卡，单击"新建幻灯片"按钮，弹出下拉列表，从中选择"标题幻灯片"选项，如图11-93所示。

06 在标题文本框中输入"唐诗"并选中，打开"格式"选项卡，单击"快速样式"按钮，弹出下拉列表，从中选择合适的样式，如图11-94所示。

图11-93 插入幻灯片

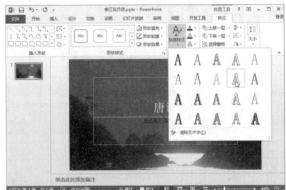

图11-94 设置文字样式

07 打开"开始"选项卡，单击"字体"下拉按钮，弹出下拉列表，从中选择"隶书"选项，如图11-95所示。

08 单击"字号"下拉按钮，弹出下拉列表，从中选择"96"选项，如图11-96所示。

图11-95 设置字体

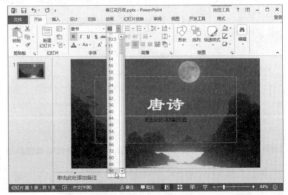

图11-96 设置字号

09 用同样的方法，设置副标题的样式，如图11-97所示。

10 添加第二张幻灯片，打开"插入"选项卡，单击"艺术字"按钮，弹出下拉列表，从中选择"渐变填充–蓝色，着色1，反射"选项，如图11-98所示。

图11-97　第一张幻灯片效果

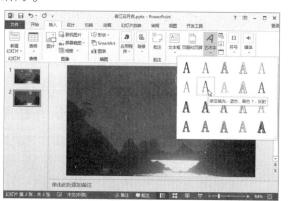

图11-98　为第二张幻灯片添加艺术字

⑪ 在艺术字文本框中输入"春江花月夜"，单击"文本填充"按钮，弹出下拉列表，从中选择"黄色"选项，如图11-99所示。

⑫ 单击"文本框"按钮，弹出下拉列表，从中选择"垂直文本框"选项，如图11-100所示。

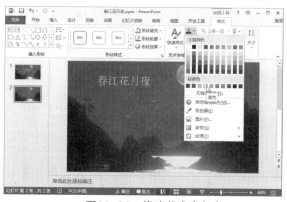

图11-99　修改艺术字颜色

图11-100　选择"垂直文本框"选项

⑬ 按住鼠标左键，拖动鼠标，在幻灯片中绘制文本框，如图11-101所示。

⑭ 在文本框中输入文字，并设置文字。本例最终的效果如图11-102所示。

图11-101　绘制文本框

图11-102　第二张幻灯片的效果

11.6.2　创建备注母版

前面学习了创建幻灯片母版和讲义母版，本例中用户可以通过创建备注母版来温习学过的操作。备注母版用来自定义演示文稿与备注一起打印时的外观。下面介绍创建和设置备注母版的相关操作。

01 打开"视图"选项卡，单击"母版视图"命令组的"备注母版"按钮，如图11-103所示。

02 弹出"备注母版"选项卡，进入备注母版编辑状态，此时用户就可以设置备注母版了。单击"备注页方向"按钮，弹出下拉列表，选择"横向"选项，如图11-104所示。

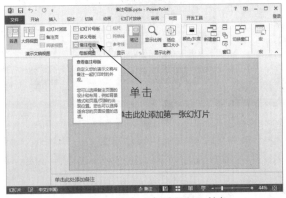

图11-103　单击"备注母版"按钮　　　　　　　　图11-104　选择"横向"选项

03 单击"幻灯片大小"按钮，弹出下拉列表，从中选择"标准（4:3）"选项，如图11-105所示。弹出提示对话框，单击"确保适合"按钮，如图11-106所示。

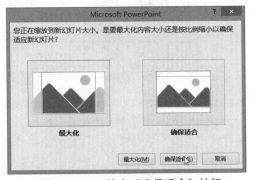

图11-105　选择"标准（4:3）"选项　　　　　　图11-106　单击"确保适合"按钮

04 删除不需要的占位符，将"日期"占位符移到右下角，如图11-107所示。单击"背景样式"按钮，从下拉列表中选择"设置背景格式"选项，如图11-108所示。

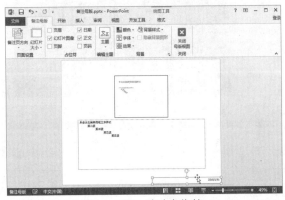
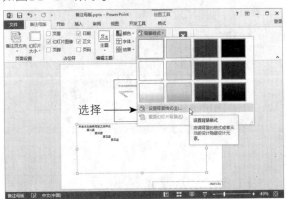

图11-107　移动占位符　　　　　　　　　　　　图11-108　选择"设置背景格式"选项

05 弹出"设置背景格式"窗格，从中选择"图案填充"单选项，在"图案"栏中选择"5%"选项，如图11-109所示。

06 选中需要设置的文字，单击"字体"按钮，从弹出的下拉列表中选择"典雅—微软雅黑"选项，如图11-110所示。

图11-109 选择"图案填充"单选项

图11-110 设置备注字体

07 单击"效果"按钮，从弹出的下拉列表中选择"Office 2007-2010"选项，如图11-111所示。

08 打开"开始"选项卡，单击"字体"命令组的"颜色"按钮，从下拉列表中选择"红色"选项，如图11-112所示。

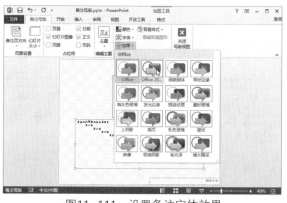

图11-111 设置备注字体效果

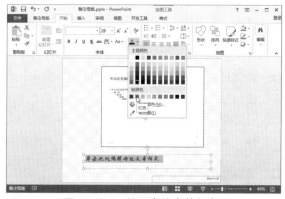

图11-112 设置备注字体颜色

09 单击"字号"按钮，从弹出的下拉列表中选择"36"选项，如图11-113所示。

10 关闭母版视图。在"备注"窗格中输入"总结过去，展望未来"并设置好幻灯片。然后打开"视图"选项卡，单击"备注页"按钮，此时可以看到设置的最终效果，如图11-114所示。

图11-113 设置备注字体大小

图11-114 最终效果

　　下面将对学习过程中常见的疑难问题进行汇总，以帮助读者更好地理解前面所讲的内容。

Q：如何在幻灯片中添加日期和时间？

A： 打开演示文稿，选择要添加时间的幻灯片，打开"插入"选项卡，单击"文本"命令组的"日期和时间"按钮。弹出"页眉和页脚"对话框，打开"幻灯片"选项卡，勾选"日期和时间"复选框，然后单击"应用"按钮即可，如图11-115所示。

图11-115　　"页眉和页脚"对话框

Q：如何更改讲义模板？

A： 打开"视图"选项卡，单击"母版视图"命令组的"讲义母版"按钮，进入讲义母版编辑状态，此时就可以对讲义母版进行更改了。更改完成后，单击"关闭母版视图"按钮即可。

Q：如何让多个对象排列整齐？

A： 在幻灯片中插入了多个对象，要使它们快速排列整齐，可以按住Ctrl键，依次单击需要排列的对象，弹出相应的活动标签，打开"格式"选项卡，单击"排列"命令组的"对齐"按钮，从下拉列表中选择合适的排列方式即可。

Q：如何通过快捷键添加幻灯片版式？

A： 在幻灯片窗格中，单击某张幻灯片，然后按Enter键或者Ctrl+M组合键，都可在该幻灯片的下方新建幻灯片，不过添加的幻灯片通常会采用当前幻灯片的版式。

Q：如何在幻灯片中显示标尺？

A： 打开"视图"选项卡，在"显示"命令组中，勾选"标尺"复选框，此时，幻灯片中就显示出标尺。

Q：如何在幻灯片中添加项目符号？

A： 打开"开始"选项卡，单击"段落"命令组的"项目符号"按钮≡▼，弹出下拉列表，从中选择合适的项目符号即可，如图11-116所示。

Q：如何更改文字的方向？

A： 选中该文字，打开"开始"选项卡，单击"段落"命令组的"文字方向"按钮，弹出下拉列表，从中选择合适的选项即可。

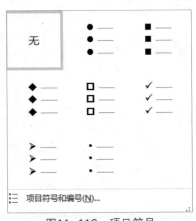

图11-116　项目符号

11.8 拓展应用练习

为了让读者能够更好地掌握幻灯片的基本操作、艺术字和文本框的使用，可以做做下面的练习。

◉ 调整"服装宣传"演示文稿

本例将在"服装宣传"演示文稿的"浏览幻灯片视图"模式下，对幻灯片进行插入、移动、复制和删除等操作。最终效果如图11-117所示。

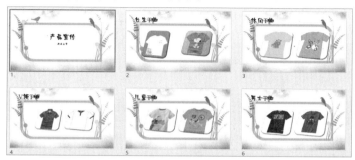

图11-117　浏览幻灯片视图

操作提示

01 在第二张幻灯片前插入幻灯片。

02 复制第四张幻灯片到第六张幻灯片之后。

03 删除第四张幻灯片。

04 隐藏第三张幻灯片。

05 移动第二张幻灯片到最后一张。

◉ 制作"圣诞贺卡"演示文稿

本例将在"圣诞贺卡"演示文稿中添加艺术字并对其进行编辑，然后插入文本框，在其中输入并设置文字。完成后的效果如图11-118所示。

操作提示

01 打开演示文稿，在其中插入艺术字"Merry Christmas"，将其样式设置为"渐变填充-蓝色，着色1，反射"。

02 修改艺术的颜色为"红色"。

03 将艺术字的文本效果设置为"下弯弧"。

04 绘制文本框，在其中输入"亲爱的朋友"。

05 将字体设置为"华文行楷"，字号为"54"。

图11-118　圣诞贺卡

第 12 章
轻松设计幻灯片

本章概述 为了使幻灯片中的内容丰富多彩，用户需要在幻灯片中添加表格、图片、图形、图表、声音和视频等元素。只有充分应用这些元素，才能使演示文稿动静结合、声情并茂。一篇具有感染力的演示文稿，就是通过这些元素的组合使用，才创建出来的。本章将介绍在幻灯片中应用这些元素的操作。

知识要点
● 演示文稿主题的应用；
● 表格的应用；
● 图片的应用；
● 图形和图表的应用；
● 声音和视频的应用。

12.1 设置主题

主题是一种包含背景图形、字体选择以及对象效果的设置。在设计过程中，用户可以直接应用主题样式，也可以自定义主题样式，从而达到美化幻灯片的目的。

12.1.1 使用内置主题

PowerPoint 2013为用户提供了多种主题，用户可以通过打开主题库，从中选择合适的主题。

1. 套用内置主题

【例12-1】套用"主要事件"主题。

① 创建一个演示文稿，打开"设计"选项卡，单击"主题"命令组的"其他"按钮，弹出下拉列表，从中选择"主要事件"选项，如图12-1所示。

② 返回幻灯片编辑区后，可以看到应用了新主题的效果，如图12-2所示。

图12-1 选择主题

图12-2 应用主题的效果

2. 套用外部主题文件

【例12-2】套用"主题12"。

01 打开"设计"选项卡，单击"主题"命令组的"其他"按钮，弹出下拉列表，从中选择"浏览主题"选项，如图12-3所示。

02 弹出"选择主题或主题文档"对话框，从中选择合适的主题，然后单击"打开"按钮，如图12-4所示。

03 此时，可以看到演示文稿已经应用了选择的主题，如图12-5所示。

图12-3 选择"浏览主题"选项

图12-4 "选择主题或主题文档"对话框

图12-5 应用主题的效果

12.1.2 自定义主题

对幻灯片主题颜色的设置包括背景颜色设置、文字颜色设置等。对幻灯片中的文字进行设置，可以设置字体、字号、倾斜、颜色等。用户要自定义幻灯片，设置颜色和字体是必不可少的。

1.自定义主题的颜色

【例12-3】创建主题颜色并应用。

01 打开"设计"选项卡，单击"变体"按钮，弹出下拉列表，从中选择"颜色"|"自定义颜色"选项，如图12-6所示。

02 弹出"新建主题颜色"对话框，单击"文字/背景-深色1"列表框的下拉按钮，弹出下拉列表，从中选择"其他颜色"选项，如图12-7所示。

图12-6 设置主题的背景格式

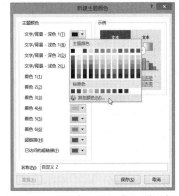

图12-7 "新建主题颜色"对话框

03 弹出"颜色"对话框，打开"自定义"选项卡，从中设置颜色，然后单击"确定"按钮，如图12-8所示。

04 返回"新建主题颜色"对话框，用同样的方法，设置其他颜色，然后在"名称"文本框中输入主题颜色的名称，此处输入"自选颜色"，然后单击"保存"按钮，如图12-9所示。

图12-8 "颜色"对话框　　　　　　图12-9 设置主题颜色名称

05 此时，刚刚设置的主题颜色会保存在"变体"命令组的"颜色"列表中，如图12-10所示。

06 选择"自选颜色"主题，就可以应用该主题设置的颜色了，效果如图12-11所示。

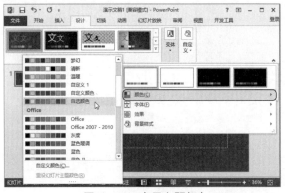

图12-10 应用主题颜色　　　　　　图12-11 应用主题颜色的效果

2.自定义主题的字体

【例12-4】新建主题字体（金梅毛行书、创艺简宋体）并应用。

01 打开"设计"选项卡，单击"变体"按钮，弹出下拉列表，从中选择"字体"|"自定义字体"选项，如图12-12所示。

02 弹出"新建主题字体"对话框，从中将中文的"标题字体"设置为"金梅毛行书"，将"正文字体"设置为"创艺简宋体"，然后在"名称"文本框中输入"自定义字体"，设置定义的主题字体名称，然后单击"保存"按钮，如图12-13所示。

03 此时该主题字体就被保存到了"变体"命令组的"字体"列表中，如图12-14所示。应用该主题字体的效果如图12-15所示。

图12-12 选择"自定义字体"选项

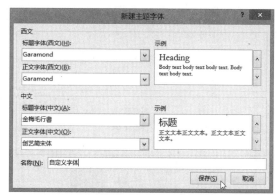

图12-13 "新建主题字体"对话框

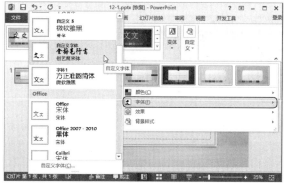

图12-14 应用自定义主题字体

图12-15 自定义主题字体的应用效果

12.1.3 设置幻灯片背景

为了使幻灯片的外观更加美观，用户还可以设置幻灯片主题的背景。漂亮的背景，不仅可以使主题更加突出，而且可以使演示文档更吸引人。

1. 设置图片背景

【例12-5】在幻灯片中使用图片背景。

01 打开"设计"选项卡，单击"自定义"按钮，弹出下拉列表，从中选择"设置背景格式"选项，如图12-16所示。

02 弹出"设置背景格式"窗格，打开"填充"选项卡，单击"填充"标签，选择"图片或纹理填充"单选项，然后单击"文件"按钮，如图12-17所示。

图12-16 选择"设置背景格式"选项

图12-17 "设置背景格式"窗格

⓷ 弹出"插入图片"对话框，从中选择合适的图片，然后单击"插入"按钮，如图12-18所示。

⓸ 返回幻灯片编辑区，可以看到幻灯片的背景发生了变化，如图12-19所示。

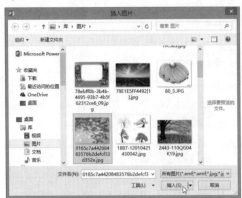

图12-18 "插入图片"对话框　　　　　　　图12-19 设置背景后的效果

2. 设置渐变背景

【例12-6】将幻灯片背景设置为粉色渐变色。

⓵ 打开"设计"选项卡，单击"变体"按钮，弹出下拉列表，从中选择"背景样式"|"设置背景格式"选项，如图12-20所示。

⓶ 弹出"设置背景格式"窗格，打开"填充"选项卡，单击"填充"标签，选择"渐变填充"单选项，如图12-21所示。

图12-20 选择"设置背景格式"选项　　　　图12-21 "设置背景格式"窗格

⓷ 拖动"设置背景格式"窗格右侧的滚动条，然后选择颜色，并调节渐变光圈，如图12-22所示。

⓸ 关闭窗格后，即可看到该幻灯片已经添加了渐变色背景，如图12-23所示。

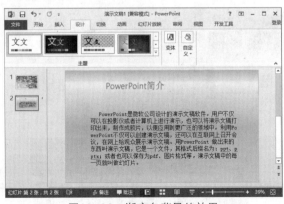

图12-22 调节渐变光圈　　　　　　　　　图12-23 渐变色背景的效果

12.2 使用表格

表格可以使用户想要表达的内容一目了然，在PowerPoint中使用表格，可以使幻灯片的页面更加整洁，使内容更条理清晰，层次分明。下面将介绍在幻灯片中使用表格的方法。

12.2.1 创建表格

在演示文稿中创建表格的方法有多种，可以插入普通表格和Excel表格，也可以自行绘制表格。

1. 插入表格

【例12-7】在幻灯片中插入7行5列的家庭月支出费用统计表。

① 打开演示文稿，在"单击此处添加文本"占位符中，单击"插入表格"按钮，如图12-24所示。

② 弹出"插入表格"对话框，从中设置行数和列数，此处将列数设置为"5"，行数设置为"7"，然后单击"确定"按钮，如图12-25所示。

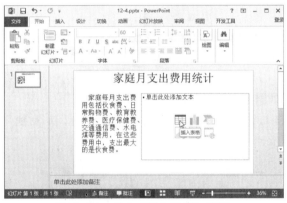

图12-24 单击"插入表格"按钮

图12-25 "插入表格"对话框

③ 此时，在幻灯片中出现一个7行5列的空白表格，如图12-26所示。

④ 在表格中输入数据，最终效果如图12-27所示。

图12-26 插入的空白表格

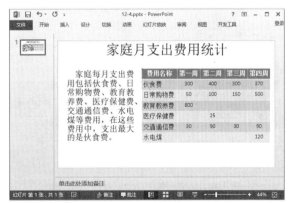

图12-27 最终效果

📝 知识点拨

用户也可以打开"插入"选项卡，单击"表格"命令组的"表格"按钮，弹出下拉列表，从中选择表格的行数和列数来插入一个表格。

2. 绘制表格

【例12-8】绘制家庭月支出费用统计表。

① 打开"插入"选项卡,单击"表格"命令组的"表格"按钮,弹出下拉列表,从中选择"绘制表格"选项,如图12-28所示。

② 此时,指针变成铅笔形状,在幻灯片合适位置,按住鼠标左键拖动即可绘制表格的边框,如图12-29所示。

图12-28 选择"绘制表格"选项   图12-29 绘制表格边框

③ 绘制边框后,弹出"表格工具"活动标签,打开"设计"选项卡,单击"绘图边框"按钮,弹出下拉列表,从中选择"绘制表格"选项,如图12-30所示。

④ 此时指针变成铅笔形状,在表格中从左向右绘制直线,即可绘制出表格的行,从上到下绘制直线,即可绘制出表格的列,如图12-31所示。

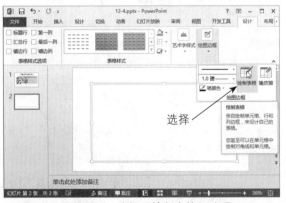
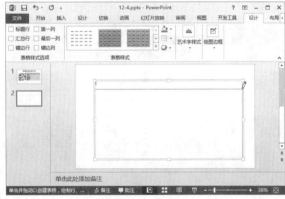

图12-30 选择"绘制表格"选项   图12-31 绘制行

⑤ 绘制好行列后,将鼠标指针移动到行列线上,当指针变成 ÷ 形状时,拖动鼠标,调整行列的高度和宽度,如图12-32所示。

⑥ 在表格中输入数据,添加文本框并输入表格的标题,最终效果如图12-33所示。

3. 插入Excel表格

【例12-9】制作名为"各部门采购清单"的Excel表格。

① 打开"插入"选项卡,单击"表格"命令组的"表格"按钮,弹出列表,从中选择"Excel电子表格"选项,如图12-34所示。

② 弹出一个Excel工作表,且工作表处于编辑状态,如图12-35所示。

图12-32　绘制好的表格

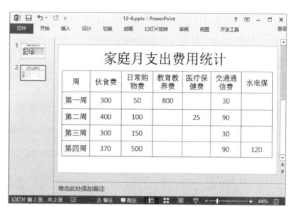

图12-33　最终效果

图12-34　选择"Excel电子表格"选项

图12-35　电子表格编辑状态

03 拖动表格四周的控制点，使编辑框内包含需要的行列数，然后单击单元格，在单元格中输入数据，如图12-36所示。

04 单击工作表旁边的空白区域，即可退出工作表编辑状态，此时在幻灯片中出现了编辑好的表格。为表格添加一个标题，最终效果如图12-37所示。

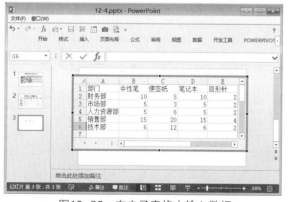

图12-36　在电子表格中输入数据

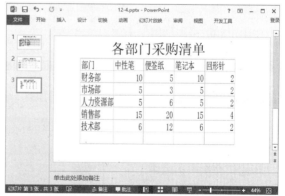

图12-37　最终显示的表格

12.2.2　设置表格

用户创建表格后，为了使表格更加美观，还可以对表格进行设置，如设置表格的布局、样式、艺术字样式等。下面介绍设置表格的相关操作。

【例12-10】拆分指定单元格，设置表格样式为"中度样式1-强调1"，设置表格中字体的艺术字效果。

01 单击表格，弹出"表格工具"活动标签，打开"布局"选项卡，单击"合并"按钮，弹出下拉列表，从中选择"拆分单元格"选项，如图12-38所示。

02 弹出"拆分单元格"对话框，将单元格的列数设置为"2"，将单元格的行数设置为"1"，然后单击"确定"按钮，如图12-39所示。

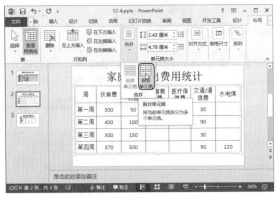
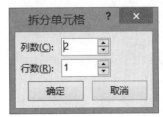

图12-38　选择"拆分单元格"选项　　　　图12-39　"拆分单元格"对话框

03 打开"设计"选项卡，勾选"表格样式选项"命令组的"标题行"复选框，如图12-40所示。

04 在"表格样式"命令组的"表格样式"列表框中，选择"中度样式1-强调1"选项，如图12-41所示。

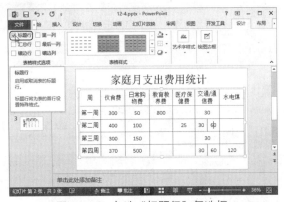
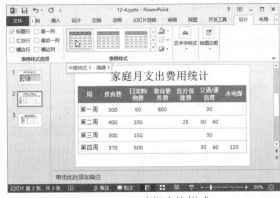

图12-40　勾选"标题行"复选框　　　　　图12-41　选择表格样式

05 选中表格的首行，单击"表格样式"命令组的"效果"按钮，弹出下拉列表，从中选择"单元格凹凸效果"|"圆"选项，如图12-42所示。

06 选中文本框中的标题，打开"格式"选项卡，单击"艺术字样式"命令组的"快速样式"按钮，弹出下拉列表，从中选择"渐变填充-蓝色，着色1，反射"选项，如图12-43所示。

07 选中表格中首列（不包含首行中的单元格），打开"设计"选项卡，单击"艺术字样式"按钮，弹出下拉列表，从中选择"快速样式"|"填充-黑色，文本1，阴影"选项，如图12-44所示。

08 设置完成后，可以查看设置好的表格，如图12-45所示。

📝 **知识点拨**

对于幻灯片中插入的Excel电子表格，需要双击工作表，或者在工作表上单击鼠标右键，从弹出的快捷菜单中选择"工作表对象"|"编辑"选项，进入工作表的编辑状态，然后对其进行设置。

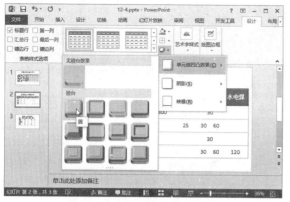

图12-42　设置单元格凹凸效果

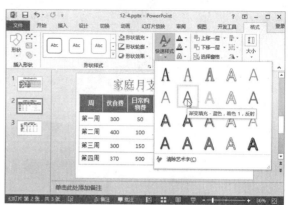

图12-43　将表格标题设置为艺术字

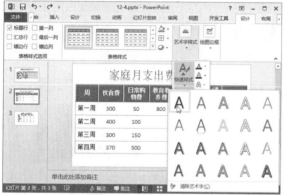

图12-44　将表格首列中的文字设置为艺术字

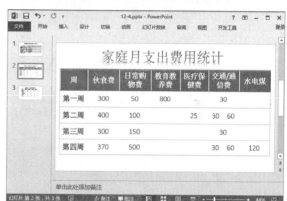

图12-45　表格的最终效果

12.3 使用图片

　　图片是幻灯片中的主角，清晰适宜的图片胜过千言万语。在幻灯片中添加图片，不仅可以使内容更加丰富，而且会使幻灯片更加美观，更具可读性。下面介绍在幻灯片中使用图片的相关操作。

12.3.1 插入图片

　　在幻灯片中插入图片，会使演示文稿在放映的过程中能够更加清楚地表达主题内容，给观者留下深刻的印象。下面介绍插入图片的相关操作。

1. 通过占位符插入图片

　　【例12-11】插入"羊"的图片。

01 打开一个演示文稿，单击"新建幻灯片"下拉按钮，弹出下拉列表，从中选择带有"图片"占位符的幻灯片版式，此处选择"内容与标题"选项，如图12-46所示。

02 插入一张新的幻灯片后，单击幻灯片占位符中的"图片"按钮，如图12-47所示。

03 弹出"插入图片"对话框，从中选择合适的图片，然后单击"插入"按钮，如图12-48所示。

04 在幻灯片的其他占位符中输入文字，对图片进行说明，最终效果如图12-49所示。

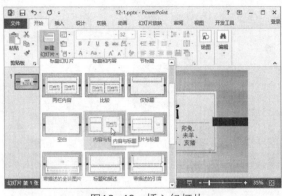

图12-46 插入幻灯片

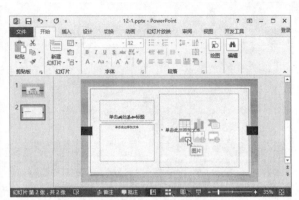

图12-47 单击"图片"按钮

图12-48 "插入图片"对话框

图12-49 最终的效果

2. 通过功能按钮插入图片

【例12-12】插入图片"猴"。

01 插入一张空白的幻灯片，打开"插入"选项卡，单击"图像"命令组的"图片"按钮，如图12-50所示。

02 弹出"插入图片"对话框，从中选择需要的图片，然后单击"插入"按钮，如图12-51所示。

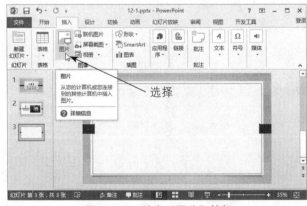

图12-50 单击"图片"按钮

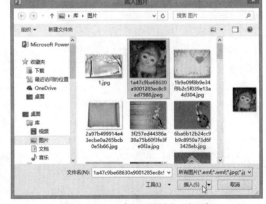

图12-51 "插入图片"对话框

03 此时，选中的图片就被插入到了幻灯片中，如图12-52所示。调整图片的大小和位置，并添加适当的文字，最终效果如图12-53所示。

图12-52 幻灯片中插入了图片

图12-53 调整后的效果

12.3.2 调整图片大小和位置

用户插入图片后，还需要对插入的图片进行适当的调整，比如调整图片的大小和位置。

1.调整图片的大小

在图片的四周有八个圆形控制点，将鼠标指针移动到控制点上，当指针变成双向箭头时，按住鼠标左键拖动鼠标，到合适位置后释放鼠标，即可调整图片的大小，如图12-54所示。

也可以单击图片，弹出"图片工具"活动标签，打开"格式"选项卡，调整"大小"命令组的"高度"和"宽度"增量框中的值，来精确调整图片的大小，如图12-55所示。

图12-54 拖动鼠标调整图片的大小

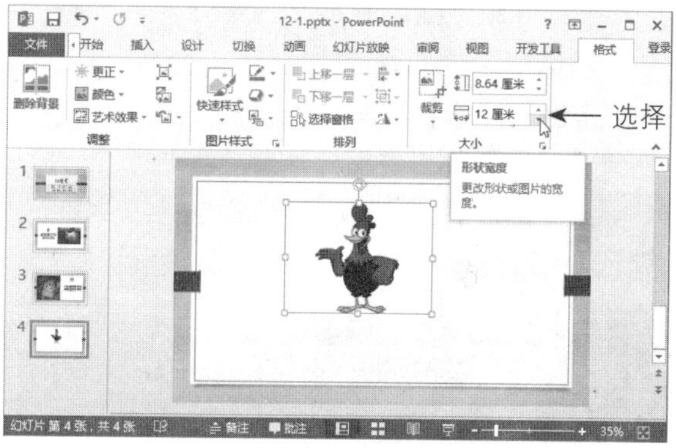

图12-55 精确调整图片的大小

2.调整图片的位置

将鼠标指针移动到图片上，当指针变成时，按住鼠标左键，拖动鼠标，到合适位置后，释放鼠标，即可将图片移动到目标位置，如图12-56所示。

也可以单击图片，弹出"图片工具"活动标签，打开"格式"选项卡，单击"大小"命令组的"对话框启动器"按钮，弹出"设置图片格式"窗格，打开"大小属性"选项卡，单击"位置"标签，从中精确设置图片的大小，如图12-57所示。

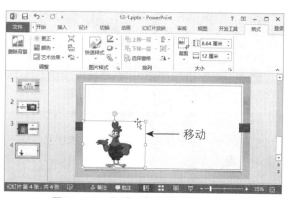

图12-56 拖动鼠标调整图片的位置

图12-57　精确调整图片的位置

知识点拨

用户也可以在"设置图片格式"窗格中精确设置图片的大小。

12.3.3　剪裁图片

对于插入到幻灯片中的图片，为了使其更好地突出主题，可以将图片中不需要的部分裁剪掉。下面介绍裁剪图片的相关操作。

1.裁剪图片的四周

【例12-13】裁剪"茶杯犬"图片。

① 单击图片，弹出"图片工具"活动标签，打开"格式"选项卡，单击"大小"命令组的"裁剪"按钮，此时图片四周出现裁剪控制点，如图12-58所示。

② 将鼠标指针移动到控制点上，按住鼠标左键，拖动鼠标即可裁剪图片，如图12-59所示。

图12-58　单击"裁剪"按钮

图12-59　裁剪图片

2.将图片裁剪成特定形状

【例12-14】将图片裁剪成"云形"。

① 单击图片，弹出"图片工具"活动标签，打开"格式"选项卡，单击"大小"命令组的"裁剪"下拉按钮，弹出下拉列表，从中选择"裁剪为形状"|"云形"选项，如图12-60所示。

② 返回图片编辑区后，可以看到图片已经被裁剪成"云形"了。将图片移动到合适位置，最终效果如图12-61所示。

图12-60 选择裁剪形状

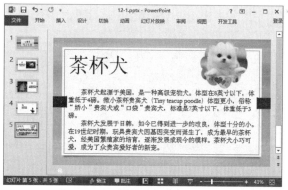

图12-61 裁剪成特定图形的效果

 知识点拨

　　在"裁剪"下拉列表中，用户还可以通过选择"纵横比""填充"和"调整"选项来裁剪图片。选择"纵横比"选项，图片会按照指定的纵横比进行裁剪；选择"填充"选项，图片的大小将会被调整，以便填充整个图片区域，同时图片会保持原始的纵横比；选择"调整"选项，调整图片的大小，以便整个图片在图片区域显示，同时保持原始纵横比。

12.3.4　自定义图片边框

　　用户在幻灯片中插入图片后，为了使图片能够显示出带相框的照片效果，可以为图片设置边框。

　　【例12-15】为图片添加边框（实线、浅蓝、8磅、三线、短划线、圆形）。

01 单击图片，弹出"图片工具"活动标签，打开"格式"选项卡，单击"图片样式"命令组的"设置形状格式"按钮，如图12-62所示。

02 弹出"设置图片格式"窗格，打开"填充线条"选项卡，单击"线条"标签，选择"实线"单选项，然后将"颜色"设置为"浅蓝"，将"宽度"设置为"8磅"，单击"复合类型"列表框的下拉按钮，弹出下拉列表，从中选择"三线"选项，如图12-63所示。

图12-62 单击"设置形状格式"按钮

图12-63 设置线条

03 单击"短划线类型"列表框的下拉按钮，弹出下拉列表，从中选择"短划线"选项，如图12-64所示。

04 单击"端点类型"列表框的下拉按钮，弹出下拉列表，从中选择"圆形"选项，如图12-65所示。

05 单击"联接类型"列表框的下拉按钮，弹出下拉列表，从中选择"圆形"选项，如图12-66所示。

06 设置完成后，关闭"设置图片格式"窗格，可以看到添加了边框的图片，如图12-67所示。

图12-64　设置短划线类型

图12-65　设置端点类型

图12-66　设置联接类型

图12-67　添加边框的图片

12.3.5　设置图片立体效果

设置三维样式和阴影效果，可以使图片显得更加立体。下面介绍使图片产生立体效果的方法。

1. 套用样式

【例12-16】设置图片样式为"棱台透视"。

01 单击图片，弹出"图片工具"活动标签，打开"格式"选项卡，单击"图片样式"命令组的"快速样式"按钮，弹出下拉列表，从中选择合适选项，此处选择"棱台透视"选项，如图12-68所示。

02 返回图片编辑区后，可以看到最终效果，如图12-69所示。

图12-68　单击"快速样式"按钮

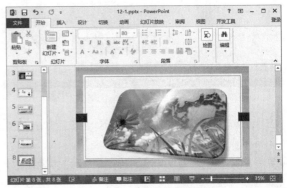

图12-69　套用样式的效果

2. 自定义样式

【例12-17】设置自定义样式（顶部棱台为"凸起"，底部棱台为"角度"，材料为"粉"，设置三维旋转和阴影）。

01 单击图片，弹出"图片工具"活动标签，打开"格式"选项卡，单击"图片样式"命令组的"设置形状格式"按钮，如图12-70所示。

02 弹出"设置图片格式"窗格，从中打开"效果"选项卡，单击"三维格式"标签，再单击"顶部棱台"按钮，从弹出的下拉列表中选择"凸起"选项，将其宽度设置为"20磅"、高度设置为"10磅"，如图12-71所示。

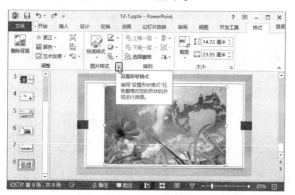

图12-70 单击"设置形状格式"按钮

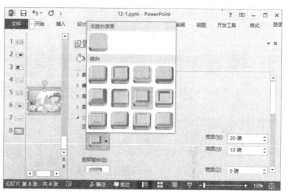

图12-71 设置顶部棱台

03 单击"底部棱台"按钮，弹出下拉列表，从中选择"角度"选项，并将其宽度设置为"20磅"、高度设置为"10磅"，如图12-72所示。

04 单击"材料"按钮，弹出下拉列表，从中选择"粉"选项，如图12-73所示。

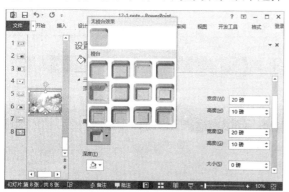

图12-72 设置底部棱台

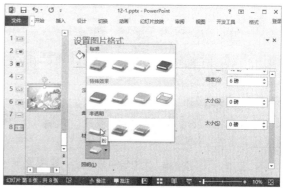

图12-73 设置材料

05 单击"三维旋转"标签，将"X旋转"设置为"310°"，将"Y旋转"设置为"310°"，将"Z旋转"设置为"50°"，如图12-74所示。

06 单击"阴影"标签，再单击"预设"按钮，弹出下拉列表，从中选择"左下斜偏移"选项，如图12-75所示。

07 设置阴影选项，将其角度设置为"181°"，将距离设置为"15磅"，如图12-76所示。

图12-74 设置三维旋转

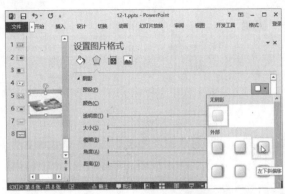

图12-75　设置预设阴影　　　　　　　　图12-76　设置阴影选项

08 设置完成后，关闭"设置图片格式"窗格。此时可以看到设置好的图片，效果如图12-77所示。

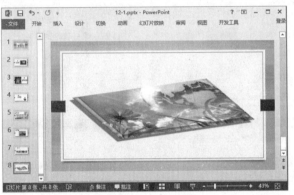

图12-77　最终效果

12.3.6　其他图片效果

除了设置图片的三维效果和阴影效果外，还可以设置图片的其他效果，如发光效果、艺术效果、映像效果等。

1.映像效果

【例12-18】设置映像效果为"映像"|"全映像，8pt偏移量"。

01 单击图片，打开"格式"选项卡，单击"图片样式"命令组的"图片效果"按钮，从弹出的下拉列表中选择"映像"|"全映像，8pt偏移量"选项，如图12-78所示。

02 设置后的效果如图12-79所示。

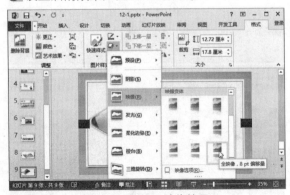

图12-78　设置映像效果

图12-79　映像效果展示

2.发光效果

【例12-19】设置发光效果（蓝色、大小50磅、透明度50磅）。

01 单击图片，打开"格式"选项卡，单击"图片样式"命令组的"图片效果"按钮，弹出下拉列表，从中选择"发光"|"发光选项"选项，如图12-80所示。

02 弹出"设置图片格式"窗格，打开"效果"选项卡，单击"发光"标签，再单击"颜色"按钮，弹出下拉列表，从中选择蓝色，如图12-81所示。

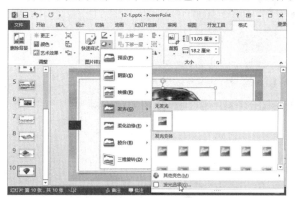
图12-80 选择"发光选项"选项

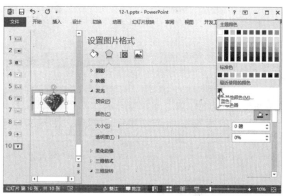
图12-81 设置发光的颜色

03 在"大小"增量框中输入"50磅"，在"透明度"增量框中输入"50%"，如图12-82所示。设置完成后，关闭窗格，即可看到设置后的效果，如图12-83所示。

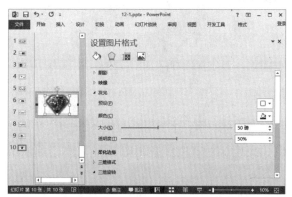
图12-82 设置发光大小和透明度

图12-83 最终效果

3.柔化边缘

【例12-20】删除图片的背景，并柔化图片边缘。

01 在图片上再添加一张图片，选中添加的图片，打开"格式"选项卡，单击"调整"命令组的"删除背景"按钮，如图12-84所示。

02 此时弹出"背景消除"选项卡，图片也出现了变化，如图12-85所示。图片中洋红色区域代表要删除的区域，框线内的区域是要保留的区域，通过调整控制点来改变背景区域，然后单击"保留更改"按钮。

图12-84 单击"删除背景"按钮

图12-85　单击"保留更改"按钮

03 单击"图片样式"命令组的"图片效果"按钮，弹出下拉列表，选择"柔化边缘"|"5磅"选项，如图12-86所示。设置完成后，即可查看合成的图片，最终效果如图12-87所示。

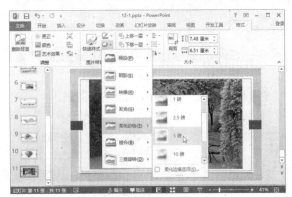

图12-86　柔化边缘

图12-87　最终效果

12.3.7　美化图片

在幻灯片中插入图片后，用户还可以对其颜色、亮度、对比度、色温等进行调整，下面介绍具体操作。

【例12-21】调整图片（"锐化：25%""亮度：0%（正常）对比度：+20%""色温：4700K""饱和度：200%"）。

01 选中图片，弹出"图片工具"活动标签，打开"格式"选项卡，单击"调整"命令组的"艺术效果"按钮，弹出下拉列表，从中选择合适的艺术效果。此处选择"画图刷"选项，如图12-88所示。

02 单击"更正"按钮，弹出下拉列表，从中设置锐化和柔化。此处选择"锐化：25%"选项，如图12-89所示。

03 再次单击"更正"按钮，弹出下拉列表，从中设置亮度和对比度。此处选择"亮度：0%（正常）对比度：+20%"选项，如图12-90所示。

04 单击"颜色"按钮，弹出下拉列表，从中设置色调。此处选择"色温：4700K"选项，如图12-91所示。

05 再次单击"颜色"按钮，弹出下拉列表，从中设置颜色饱和度。此处选择"饱和度：200%"选项，如图12-92所示。

06 设置完成后，即可在编辑区看到设置好的图片效果，如图12-93所示。

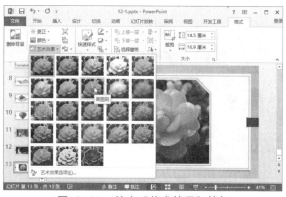

图12-88　单击"艺术效果"按钮

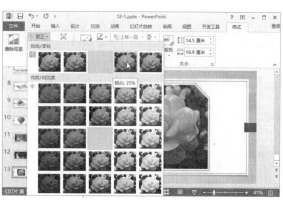

图12-89　单击"更正"按钮

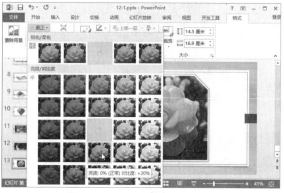

图12-90　设置亮度和对比度

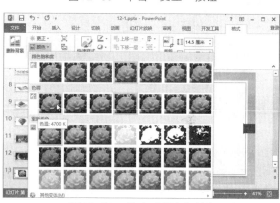

图12-91　单击"颜色"按钮

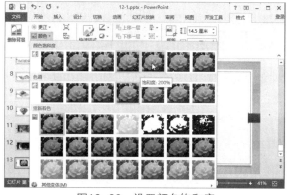

图12-92　设置颜色饱和度

图12-93　调整后的效果

知识点拨

用户还可以通过功能区的按钮进行压缩、更改和重设图片等操作。

12.4　使用图形

图形和图表在演示文稿中也是经常使用的。合适的图形可以直观地表达主题，而图表的应用，则可以帮助用户分析数据。下面介绍图形和图表的应用。

12.4.1　绘制并设置图形

要在演示文稿中使用图形，首先就需要绘制图形，然后对绘制的图形进行设置，直到达到用户的要求。

【例12-22】在幻灯片中绘制并设置"弦形"。

01 新建一个空白的演示文稿，打开"插入"选项卡，单击"插图"命令组的"形状"按钮，弹出下拉列表，从中选择"弦形"选项，如图12-94所示。

02 返回幻灯片编辑区后，在合适的位置上，按住鼠标左键，拖动鼠标，绘制图形，如图12-95所示。

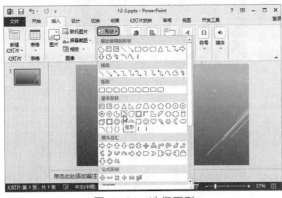

图12-94 选择图形

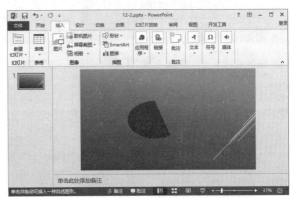

图12-95 绘制图形

03 将鼠标指针移动到图形的旋转控制柄上，按住鼠标左键，拖动鼠标，旋转图形，如图12-96所示。

04 将鼠标指针移动到图形的黄色控制点上，按住鼠标左键，拖动鼠标，编辑图形的形状，如图12-97所示。

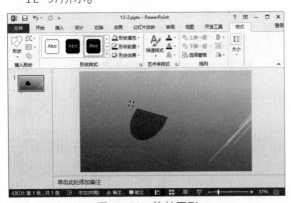

图12-96 旋转图形

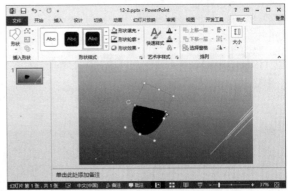

图12-97 编辑图形形状

05 打开"格式"选项卡，单击"形状样式"命令组的"设置形状格式"按钮，如图12-98所示。

06 弹出"设置形状格式"窗格，从中打开"填充线条"选项卡，单击"填充"标签，选择"渐变填充"单选项，如图12-99所示。

07 在窗格中，向下拖动右侧的滚动条。然后设置渐变颜色，调节渐变光圈，如图12-100所示。

08 打开"效果"选项卡，单击"阴影"标签，然后设置阴影选项，如图12-101所示。

09 打开"插入"选项卡，单击"图像"命令组的"图片"按钮，如图12-102所示。

10 弹出"插入图片"对话框，从中选择合适的图片，单击"插入"按钮。插入图片后的效果如图12-103所示。

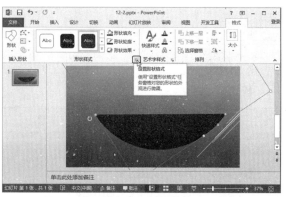

图12-98 单击"设置形状格式"按钮

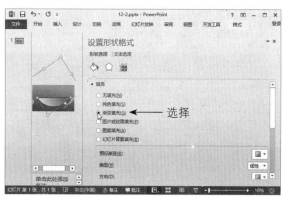

图12-99 选择"渐变填充"单选项

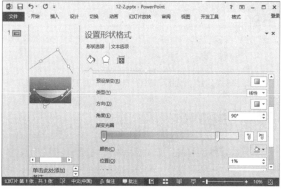

图12-100 调节渐变光圈

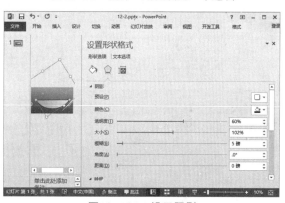

图12-101 设置阴影

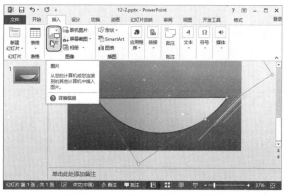

图12-102 单击"图片"按钮

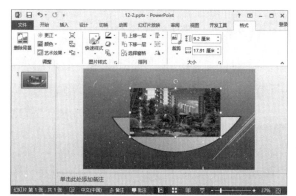

图12-103 插入图片的效果

⑪ 选中插入的图片,弹出"图片工具"活动标签,打开"格式"选项卡,单击"大小"命令组的"裁剪"下拉按钮,弹出下拉列表,从中选择"裁剪为形状"选项,并从其列表中选择合适的形状,如图12-104所示。

⑫ 单击"图片样式"命令组的"设置形状格式"按钮,打开"设置图片格式"窗格,从中打开"效果"选项卡,单击"发光"标签,将发光颜色设置为"白色",大小设置为"10磅",透明度设置为"60%",如图12-105所示。

⑬ 选中绘制的形状,打开"设置形状格式"窗格,打开"效果"选项卡,单击"柔化边缘"标签,将其大小设置为"30磅",如图12-106所示。

⑭ 调整图片和图形的位置,最终效果如图12-107所示。

图12-104　将图片剪裁成固定形状　　　　图12-105　设置图片发光效果

图12-106　设置柔化边缘　　　　图12-107　最终效果

12.4.2　图形的组合

在幻灯片中，用户可以将多个图形组合起来，成为一个图形，以便于对这些图形进行编辑。下面介绍图形的组合操作。

【例12-23】在幻灯片中组合图形并进行设置。

01 打开"插入"选项卡，单击"插图"命令组的"形状"按钮，弹出下拉列表，从中选择合适的图形，如图12-108所示。

02 在幻灯片合适位置上，按住鼠标左键并拖动鼠标绘制图形，如图12-109所示。

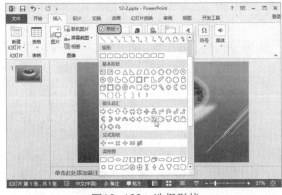 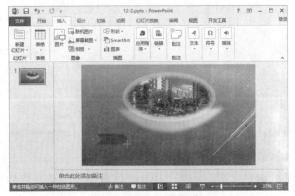

图12-108　选择形状　　　　图12-109　绘制形状

03 将绘制的图形复制三个，选中其中一个图形，打开"格式"选项卡，单击"形状样式"命令组的

"其他"按钮，弹出下拉列表，选择"细微效果–橙色，强调颜色5"选项，如图12-110所示。

04 同样的方法，为其他几个图形也设置形状样式，然后选中所有图形，单击"排列"命令组的"组合对象"按钮，弹出下拉列表，从中选择"组合"选项，如图12-111所示。

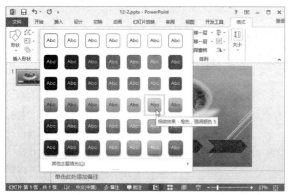

图12-110　设置形状样式

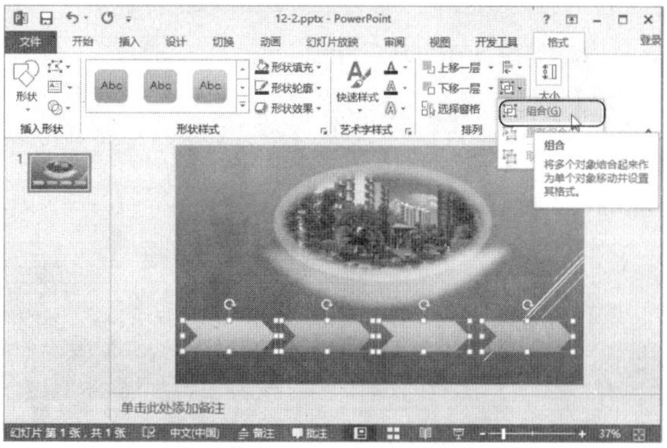

图12-111　组合对象

05 组合图形后，单击"排列"命令组的"对齐对象"按钮，弹出下拉列表，从中选择"左右居中"选项，如图12-112所示。

06 单击"形状样式"命令组的"设置形状格式"按钮，弹出"设置形状格式"窗格，从中打开"效果"选项卡，单击"三维格式"标签，接着单击"顶部棱台"按钮，从弹出的下拉列表中选择"凸起"选项，然后设置其高度和宽度，如图12-113所示。

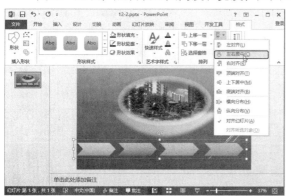

图12-112　设置组合图形的对齐方式

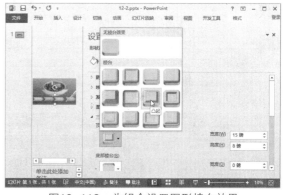

图12-113　为组合设置图形棱台效果

07 单击组合图形中的一个，在其中输入和编辑文字，如图12-114所示。用同样的方法，在其他几个组合中的图形也添加文字，最后添加幻灯片标题。本例最终效果如图12-115所示。

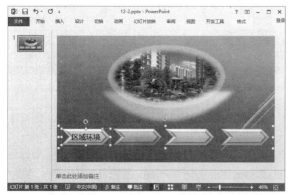

图12-114　为图形添加文字

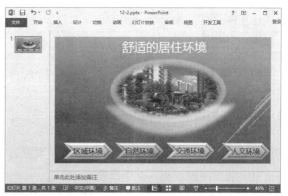

图12-115　最终效果

12.4.3 使用SmartArt图形

SmartArt图形是信息和观点的视觉表示形式，用户可以通过选择不同布局来创建SmartArt图形，从而快速、轻松、有效地传达信息。

1. 创建SmartArt图形

【例12-24】在幻灯片中插入流程图。

01 创建一个空白的演示文档，打开"插入"选项卡，单击"插图"命令组的"SmartArt"按钮，如图12-116所示。

02 弹出"选择SmartArt图形"对话框，从中打开"流程"选项卡，选择合适的流程图，然后单击"确定"按钮，如图12-117所示。

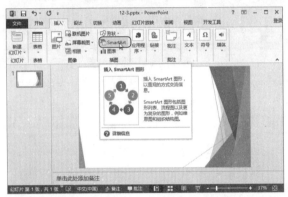
图12-116 单击"SmartArt"按钮

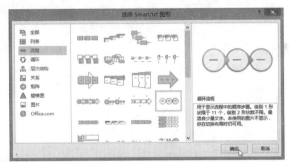
图12-117 "选择SmartArt图形"对话框

03 此时幻灯片中就插入了SmartArt图形。选择图形中的一个形状，打开"设计"选项卡，单击"创建图形"命令组的"添加形状"按钮，弹出下拉列表，从中选择"在后面添加形状"选项，如图12-118所示。

04 用同样的方法，再添加一个形状，然后在这些形状中输入文字。再添加一个文本框，在其中输入流程图的名字。本例最终的效果如图12-119所示。

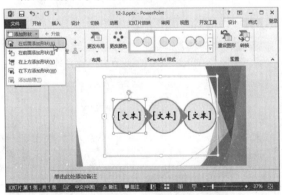
图12-118 添加形状

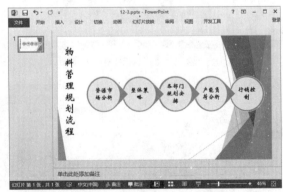
图12-119 添加文字后的效果

2. 设计SmartArt图形

【例12-25】更改SmartArt图形的布局、样式，设置单个图形的填充色，设置文本框字体。

01 选中需要设计的SmartArt图形，打开"设计"选项卡，单击"布局"命令组的"更改布局"按钮，弹出下拉列表，从中选择合适的选项，即可更改SmartArt图形的布局，如图12-120所示。

02 单击"SmartArt样式"命令组的"更改颜色"按钮，弹出下拉列表，从中选择合适的选项，即可更改SmartArt图形的颜色，如图12-121所示。

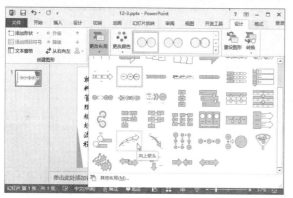

图12-120　更改布局

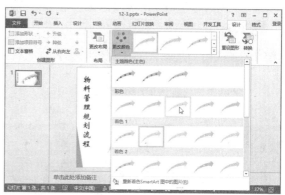

图12-121　更改颜色

03 单击"SmartArt样式"命令组的"其他"按钮，弹出下拉列表，从中选择合适选项，即可改变SmartArt图形的样式，如图12-122所示。

04 选择SmartArt图形中的一个圆形图形，打开"格式"选项卡，单击"形状样式"命令组的"形状填充"按钮，弹出下拉列表，从中选择合适的颜色，即可改变单个图形的颜色，如图12-123所示。

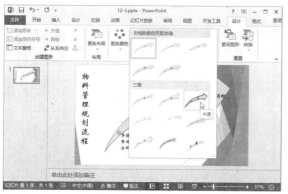

图12-122　更改样式

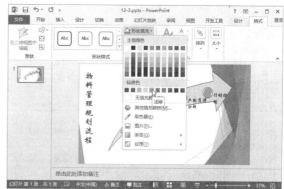

图12-123　更改单个形状按钮

05 用同样的方法，改变其他几个圆形图形的颜色。然后选中文本框中的文字，打开"开始"选项卡，单击"字体"命令组的"字号"按钮，弹出下拉列表，从中选择合适的字号，如图12-124所示。

06 设置完成后，可以看到设计后的最终效果，如图12-125所示。

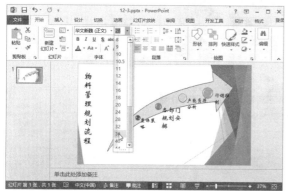

图12-124　更改文字大小

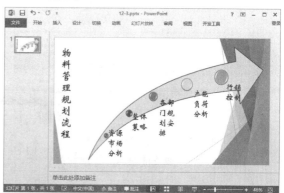

图12-125　设计后的颜色

12.5 使用音频和视频

音频和视频是幻灯片中不可缺少的组成要素。音频可以使演示文稿更加鲜活，而视频则会增加演示文稿的趣味性，使观者有一种看电影的感觉。下面介绍应用音频和视频的相关操作。

12.5.1 插入或录制音频

用户可以使用PowerPoint录制音频、插入音频文件，也可以插入来自网络的音频文件。下面介绍插入和录制音频的相关操作。

1. 插入音频文件

【例12-26】在幻灯片中插入音频文件"也许明天"。

01 打开需要插入音频的演示文稿，打开"插入"选项卡，单击"媒体"命令组的"音频"按钮，弹出下拉列表，从中选择"PC上的音频"选项，如图12-126所示。

02 弹出"插入音频"对话框，从中选择需要的音频文件，然后单击"插入"按钮，如图12-127所示。

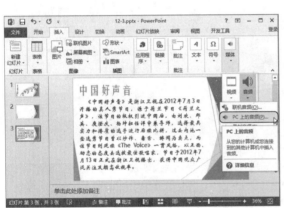

图12-126 选择"PC上的音频"选项

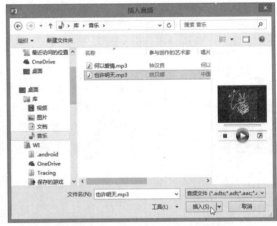

图12-127 "插入音频"对话框

03 返回幻灯片编辑区后，可以看到在幻灯片中已经插入了声音图标，如图12-128所示。

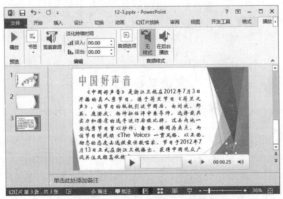

图12-128 插入音频文件后的效果

2. 录制音频

【例12-27】在幻灯片中录制音频。

01 打开"插入"选项卡，单击"媒体"命令组的"音频"按钮，弹出下拉列表，从中选择"录制音频"选项，如图12-129所示。

⓶ 弹出"录制声音"对话框，在"名称"文本框中输入录制声音的名称，然后单击"录音"按钮，开始录音，如图12-130所示。

图12-129　选择"录制音频"选项

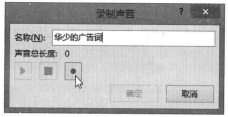

图12-130　"录制声音"对话框

⓷ 当录音结束后，单击"停止"按钮，即可停止声音的录制。此时，在对话框中会显示出声音的总长度，如图12-131所示。

⓸ 单击"确定"按钮后，返回幻灯片编辑区，即可看到代表声音信息的图标，表示已经将录制的音频插入到该幻灯片中了，如图12-132所示。

图12-131　结束录音

图12-132　显示音频图标

12.5.2　设置音频

在幻灯片中插入音频以后，用户可以对音频的音量、播放方式等进行设置。下面介绍设置声音的相关操作。

【例12-28】控制音频的播放、暂停、进度、音量大小及添加书签等。

⓵ PowerPoint 2013为音频的播放提供了一个浮动控制栏，单击控制栏上的"播放/暂停"按钮，即可控制音频的播放和暂停，如图12-133所示。

⓶ 在浮动控制栏的音频播放进度条上单击，可以将播放的进度移动到当前单击点处，并从当前单击点处继续播放，如图12-134所示。

⓷ 单击"向后移动0.25秒"按钮◀，可以将播放进度后移0.25秒，如图12-135所示。如果单击"向前移动0.25秒"按钮▶，则会使播放进度向前移动0.25秒。

⓸ 单击浮动控制栏上的"静音/取消静音"按钮，弹出一个音量滚动条，拖动滚动条上的滑块，就可对播放的音量进行控制了，如图12-136所示。

图12-133　单击"播放/暂停"按钮

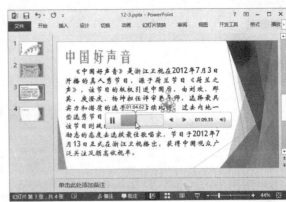

图12-134　控制播放进度

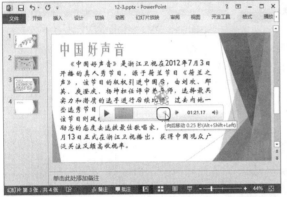

图12-135　单击"向后移动0.25秒"按钮

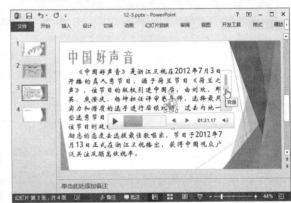

图12-136　调节音量

05 打开"音频工具-播放"选项卡，单击"音频选项"命令组中"开始"列表框的下拉按钮，弹出下拉列表，从中选择"单击时"选项，即可设置声音开始时的方式，如图12-137所示。

06 勾选"音频选项"命令组的"播完返回开头"复选框，如图12-138所示。

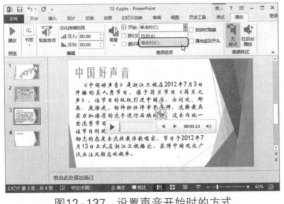

图12-137　设置声音开始时的方式

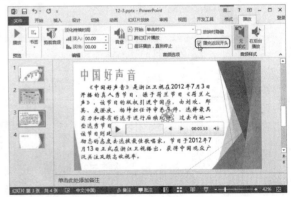

图12-138　设置音频选项

07 单击"音频选项"命令组的"音量"按钮，弹出下拉列表，从中选择合适的选项，控制播放声音的大小，如图12-139所示。

08 在"编辑"命令组中，调节"淡入"和"淡出"两个增量框中的值，即可设置在声音开始播放和播放结束时，淡入淡出效果持续的时间，如图12-140所示。

09 单击"编辑"命令组的"剪裁音频"按钮，弹出"剪裁音频"对话框，从中拖动滑块设置声音的起止时间。设置完成后单击"确定"按钮即完成剪裁音频操作，如图12-141所示。

⑩ 在播放音频时，单击"书签"按钮，弹出下拉列表，从中选择"添加书签"选项，即可为当前播放位置添加一个书签，如图12-142所示。

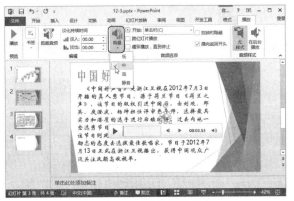

图12-139　调节音量大小

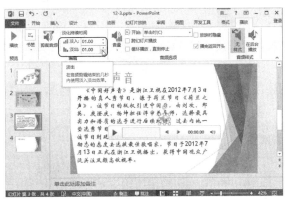

图12-140　设置淡化持续时间

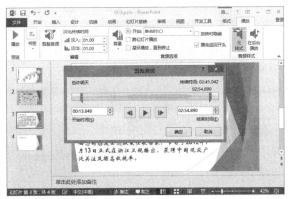

图12-141　剪辑音频

图12-142　添加书签

⑪ 用户为音频添加的书签会在播放进度条上显示为一个小圆点。当用户不再需要某个书签时，可以单击该书签（此时选中的书签变成黄色），单击"书签"按钮，弹出下拉列表，从中选择"删除书签"选项，即可删除选中的书签，如图12-143所示。

⑫ 将鼠标指针移动到声音图标上，当指针变成形时，按住鼠标左键拖动鼠标，即可将声音图标移动到需要的位置。本例最终效果如图12-144所示。

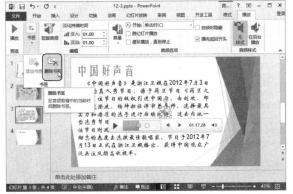

图12-143　删除书签

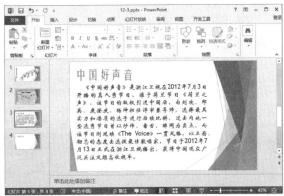

图12-144　最终状态

12.5.3 控制音频播放

除了设置音频，用户还需要控制音频的播放。什么时候开始，怎么开始，什么时候暂停，如何暂停，都需要用户进行控制。下面介绍控制音频播放的相关操作。

【例12-29】添加触发器控制音频的播放。

01 单击声音图标，打开"动画"选项卡，单击"高级动画"命令组的"动画窗格"按钮，弹出"动画窗格"窗格，如图12-145所示。

02 在"动画窗格"窗格中，单击声音选项右侧的下拉按钮，弹出下拉列表，从中选择"效果选项"选项，如图12-146所示。

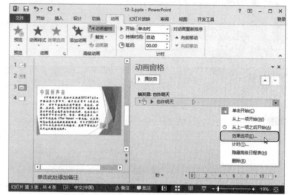

图12-145 单击"动画窗格"按钮　　　　　图12-146 选择"效果选项"选项

03 弹出"播放音频"对话框，打开"效果"选项卡，在"开始播放"选项组中选择"从头开始"单选项，在"停止播放"选项组中选择"当前幻灯片之后"单选项，然后单击"确定"按钮，如图12-147所示。

04 返回幻灯片编辑页面，在该幻灯片中添加三个文本框，分别输入"开始""暂停"和"结束"字样，如图12-148所示。这三个文本框将用来控制幻灯片在放映过程中，音频的开始、暂停和结束。

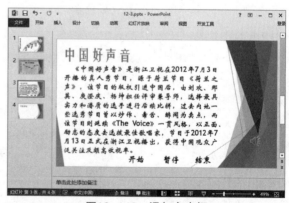

图12-147 "播放音频"对话框　　　　　图12-148 添加文本框

05 为了实现文本框对声音的控制，用户还需要进行一些设置。打开"动画窗格"窗格，单击音频选项右侧的下拉按钮，弹出下拉列表，从中选择"计时"选项，如图12-149所示。

06 弹出"播放音频"对话框，打开"计时"选项卡，单击"触发器"按钮，将其展开，选择"单击下列对象时启动效果"单选项，从其右侧的下拉列表中选择"文本框5：开始"选项，如图12-150所示。

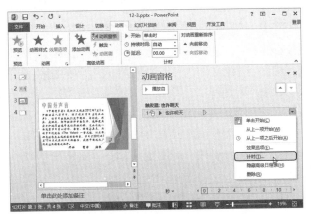

图12-149　选择"计时"选项

图12-150　选择"文本框5：开始"选项

07 接下来设置暂停触发器。单击"高级动画"命令组的"添加动画"按钮，弹出下拉列表，从中选择"暂停"选项，如图12-151所示。

08 此时在"动画窗格"窗格中，添加了音频的暂停效果选项。单击该选项右侧的下拉按钮，弹出下拉列表，从中选择"计时"选项，如图12-152所示。

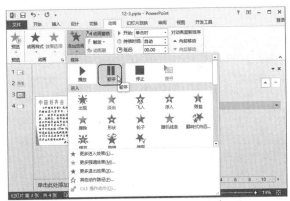

图12-151　选择"暂停"选项

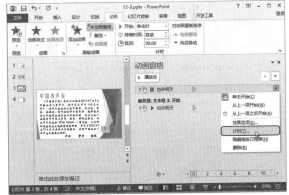

图12-152　选择"计时"选项

09 弹出"暂停音频"对话框，打开"计时"选项卡，单击"触发器"按钮，将其展开，选择"单击下列对象时启动效果"单选项，在其右侧的下拉列表中选择"文本框6：暂停"选项，然后单击"确定"按钮，如图12-153所示。

10 用同样的方法设置结束触发器。之后，在"动画窗格"窗格中显示出所有的触发器和声音控制效果，如图12-154所示。

图12-153　设置暂停触发器

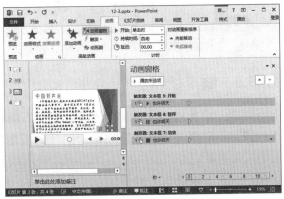

图12-154　设置好所有的触发器

12.5.4 插入视频

用户如果想在演示文稿中使用视频，需要在演示文稿中插入视频。插入的视频，可以是视频文件，也可以是联机的视频信号。下面就以插入视频文件为例，介绍插入视频的相关操作。

【例12-30】在幻灯片中插入视频文件。

01 打开演示文稿，打开"插入"选项卡，单击"媒体"命令组的"视频"按钮，弹出下拉列表，从中选择"PC上的视频"选项，如图12-155所示。

02 弹出"插入视频文件"对话框，从中选择需要的视频文件，并为其选择合适的格式，然后单击"插入"按钮，如图12-156所示。

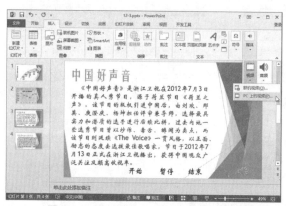

图12-155 选择"PC上的视频"选项

图12-156 "插入视频文件"对话框

03 返回幻灯片编辑区，即可看到插入的视频。视需要调整视频播放区的大小和位置，如图12-157所示。

04 单击浮动控制栏上的"播放/暂停"按钮，即可播放或暂停播放视频，如图12-158所示。

图12-157 调整视频播放区的大小和位置

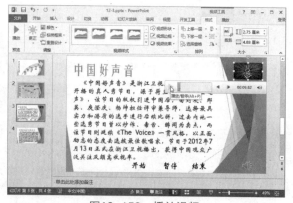

图12-158 播放视频

12.5.5 设置视频

在幻灯片中添加视频后，用户还可以对插入的视频播放区进行设置，比如设置其形状、颜色，或者添加标牌框架等。这里的添加标牌框架是指在视频中添加预览图片。添加的图片可以是视频中的某一帧，也可以是其他图片文件。下面介绍相关操作。

【例12-31】设置视频样式为"映像棱台-白色"，设置视频形状为"七角星"，更正为"亮度：0%（正常）对比度：+20%"，并添加标牌框架。

01 选中视频，弹出"视频工具"活动标签，打开"格式"选项卡，单击"视频样式"命令组的"其他"按钮，弹出下拉列表，从中选择"映像棱台-白色"选项，如图12-159所示。

02 单击"视频形状"按钮，弹出下拉列表，从中选择"七角星"选项，如图12-160所示。

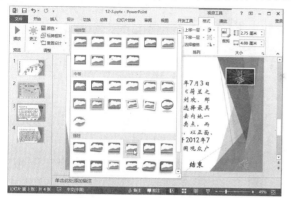
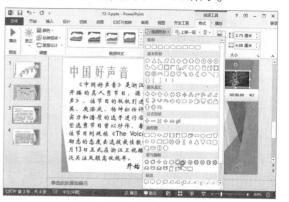

图12-159 设置视频样式 　　　　图12-160 设置视频形状

03 单击"更正"按钮，弹出下拉列表，从中选择"亮度：0%（正常）对比度：+20%"选项，如图12-161所示。

04 单击"标牌框架"按钮，弹出下拉列表，从中选择"当前框架"选项，如图12-162所示。

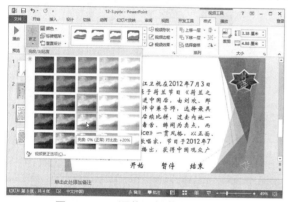
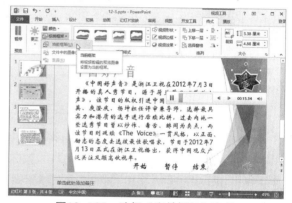

图12-161 调整视频亮度和对比度 　　　图12-162 选择"当前框架"选项

05 此时在浮动控制栏中显示"标牌框架已设定"字样，视屏将显示刚才指定的标牌框架图片。如果用户想添加其他图片做为标牌框架，可以单击"标牌框架"按钮，从弹出的下拉列表中选择"文件中的图像"选项，如图12-163所示。

06 弹出"插入图片"窗格，单击"浏览"按钮，如图12-164所示。

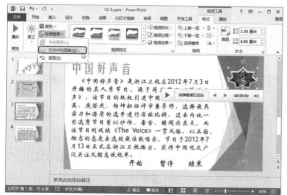
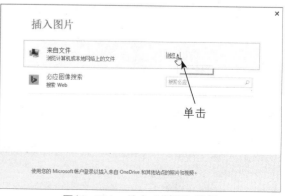

图12-163 选择"文件中的图像"选项 　　　图12-164 单击"浏览"按钮

07 弹出"插入图片"对话框，从中选择需要的图片，单击"插入"按钮，如图12-165所示。

08 返回编辑区，即可看到视频中已经显示出指定的图片，如图12-166所示。

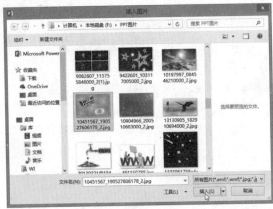
图12-165 "插入图片"对话框

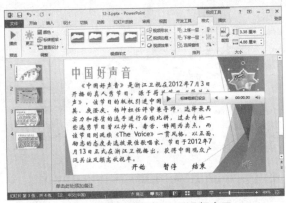
图12-166 图片插入到视频中了

知识点拨

播放视频的操作和播放声音的操作基本相同，在此就不再赘述了。

12.6 上机实训

通过对本章内容的学习，读者对设计演示文稿的操作有了更深地了解。下面再通过两个练习来拓展一下所学的知识。

12.6.1 制作游记相册

在PowerPoint 2013中，用户可以批量导入图片，制成电子相册。下面将介绍制作相册的详细过程。

01 启动PowerPoint 2013，打开"插入"选项卡，单击"图像"命令组的"相册"按钮，如图12-167所示。

02 弹出"相册"对话框，从中单击"文件/磁盘"按钮，如图12-168所示。

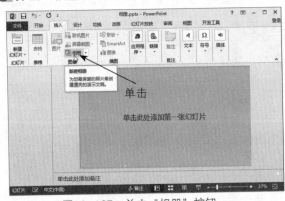
图12-167 单击"相册"按钮

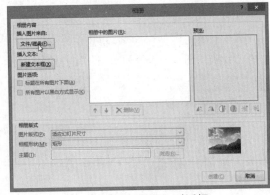
图12-168 "相册"对话框

03 弹出"插入新图片"对话框，从中选择需要的一组图片，然后单击"插入"按钮，如图12-169所示。

04 此时，选择的图片全部添加到了"相册"对话框的"相册中的图片"列表框中。单击"图片版式"列表框的下拉按钮，弹出下拉列表，从中选择图片版式。此处选择"2张图片（带标题）"选项，如图12-170所示。

图12-169 "插入新图片"对话框

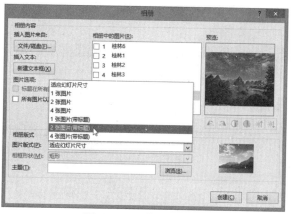

图12-170 设置图片版式

05 单击"相框形状"列表框的下拉按钮，弹出下拉列表，从中选择合适的相框形状。此处选择"简单框架，白色"选项，如图12-171所示。

06 单击"主题"文本框右侧的"浏览"按钮，如图12-172所示。

图12-171 设置相框形状

图12-172 单击"浏览"按钮

07 弹出"选择主题"对话框，从中选择合适的主题，然后单击"选择"按钮，如图12-173所示。

08 返回"相册"对话框，在"相册中的图片"列表框中，勾选需要调整位置的图片，单击"向上"或"向下"按钮，调整其位置，如图12-174所示。

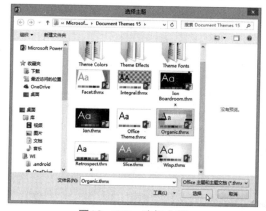

图12-173 选择主题

图12-174 移动图片位置

09 在"相册中的图片"列表框中勾选图片，如"桂林1"图片，然后单击"新建文本框"按钮，为图片添加一个文本框，如图12-175所示。

10 用同样的方法，为其他图片也各自添加一个文本框。添加完毕后，单击"创建"按钮，如图12-176所示。

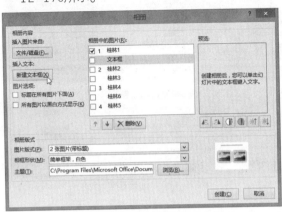

图12-175　为图片添加文本框

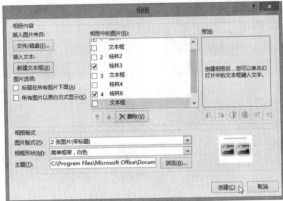

图12-176　单击"创建"按钮

11 返回编辑区。首先看到的是相册的封面效果，相册的封面是由系统自动生成的，如图12-177所示。用户可以根据需要修改封面中的文字等内容。

图12-177　相册封面

12 进入相册页面后，进一步调整相册中图片和文本框的位置及大小，在文本框中添加合适的文字，最后将相册保存起来。最终的相册效果如图12-178所示。

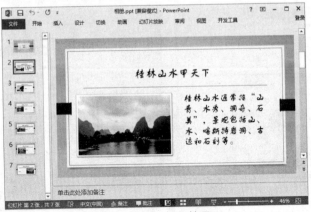

图12-178　相册效果

12.6.2 创建和编辑图表

在PowerPoint 中，用户可以创建多种图表类型，从而满足演示的需求。创建好图表后，用户还可以对图表进行设置，比如设置图标类型、布局、样式等。

01 打开演示文稿，在"单击此处添加文本"占位符中单击"插入图表"按钮，如图12-179所示。

02 弹出"插入图表"对话框，选择合适的图表，此处选择"柱形图" | "三维簇状柱形图"选项，然后单击"确定"按钮，如图12-180所示。

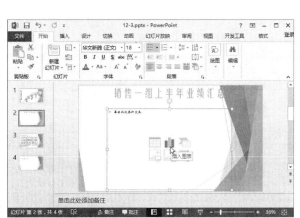

图12-179 单击"插入图表"按钮

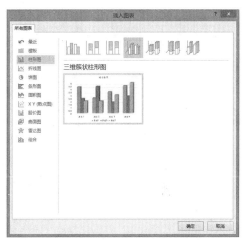

图12-180 "插入图表"对话框

03 弹出一个名为"Microsoft PowerPoint 中的图表"的工作表和一个模板图表。在工作表中，修改原始数据，如图12-181所示。

04 数据修改完成后，关闭工作表，返回幻灯片编辑区，可以看到插入的图表，如图12-182所示。

图12-181 修改工作表的数据

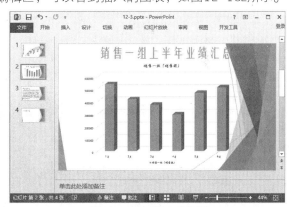

图12-182 插入的图表

05 选中图表，弹出"图表工具"活动标签，打开"设计"选项卡，单击"类型"命令组的"更改图表类型"按钮，如图12-183所示。

06 弹出"更改图表类型"对话框，从中选择合适的图表类型，此处选择"折线图" | "带数据标记的折线图"选项，单击"确定"按钮，如图12-184所示。

07 单击"图表样式"命令组的"更改颜色"按钮，弹出下拉列表，从中选择图表的颜色，此处选择"颜色7"选项，如图12-185所示。

08 单击"图表样式"命令组的"其他"按钮，弹出下拉列表，从中选择合适的图表样式，此处选择"样式15"选项，如图12-186所示。

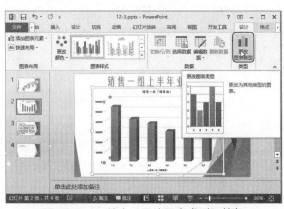

图12-183 单击"更改图表类型"按钮

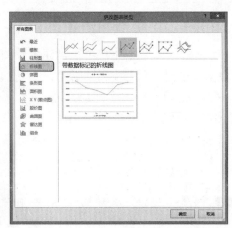

图12-184 "更改图表类型"对话框

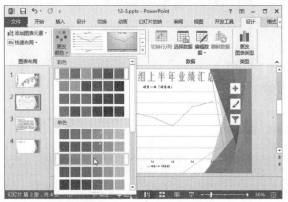

图12-185 选择图表颜色

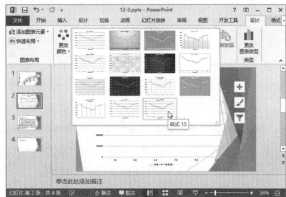

图12-186 设置样式

09 单击图表的图表区，打开"格式"选项卡，单击"形状样式"命令组的"形状填充"按钮，弹出下拉列表，从中选择"浅绿"选项；再次单击"形状填充"按钮，从下拉列表中选择"渐变" | "中心辐射"选项，如图12-187所示。

10 接着单击图表的绘图区，单击"形状样式"命令组的"设置形状格式"按钮，如图12-188所示。

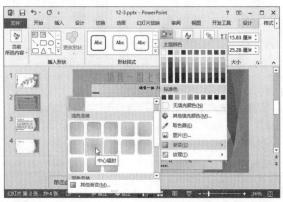

图12-187 设置图表区颜色

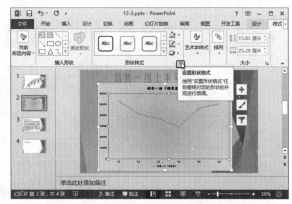

图12-188 单击"设置形状格式"按钮

11 弹出"设置绘图区格式"窗格，从中打开"填充线条"选项卡，单击"填充"标签，选择"图片或纹理填充"单选项，然后单击"文件"按钮，如图12-189所示。

12 弹出"插入图片"对话框，从中选择合适的背景图片，然后单击"插入"按钮，如图12-190所示。

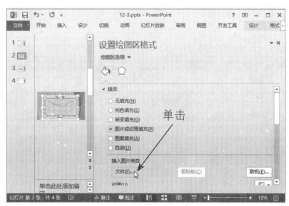

图12-189 "设置绘图区格式"窗格

图12-190 "插入图片"对话框

⑬ 返回"设置绘图区格式"窗格,打开"效果"选项卡,单击"柔化边缘"标签,从中将柔化边缘的大小设置为"100磅",如图12-191所示。

⑭ 关闭"设置绘图区格式"窗格,在数据系列上单击鼠标右键,弹出快捷菜单,从中选择"设置数据系列格式"选项,如图12-192所示。

图12-191 设置柔化边缘

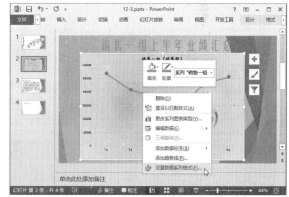

图12-192 选择"设置数据系列格式"选项

⑮ 弹出"设置数据系列格式"窗格,打开"填充线条"选项卡,单击"线条"标签,选择"实线"单选项,将其宽度设置为"5磅",如图12-193所示。

⑯ 单击"标记"按钮,单击"数据标记选项"标签,选择"内置"单选项,然后设置其类型和大小,如图12-194所示。

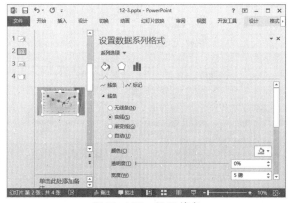

图12-193 设置线条

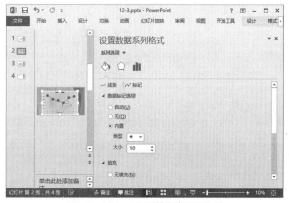

图12-194 设置数据标记选项

⑰ 然后设置标记的填充色。单击"填充"标签，将其颜色设置为"红色"，如图12-195所示。

⑱ 接下来设置数据系列的三维格式。打开"效果"选项卡，单击"三维格式"标签，将顶部棱台的宽度和高度都设置为"6磅"，如图12-196所示。

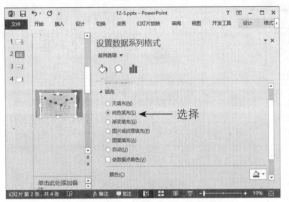

图12-195　设置数据标记填充色

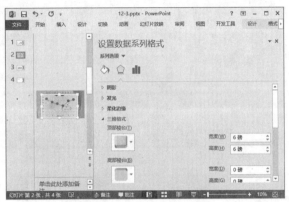

图12-196　设置三维格式

⑲ 关闭"设置数据系列格式"窗格。选中图表，打开"设计"选项卡，单击"图表布局"命令组的"添加图表元素"按钮，弹出下拉列表，从中选择"数据标签"｜"下方"选项，如图12-197所示。

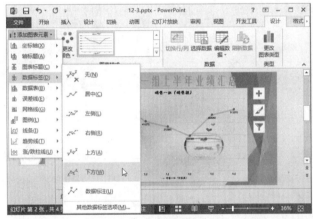

图12-197　添加数据标签

⑳ 返回图表编辑区，修改图表中文字的大小，调整图表的位置。最终效果如图12-198所示。

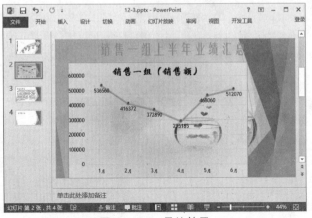

图12-198　最终效果

　　下面将对学习过程中常见的疑难问题进行汇总，以帮助读者更好地理解前面所讲的内容。

Q：如何给相册中的图片添加标题？

A： 打开相册演示文稿，打开"插入"选项卡，单击"图像"命令组的"相册"按钮，弹出下拉列表，从中选择"编辑相册"选项。弹出"编辑相册"对话框，从中勾选"标题在所有图片下面"复选框，然后单击"更新"按钮。返回幻灯片编辑区后，修改图片下方的标题文本占位符，在其中输入描述该图片的标题即可。

Q：如何恢复裁剪后的图片？

A： 选中图片，弹出"图表工具"活动标签，打开"格式"选项卡，单击"大小"命令组的"裁剪"按钮。此时图片处于被裁剪状态，向外拖动图片四周的裁剪控制点，恢复灰色的被裁剪掉的图片部分即可，如图12-199所示。

Q：如何使演示文稿的图片随时更新？

A： 在演示文稿中插入图片时，打开"插入"选项卡，单击"图像"命令组的"图片"按钮，弹出"插入图片"对话框，从中选择合适的图片，然后单击"插入"下拉按钮，弹出下拉列表，从中选择"链接到文件"选项，之后单击"插入"按钮，如图12-200所示。这样插入图片后，只要系统中对插入的图片进行了修改，那么演示文稿中的图片也会自动更新，免去了反复修改的麻烦。

图12-199　恢复图片

图12-200　选择"链接到文件"选项

Q：怎样利用联机图片寻找免费图片？

A： 当用户制作演示文稿时，难免会需要寻找做为辅助素材的图片。这时候不用急着登录网站去搜索，可以打开"插入"选项卡，单击"图像"命令组的"联机图片"按钮，然后在"搜索必应"文本框中输入所需图片的关键字，单击"搜索"按钮。此时，搜索到的图片都是微软提供的免费图片，不涉及任何版权，可以放心使用。

Q：在PowerPoint中，可以不可以使用格式刷快速复制对象格式呢？

A： 在PowerPoint中，想要制作相同格式的艺术字，可以设置其中的一个艺术字，然后选中它，打开"开始"选项卡，单击"剪贴板"命令组的"格式刷"按钮，然后指针会变成刷子形状，单击其他文字，即可将当前艺术字样式复制到其他文字上。其实，不仅是艺术字，自选图形、文本框、图片等，都可以使用格式刷来快速复制出完全相同的格式。

为了让读者更好地掌握本章所学的知识，可以通过以下两个练习来巩固，一个是练习使用SmartArt图形，一个是练习使用屏幕截图。

◉ 制作"配送方式"循环图

本例将在演示文稿中添加循环图，在图上输入文字，并更改循环图的样式和颜色。最终效果如图12-201所示。

图12-201　最终效果

操作提示

01 打开"选择SmartArt图形"对话框。

02 选择合适的循环图，插入幻灯片。

03 在图形中输入文字。

04 更改图形的样式。

05 更改图形的颜色。

◉ 制作"教学课件"演示文稿

本例将在"教学课件"演示文稿中插入屏幕截图、剪裁图片以及添加文本框和艺术字。最终效果如图12-202所示。

图12-202　教学课件

操作提示

01 单击"屏幕截图"按钮，选择"截屏剪辑"选项。

02 在屏幕上截图。

03 剪裁截图。

04 调整图片的大小和位置。

05 为图片添加说明文字。

打造幻灯片动画效果

本章概述　幻灯片动画效果分为切换效果和自定义动画效果两类。幻灯片切换效果是指由一张幻灯片切换到下一张幻灯片时，下一张幻灯片的整体进入效果。自定义动画效果包括四种类型，分别是进入动画、退出动画、强调动画和路径动画。这些动画效果主要是在幻灯片放映过程中，用于控制幻灯片内部元素进入、退出时的效果。本章将对上述动画效果的设置方法进行详细介绍。

知识要点
- 切换效果；
- 自定义动画效果；
- 制作动画的原则；
- 典型的动画效果。

13.1　幻灯片的切换效果

切换效果是幻灯片的整体动画效果，它决定了切换到下一张幻灯片时，该幻灯片以何种方式显示，也就是新幻灯片的进入方式。

13.1.1　创建切换效果

在PowerPoint中，用户可以通过打开功能区中的"切换"选项卡来选择合适的切换效果。

【例13-1】为第一张幻灯片添加"帘式"切换效果，为第二张幻灯片添加"传送带"切换效果。

01 选中第一张幻灯片，打开"切换"选项卡，单击"切换到此幻灯片"命令组的"其他"按钮，从下拉列表中选择"帘式"选项，如图13-1所示。

02 此时，在"幻灯片"窗格中，第一张幻灯片的左侧多出了一个"播放动画"按钮，单击此按钮，可以播放该幻灯片，如图13-2所示。

图13-1　为第一张幻灯片选择切换效果

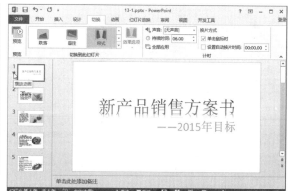

图13-2　添加切换效果后

03 在"幻灯片"窗格中,单击第二张幻灯片,打开"切换"选项卡,单击"切换到此幻灯片"命令组的"其他"按钮,弹出下拉列表,从中选择"传送带"选项,如图13-3所示,为第二张幻灯片添加切换效果。

04 用同样的方法,为其他几张幻灯片添加切换效果。在"幻灯片"窗格中,单击第一张幻灯片,按"F5"键放映幻灯片,效果如图13-4所示。

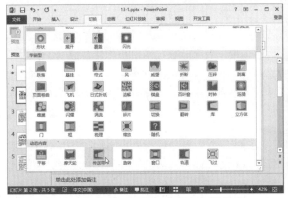

图13-3 为第二张幻灯片添加切换效果

图13-4 放映幻灯片的效果

13.1.2 设置切换效果

用户添加切换效果后,还可以对该切换效果进行设置,如调整切换效果的选项、为切换添加声音、调整切换效果持续的时间等。

【例13-2】调整幻灯片的切换效果为"弹跳切出",添加声音"风声",并设置声音持续的时间。

01 选中需要设置切换效果的幻灯片,打开"切换"选项卡,单击"效果选项"按钮,弹出下拉列表,从中选择"弹跳切出"选项,如图13-5所示。

02 在"计时"命令组中,单击"声音"下拉按钮,弹出下拉列表,从中选择合适的声音,此处选择"风声"选项,如图13-6所示。

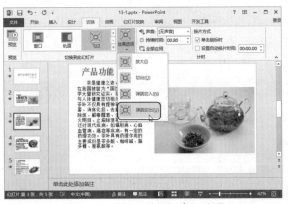

图13-5 选择"弹跳切出"选项

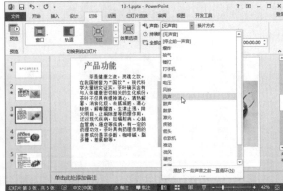

图13-6 设置声音

03 在"持续时间"增量框中输入时间,或者单击增量框的"持续时间"按钮,调整声音持续的时间,如图13-7所示。

04 在"换片方式"栏中,勾选"设置自动换片时间"复选框,并在其右侧的增量框中调整切换时间值,如图13-8所示。

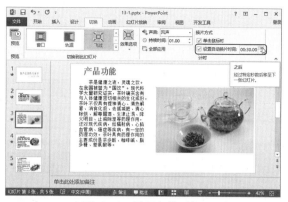

图13-7　设置声音持续时间　　　　　　图13-8　设置切换时间

13.2　初识自定义动画

PowerPoint中的动画效果有四种类型，分别是进入动画、强调动画、退出动画和路径动画。它们还可以相互组合，形成组合动画。

13.2.1　进入动画效果

进入动画是自定义动画效果中最基本的类型，它可以使幻灯片中的对象从无到有，陆续出现在幻灯片中。

【例13-3】设置幻灯片中元素的进入动画效果。

① 新建演示文稿，在幻灯片中绘制箭头，如图13-9所示。随后再复制出两个同样的箭头形状，并更改其颜色。然后添加文字，如在第一个箭头形状中输入"进入第一章"。

② 单击第一个形状，打开"动画"选项卡，单击"动画样式"按钮，弹出下拉列表，从中选择"翻转式由远及近"选项，如图13-10所示。

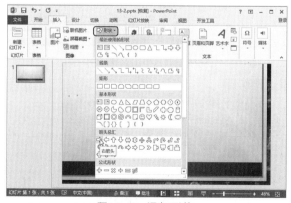

图13-9　添加形状　　　　　　图13-10　设置第一个形状的进入动画

③ 单击第二个形状，单击"动画样式"按钮，弹出下拉列表，从中选择"更多进入效果"选项，如图13-11所示。

④ 弹出"更改进入效果"对话框，从中选择合适的进入效果样式，然后单击"确定"按钮，如图13-12所示。

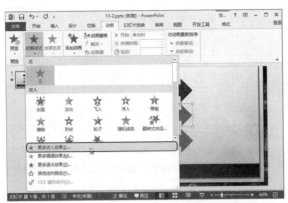

图13-11 选择"更多进入效果"选项　　　　图13-12 "更改进入效果"对话框

05 为第三个形状添加动画效果。选中第一个形状中的文字，单击"添加动画"按钮，弹出下拉列表，从中选择"轮子"选项，如图13-13所示。

06 为三个形状中的文字分别添加动画效果，此时，在形状的左边会出现类似 1 4 这样的按钮。如单击按钮 6 ，表示选中第六次添加的效果，同时，"效果选项"按钮被启动，通过该按钮可以对动画效果做进一步设置。单击"效果选项"按钮，弹出下拉列表，从中选择"3轮幅图案"选项，如图13-14所示。

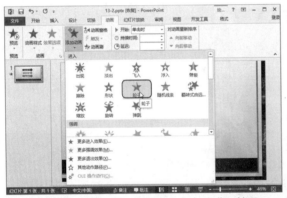
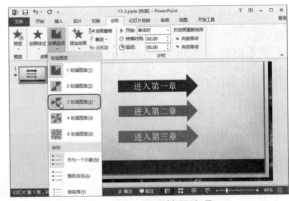

图13-13 设置第一个图形中文字的进入效果　　　　图13-14 设置效果选项

07 设置完成后，单击"预览"按钮，可以预览设置的动画效果，如图13-15所示。

08 预览过程中，幻灯片会由空白到依次出现形状，最后依次出现文字，如图13-16所示。

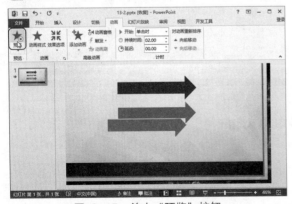
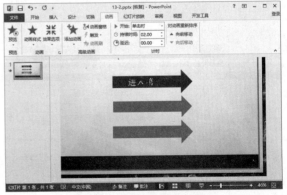

图13-15 单击"预览"按钮　　　　图13-16 预览动画效果

13.2.2 强调动画效果

强调动画是在播放的过程中用来引起观众注意的一类动画。通过设置强调动画，可以使幻灯片在放映过程中，其内容发生变化，如形状变化、颜色变化等。常用的强调动画效果有放大、陀螺旋、透明等。

1. 陀螺旋

"陀螺旋"是让对象保持中心不变，按照顺时针或逆时针方向在平面旋转的效果。

【例13-4】设置图片的强调效果为"陀螺旋"。

01 打开演示文稿，选中需要添加强调动画效果的对象，打开"动画"选项卡，单击"动画样式"按钮，弹出下拉列表，从中选择"陀螺旋"选项，如图13-17所示。

02 单击"幻灯片"窗格中的"播放动画"按钮，可以看到设置了动画效果的对象会像陀螺一样旋转，如图13-18所示。

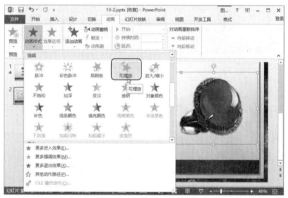

图13-17 设置强调动画

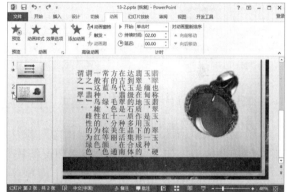

图13-18 强调动画的效果

2. 放大/缩小动画

"放大/缩小动画"会使选中的对象在原基础上变大。

【例13-5】添加图片的强调效果为"放大/缩小"。

01 为例13-4中选择的对象再添加一个强调效果。选择对象，单击"添加动画"按钮，弹出下拉列表，从中选择"放大/缩小"选项，如图13-19所示。

02 单击"预览"按钮，即可预览所设置的动画效果，如图13-20所示。对象慢慢变大，然后再恢复原来的大小。

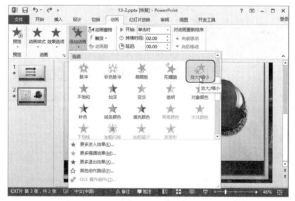

图13-19 选择"放大/缩小"选项

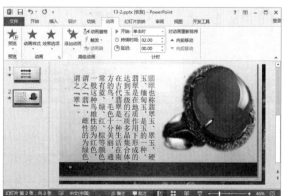

图13-20 放大效果

3. 透明动画

"透明动画"会使对象的透明度增加，使对象变得透明。

【例13-6】添加图片的强调效果为"透明"。

01 单击"添加动画"按钮，弹出下拉列表，从中选择"透明"选项，如图13-21所示。

02 单击"预览"按钮，即可预览该效果，如图13-22所示。

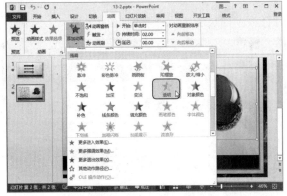
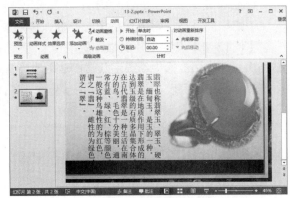

图13-21　选择"透明"选项　　　　　　　图13-22　透明效果

13.2.3　退出动画效果

退出动画是进入动画的逆过程，即对象从有到无、陆续消失的一个动画过程。虽然退出动画使用相对较少，但却是实现画面之间保持连贯，平稳过渡必不可少的选择。

【例13-7】设置幻灯片元素的退出效果。

01 选中需要设置退出效果的四个图形，打开"动画"选项卡，单击"动画样式"按钮，弹出下拉列表，从中选择"飞出"选项，如图13-23所示。

02 将四个图形都添加退出效果。单击左上角的图形，单击"效果选项"按钮，弹出下拉列表，从中选择"到左上部"选项，如图13-24所示。

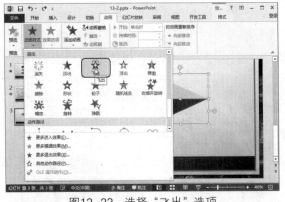
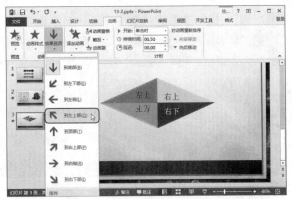

图13-23　选择"飞出"选项　　　　　　　图13-24　选择"到左上部"选项

03 单击右上角的图形，单击"效果选项"按钮，弹出下拉列表，从中选择"到右上部"选项，如图13-25所示。用同样的方法，设置左下角和右下角的图形。

04 选中四个图形，单击"效果选项"按钮，弹出下拉列表，从中选择"作为一个对象"选项，如图13-26所示。

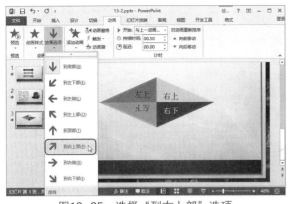

图13-25 选择"到右上部"选项

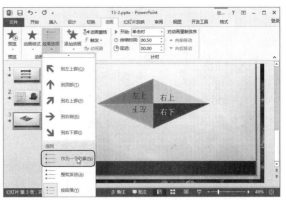

图13-26 选择"作为一个对象"选项

05 在"计时"命令组的"持续时间"增量框中输入数值，设置退出动画效果的持续时间，如图13-27所示。

06 单击"预览"按钮，预览退出动画效果，如图13-28所示。四个图形分别向左上、左下、右上和右下飞出。

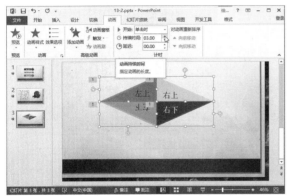

图13-27 设置动画效果持续的时间

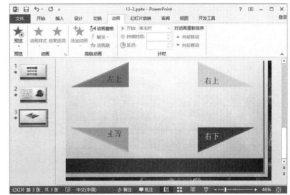

图13-28 退出动画效果

📝 **知识点拨**

退出动画一般与进入动画保持一致，怎么进入的，就按相反的方向退出。此外还要注意保持动画的连贯性。

13.2.4 路径动画效果

路径动画是指让对象按照绘制的路径运动的动画效果。这种动画效果可以使幻灯片的画面千变万化。

【例13-8】为幻灯片中的雪花图片设置不同的路径动画，形成雪花飞舞的效果。

01 将幻灯片的背景设置为蓝色图片，并在幻灯片中插入很多雪花图片。单击一张雪花图片，打开"动画"选项卡，单击"动画样式"按钮，弹出下拉列表，从中选择"循环"选项，如图13-29所示。

02 此时在选中的图片旁边出现一个 1 ，表示这是第一个动画效果。单击另一张图片，单击"动画样式"按钮，从下拉列表中选择"其他动作路径"选项，如图13-30所示。

03 弹出"更改动作路径"对话框，列出了各种各样的动作路径。用户可以根据需要选择合适的路径，此处选择"涟漪"选项，然后单击"确定"按钮，如图13-31所示。

04 如果"更改动作路径"对话框中的路径不能满足用户的需求，用户还可以自定义路径。选中一个雪花图片，单击"动画样式"按钮，从下拉列表中选择"自定义路径"选项，如图13-32所示。

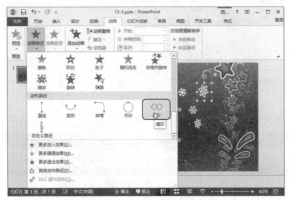

图13-29 选择"循环"选项　　　　　图13-30 选择"其他动作路径"选项

图13-31 "更改动作路劲"对话框

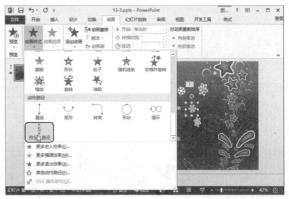

图13-32 选择"自定义路径"选项

⑤ 此时指针变成"十"状。在幻灯片中单击创建路径起点，移动鼠标绘制路径，在合适的位置单击
鼠标左键创建顶点，如图13-33所示。绘制到路径的终点后，双击鼠标结束路径的绘制。此时动
画预览一次，在幻灯片中将会显示绘制的路径。

⑥ 在绘制的路径上单击鼠标右键，弹出快捷菜单，从中选择"编辑顶点"选项，如图13-34所示。

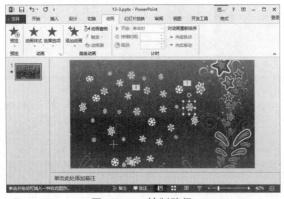

图13-33 绘制路径

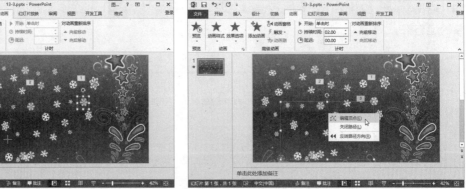

图13-34 选择"编辑顶点"选项

⑦ 在编辑状态下路径会变成一条红色的线，黑色的小方块表示顶点。将鼠标指针移动到顶点上，当指
针变成⊕时，按住鼠标左键，拖动鼠标即可移动顶点的位置，改变路径形状，如图13-35所示。

⑧ 编辑好顶点后，在路径上再次单击鼠标右键，从快捷菜单中选择"平滑顶点"选项，如图13-36
所示。

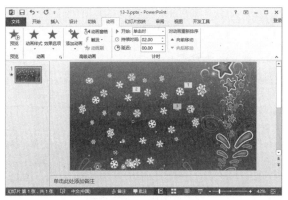

图13-35 移动顶点

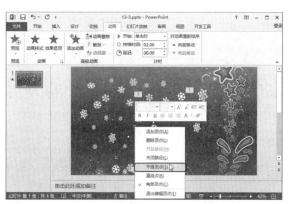

图13-36 选择"平滑顶点"选项

09 此时，路径中的顶点被平滑处理，如图13-37所示。

10 接下来选中另一个雪花图片，单击"动画样式"按钮，弹出下拉列表，从中选择"自定义路径"选项，然后在幻灯片中绘制路径，如图13-38所示。

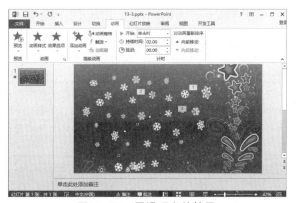

图13-37 平滑顶点的效果

图13-38 设置其他图形的自定义路径

11 在该路径上右击，弹出快捷菜单，从中选择"反转路径方向"选项，如图13-39所示。此时，图片移动的方向正好与绘制的路径相反。

12 打开"动画窗格"窗格，其中列示了所有动画效果。在一个动画效果上右击，从右键菜单中选择"从上一项开始"选项，如图13-40所示。将所有的动画效果都设置为"从上一项开始"。

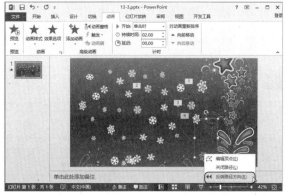

图13-39 选择"反转路径方向"选项

图13-40 选择"从上一项开始"选项

13 关闭窗格，返回幻灯片编辑区后，所有的动画效果都被设置为同时播放，如图13-41所示。

14 单击"预览"按钮，即可查看设置的路径动画效果，如图13-42所示。

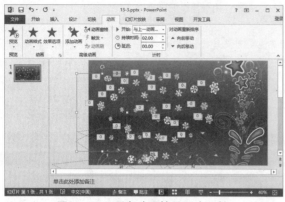
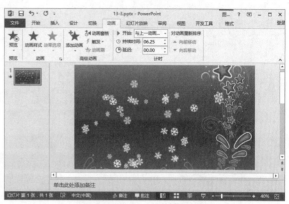

图13-41 所有动画效果同步开始　　　　　　　　　图13-42 预览动画效果

13.3　制作动画的基本原则

用户在制作演示文稿动画时，应遵循一些基本的设计原则，否则制作出来的动画将不能达到预期的效果。

13.3.1　目标明确原则

为PowerPoint添加动画效果，是为了吸引观众的眼球，突出强调需要表达的主题。所以，用户在制作PowerPoint时，需要注意目标明确原则。只有针对不同的用户，制作不同的动画才会给观众留下深刻的印象。

要做到目标明确，需要注意以下三点。

1. 突出重点，适当夸张

用户制作的演示文稿都有一个主题。每一份演示文稿中都会存在重点内容，这些重点内容，需要用户突出强调它们，使它们醒目，让观众一下子就知道这是重点。为此，有必要夸张这部分内容。

【例13-9】为一个宣传环保的幻灯片设置项目的强调效果。重点强调两项内容，第一是绿色交通，第二是低碳出行。

01 将幻灯片中的八个字设置得较大，以下拉的方式出场，如图13-43所示。

02 当文字部分出现后，自右侧驶入一辆绿色的自行车，以突出绿色出行。在放映过程中，"绿色交通"四个字还会像波浪一样起伏波动，如图13-44所示。

图13-43 进入效果　　　　　　　　　　　　图13-44 强调效果1

⑬ 接下来设置"低碳出行"四个字，令其会改变颜色，并变大显示，如图13-45所示。

⑭ 然后为了突出低碳出行方式，自行车会逐渐变大显示，如图13-46所示。通过这类强调就可以使绿色交通，低碳出行变得很醒目。

图13-45　强调效果2

图13-46　强调效果3

2. 动画分主次

在为幻灯片添加动画效果时，要注意分清主次。要使主要的内容用炫目的主动画效果表现，一般的内容以次要动画效果表现，不宜太张扬，只为增加画面的生动性。

【例13-10】设置流星的主动画效果。

① 在一张表现流星滑过天空的幻灯片上，流星和文字是整个画面的主题，此处的设计是使流星从左上角滑下，如图13-47所示，使文字如转动的风车般出现，如图13-48所示。

② 幻灯片添加了不断闪烁的星星，但为了衬托流星而使它们或隐或现，令画面更加生动合理。

图13-47　进入效果1

图13-48　进入效果2

3. 大规模动画的使用

为了使演示文稿足够醒目，同时使用非常多的动画来抓住观众的眼球，就可以使观众目不暇接，让他们感受到视觉的冲击力和震撼力。

【例13-11】设置大量商标同时出现。

① 在幻灯片中添加大量成功的商标案例，将它们都设置为"缩放"的进入效果。

② 并且将它们设置为从幻灯片中心向外缩放。这样就会使众多的商标从幻灯片中心向外集中出现，让观众目不暇接，如图13-49和图13-50所示。

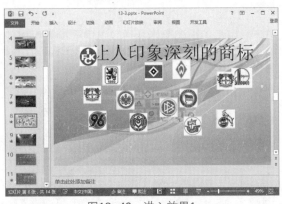

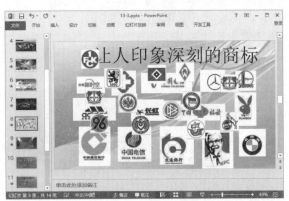

图13-49　进入效果1　　　　　　　　图13-50　进入效果2

13.3.2　逻辑性原则

逻辑性原则强调动画使用的场合，动画使用的多少，动画效果的程度等，简言之就是要有一个度。逻辑性原则可以分为简洁原则和适当原则，下面详细介绍这两个原则。

1. 简洁原则

在一些严谨的商务场合，演示文稿中不宜增加过多的修饰性动画，而应该直接展示演示的内容。要知道，使用动画是为了突出强调演示文稿的内容，如果这些动画效果遮盖了需要表达的内容，那么就失去了添加动画的意义。在一些严肃的场合和时间受限的场合，如年终总结、工作汇报、科学研究等，演示文稿中的动画效果能省则省。

【例13-12】年终总结和商业计划书适用简洁原则。

01 年终总结时，用户的主要目的是汇报这一年自己取得的成就、工作心得和对未来的计划，由于时间有限，所以要突出重点，简明扼要，如图13-51所示。

02 商业计划书中只需添加少许的动画效果，要把重点放在阐述计划书的内容上，如图13-52所示。

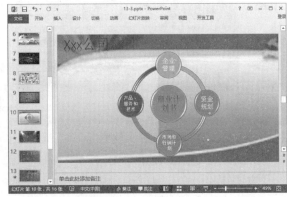

图13-51　年终总结　　　　　　　　图13-52　商业计划

2. 适当原则

任何事情都要有个度，要找到一个适当的平衡点，超过这个度，就会带来适得其反的效果。在演示文稿的制作中，用户也需要把握一个度，就是遵循适当原则。

针对不同的场合和人群，动画的使用频率也要注意，比如严肃的场合少用动画，欢快的场合多用动画，保守的人面前少用动画，前卫的人面前多用动画。在添加动画效果时，动画的多少，效果的强弱，都需要适当，这样才能达到想要的效果。

13.3.3 尊重事实原则

用户在添加动画效果时，要在遵循事实的基础上对动画进行创新，要有自己的风格。

1. 尊重事实原则

尊重事实是指遵循事物本来的变化规律，符合人们的常识。具体而言，需要遵循下列规律。

- 立体对象变化时，其阴影也随之变化。
- 由近到远，对象看盐业肯定是由大到小。
- 球形物体的运动时常伴随着弹跳或者旋转。
- 场景的切换需注意衔接。
- 任何物体的变化都是有原因的。

【例13-13】立体对象变化时，其阴影也随之变化。

下面演示的是一个立体对象，随着太阳位置的变化，立体对象的阴影也会随之发生变化，如图13-53和图13-54所示。

图13-53　初始效果　　　　　　　　　　图13-54　变化效果

用户为幻灯片添加效果时，应注意其合理性，遵循自然原则，这样才不会给人以突兀的感觉，更容易让观众接受。

2. 创意原则

创意是传统的叛逆，打破常规的哲学，是一种智能的拓展。它是具有新颖性和创造性的想法。幻灯片的制作不能缺少动画，而动画则不能缺少创意。在创意中，有几点是非常重要的，第一是新，不一样的东西总能引起别人的好奇；第二是巧，将精心设计的东西以一种巧妙的形式展现，更能让观众接受；第三是趣，有趣才能引起别人的注意，只有抓住观众的眼球，才能达到预想的效果；最后是准，准的意思是准确地表达作者的意思。所以幻灯片动画的设计需要根据内容而变化，而不是一成不变的。用户在显示自己创意的同时，要注意立意新颖，表达巧妙，画面有趣以及内容表达准确，这样才能制作出好的演示文稿。

13.4 经典动画效果设计

下面介绍几种常见的典型动画效果，供用户使用时参考。

13.4.1 典型目录效果

目录紧跟在片头和封面之后，目录需要有创意，才能吸引别人的眼球。目录有很多种，根据不同的目录，可以设置不同的目录动画。下面就以添加动画效果的目录为例，介绍创意目录的制作方法。

添加效果后，会使中间的"目录"形状首先以"淡出"方式出现，接着是三个圆形以"缩放"的方式出现，然后三个序号按钮以"浮入"方式出现，并且从中间的"目录"处滑向各自的位置，最后，几个文本框会以"切入"的方式出现。

【例13-14】为幻灯片目录添加动画效果。

01 选中最中间的名为"目录"的形状，打开"动画"选项卡，单击"动画样式"按钮，弹出下拉列表，从中选择"淡出"选项，如图13-55所示。

02 选中三个圆形，单击"动画样式"按钮，弹出下拉列表，从中选择"缩放"选项，如图13-56所示。

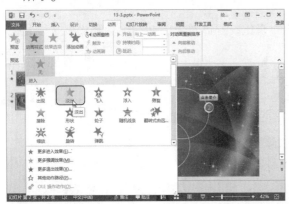
图13-55 选择"淡出"选项

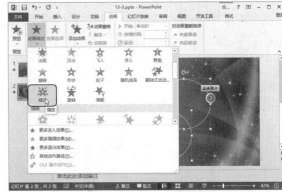
图13-56 选择"缩放"选项

03 选中三个序号，单击"动画样式"按钮，弹出下拉列表，从中选择"浮入"选项，如图13-57所示。

04 单独选中序号2，单击"添加动画"按钮，弹出下拉列表，从中选择"自定义路径"选项，如图13-58所示。

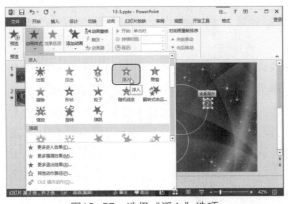
图13-57 选择"浮入"选项

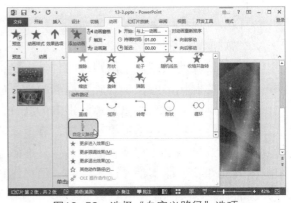
图13-58 选择"自定义路径"选项

05 此时，指针变成"+"状，单击序号2，然后移动鼠标，到目录的中间位置，双击鼠标左键，绘制出路径，如图13-59所示。

06 在路径上右击，弹出快捷菜单，从中选择"反转路径方向"选项，如图13-60所示。

07 用相似的方法，为序号1和序号3也添加路径动画效果。然后选中三个文本框，单击"动画样式"按钮，弹出下拉列表，从中选择"更多进入效果"选项，如图13-61所示。

08 弹出"更改进入效果"对话框，从中选择"切入"选项，然后单击"确定"按钮，如图13-62所示。

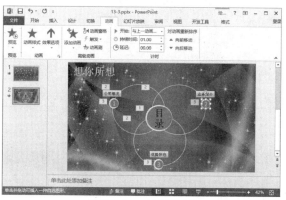

图13-59　绘制路径

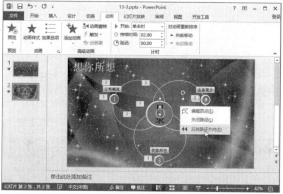

图13-60　选择"反转路径方向"选项

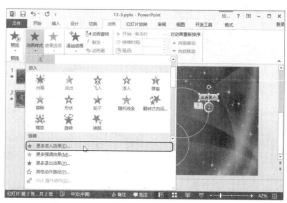

图13-61　选择"更多进入效果"选项

图13-62　"更改进入效果"对话框

⑨ 单击"高级动画"命令组的"动画窗格"按钮，打开"动画窗格"窗格，在效果5上单击鼠标右键，弹出快捷菜单，从中选择"从上一项开始"选项，如图13-63所示。用同样的操作，将需要一起播放的效果设置到一起。

⑩ 在窗格中，将鼠标指针移动到效果时间条上，当指针变成↔时，按住鼠标左键拖动鼠标，调节效果持续的时间，如图13-64所示。

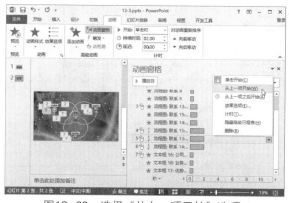

图13-63　选择"从上一项开始"选项

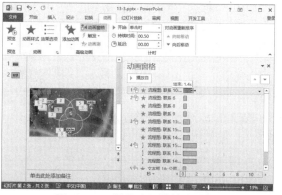

图13-64　调节动画持续的时间

⑪ 为了方便设置同时播放的效果，可以将它们同时选中，然后在"计时"命令组中，调节"持续时间"增量框和"延迟"增量框中的值，来进行设置，如图13-65所示。

⑫ 设置好所有效果的时间后，单击"预览"按钮，即可预览设置的动画效果，如图13-66所示。

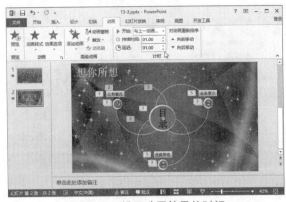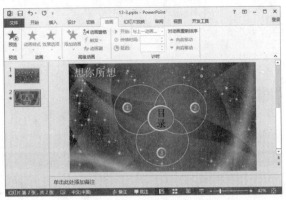

图13-65　设置动画效果的时间　　　　　　　　　　图13-66　动画播放效果

13.4.2　情景动画效果

情景动画是用动画描述一种现实场景，用来说明问题或者作为一种象征。情景动画最直接的效果就是增强生动性。

【例13-15】为幻灯片设置场景动画效果。

① 选中幻灯片中的"志存高远"文本框，打开"动画"选项卡，单击"动画"命令组的"动画样式"按钮，从下拉列表中选择"更多进入效果"选项，如图13-67所示。

② 弹出"更改进入效果"对话框，从中选择"挥鞭式"选项，然后单击"确定"按钮，如图13-68所示。

图13-67　选择"更多进入效果"选项　　　　图13-68　"更改进入效果"对话框

③ 选中幻灯片底部的空白文本框，打开"更改进入效果"对话框，从中选择"玩具风车"选项，如图13-69所示，单击"确定"按钮。

④ 选中logo，单击"动画样式"按钮，从弹出的下拉列表中选择"飞入"选项，如图13-70所示。

⑤ 选中中间的一只鹰，打开"更改进入效果"对话框，从中选择"螺旋飞入"选项，单击"确定"按钮，如图13-71所示。

⑥ 选中右侧的鹰，打开"更改进入效果"对话框，从中选择"上浮"选项，单击"确定"按钮，如图13-72所示。

⑦ 选择第二个文本框，打开"更改进入效果"对话框，从中选择"弹跳"选项，单击"确定"按钮，如图13-73所示。

08 选择"超越更高的目标"文本框，打开"更改进入效果"对话框，从中选择"下拉"选项，单击"确定"按钮，如图13-74所示。

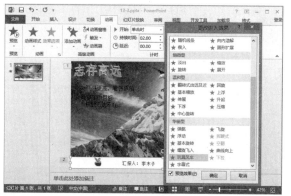

图13-69 选择"玩具风车"选项

图13-70 选择"飞入"选项

图13-71 选择"螺旋飞入"选项

图13-72 选择"上浮"选项

图13-73 选择"弹跳"选项

图13-74 选择"下拉"选项

09 选中"汇报人……"文本框和"单位……"文本框，设置动画效果为"飞入"。然后单独选中"汇报人……"文本框，单击"效果选项"按钮，弹出下拉列表，从中选择"自右侧"选项，如图13-75所示。

10 选中"单位……"文本框，单击"效果选项"按钮，弹出下拉列表，从中选择"自顶部"选项，如图13-76所示。

11 为了使logo、"汇报人……"文本框和"单位……"文本框同时播放，用户需要单击"动画窗格"按钮，弹出"动画窗格"窗格，在需要同步的动画效果上单击鼠标右键，从弹出的下拉列表中选择"从上一项开始"选项，如图13-77所示。

⓬ 用同样的方法设置好所有的同步动画后，在窗格中设置动画效果的持续时间，如图13-78所示。

图13-75 选择"自右侧"选项

图13-76 选择"自顶部"选项

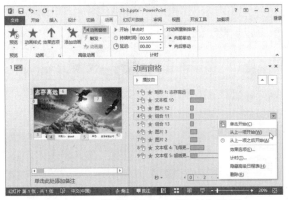

图13-77 选择"从上一项开始"选项

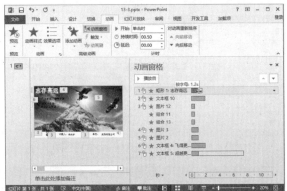

图13-78 设置动画时长

⓭ 用同样的方法，设置其他效果的持续时间，如图13-79所示。

⓮ 关闭窗格，单击"幻灯片"选项卡中的"播放动画"按钮播放动画。动画开始时是一张雪山的背景幻灯片，然后"志存高远"四个字以"挥鞭式"方式出现，接着幻灯片底部白色文本框以"玩具风车"方式出现，然后logo、"汇报人……"文本框和"单位……"文本框同时出现，只是出现的方式不同，如图13-80所示。

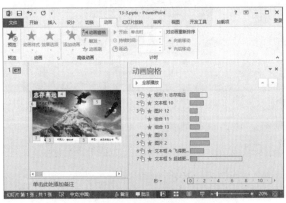

图13-79 各动画效果时长

图13-80 播放效果1

⓯ 接着两只鹰依次按照设置好的动画效果出现，如图13-81所示。当鹰到位后，出现"飞得更高"等文字，也是按照预先设置的动画效果出现的。最终效果如图13-82所示。

图13-81 播放效果2

图13-82 最终效果

13.4.3 柱形起伏效果

在进行销售分析、财务分析时，往往会在幻灯片中添加柱形图。为了使枯燥的柱形图生动有趣，用户可以将其设置为按照一定的顺序升起和落下，像音乐喷泉一样起伏。

【例13-16】为幻灯片中的柱形图添加动画效果。

01 选中坐标轴，打开"动画"选项卡，单击"动画"命令组的"动画样式"按钮，弹出下拉列表，从中选择"更多进入效果"选项，如图13-83所示。

02 弹出"更改进入效果"对话框，从中选择"切入"选项，单击"确定"按钮，如图13-84所示。

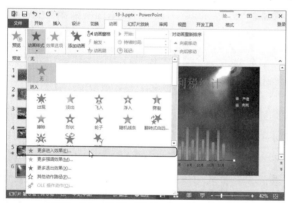

图13-83 选择"更多进入效果"选项

图13-84 "更改进入效果"对话框

03 选中横坐标轴，单击"效果选项"按钮，弹出下拉列表，从中选择"自左侧"选项，如图13-85所示。选中纵坐标轴，单击"效果选项"按钮，从下拉列表中选择"自底部"选项。

04 选中所有的蓝色柱形，单击"动画样式"按钮，弹出下拉列表，从中选择"更多进入效果"选项，弹出"更改进入效果"对话框，从中选择"切入"选项，如图13-86所示。

05 选中所有的绿色柱形，单击"动画样式"按钮，弹出下拉列表，从中选择"更多进入效果"选项，弹出"更改进入效果"对话框，从中选择"切入"选项，如图13-87所示。

06 选中图例，单击"动画样式"按钮，弹出下拉列表，从中选择"弹跳"选项，如图13-88所示。

07 选中标题，单击"动画样式"按钮，弹出下拉列表，从中选择"更多进入效果"选项，弹出"更改进入效果"对话框，从中选择"上浮"选项，如图13-89所示。

08 选中蓝色柱形左数第一个，在"计时"命令组中，设置其持续时间和延迟时间，如图13-90所示。

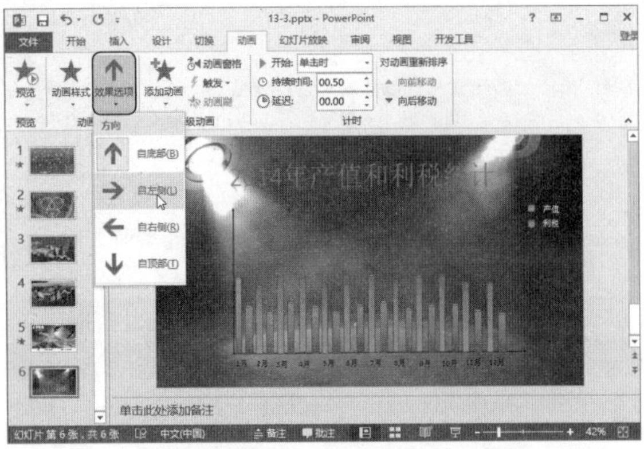

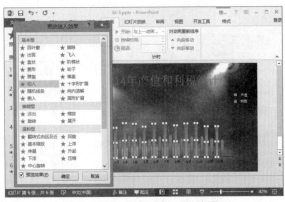

图13-85 选择"自左侧"选项

图13-86 选择"切入"选项

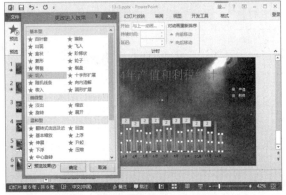

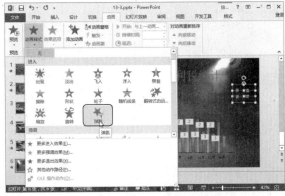

图13-87 选择"切入"选项

图13-88 选择"弹跳"选项

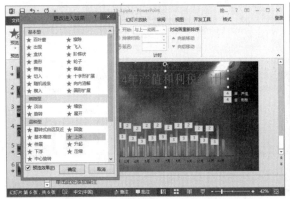

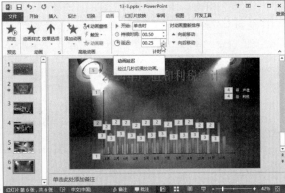

图13-89 选择"上浮"选项

图13-90 设置蓝色柱形动画效果的时间

09 然后设置第二个柱形,持续时间与第一个相同,但是延迟时间每次增加0.25秒。依次设置所有的蓝色柱形。

10 选中左边第一个绿色柱形,在"计时"命令组中,设置其持续时间和延迟时间,如图13-91所示。然后依次设置其他的绿色柱形,每次的持续时间相同,但是延迟时间每次增加0.25秒。

11 单击"高级动画"命令组的"动画窗格"按钮,弹出"动画窗格"窗格,将鼠标指针放置在需要调整播放次序的效果项上,当指针变成上下的箭头时,按住鼠标左键拖动,将效果项拖至合适位置释放,即可调整效果的播放次序,如图13-92所示。

12 调整好所有动画效果的播放次序后,关闭"动画窗格"窗格。单击"幻灯片"窗格的"播放动画"按钮,播放动画。播放效果如图13-93和图13-94所示。

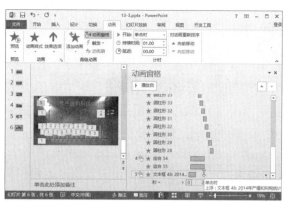

图13-91 设置绿色柱形动画效果的时间　　　　　　图13-92 设置动画播放次序

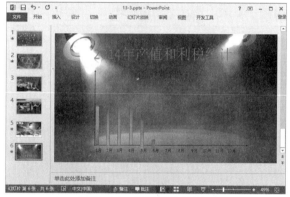

图13-93 动画播放效果1　　　　　　　　　图13-94 动画播放效果2

知识点拨

设置柱形起伏的效果，播放时间不宜太长。

13.5 上机实训

通过对本章内容的学习，读者对PowerPoint动画效果有了更深地了解。下面再通过实例介绍一种常见的动画效果，以及超链接的应用。

13.5.1 表格切换效果

有时幻灯片中的表格过长，就需要将其切割放置到几张幻灯片中，这就要用到幻灯片的切换。那么是否可以在一张幻灯片中播放长表格呢？当然有，利用表格切换动画就可以很好地解决这个问题，先将表格分割成几个部分，共用一个表头，其他部分通过单击鼠标进行切换即可。

01 将表格分成四个小表格。单击任意一个表格，弹出"表格工具"活动标签，打开"布局"选项卡，单击"排列"按钮，弹出下拉列表，从中选择"选择窗格"选项，如图13-95所示。

02 此时，在页面右侧弹出"选择"窗格，窗格中显示出幻灯片中所有的表格，如图13-96所示。

03 在"选择"窗格中，单击表格8和表格5的眼睛图标，隐藏表格8和表格5，调整表格2和表格5的位置，如图13-97所示。

04 隐藏表格6，显示表格8，将表格8移动到表格2的下方，也就是覆盖在表格6的位置上，如图13-98所示。

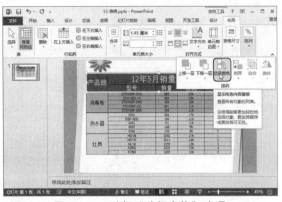

图13-95 选择"选择窗格"选项

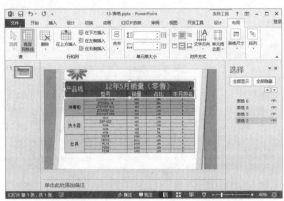

图13-96 显示"选择"窗格

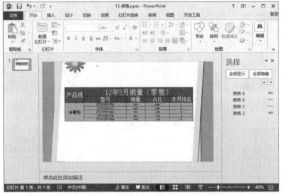

图13-97 隐藏表格8和表格5

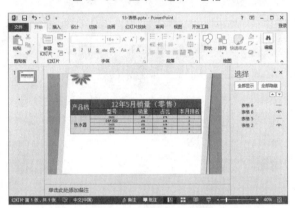

图13-98 将表格8叠加到表格6上

05 用同样的方法,将表格5也叠加到表格6的位置上。然后通过"选择"窗格中的眼睛图标,隐藏和显示表格。为表格添加一个标题,如图13-99所示。

06 选中标题,打开"动画"选项卡,在"动画"列表框中选择"淡出"选项,如图13-100所示。

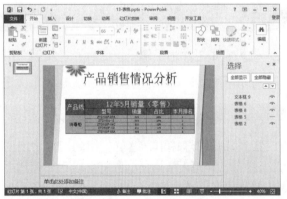

图13-99 添加表格标题

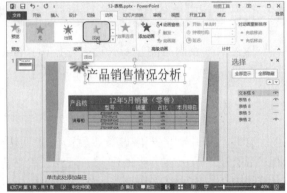

图13-100 选择"淡出"选项

07 选中表格2,将其进入动画也设置为"淡出",如图13-101所示。

08 选中表格6,单击"动画"命令组的"其他"按钮,弹出下拉列表,从中选择"更多进入效果"选项,如图13-102所示。

09 弹出"更改进入效果"对话框,从中选择"下浮"选项,然后单击"确定"按钮,如图13-103所示。

⑩ 为表格6添加退出动画。单击"添加动画"按钮，弹出下拉列表，从中选择"擦除"选项，如图13-104所示。

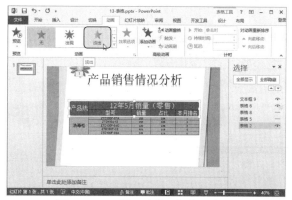

图13-101 设置表格2的进入动画

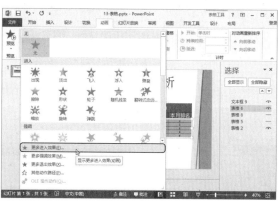

图13-102 选择"更多进入效果"选项

图13-103 "更改进入效果"对话框

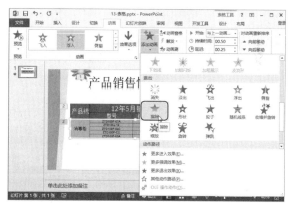

图13-104 选择"擦除"选项

⑪ 单击"效果选项"按钮，弹出下拉列表，从中选择"自左侧"选项，将表格6设置为从左侧向右擦除退出，如图13-105所示。

⑫ 隐藏表格6，显示表格8，选中表格8，单击"动画"命令组的"其他"按钮，从中选择"擦除"选项，如图13-106所示。

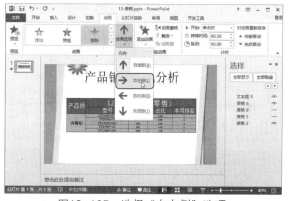

图13-105 选择"自左侧"选项

图13-106 设置表格8进入效果

⑬ 单击"效果选项"按钮，选择"自左侧"选项，如图13-107所示。

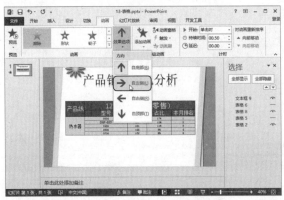

图13-107　选择"自左侧"选项

⓮ 随后为表格8添加退出效果。单击"添加动画"按钮，从下拉列表中选择"擦除"选项，如图13-108所示。

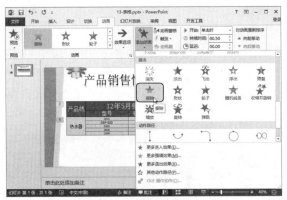

图13-108　设置表格8的退出效果

⓯ 单击"效果选项"按钮，从下拉列表中选择"自左侧"选项，如图13-109所示。用同样的方法，为表格5也添加"擦除"的进入动画，也是选择自左侧擦除。

⓰ 设置完成后，单击"动画窗格"按钮，弹出"动画窗格"窗格，从中将表格6的进入动画设置成和表格2的进入动画同时发生。在表格6进入动画效果项单击鼠标右键，弹出快捷菜单，从中选择"从上一项开始"选项，如图13-110所示。

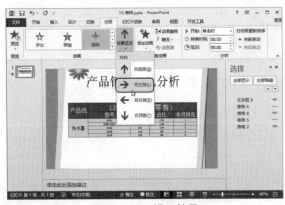

图13-109　设置效果

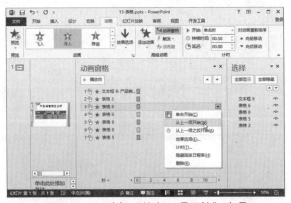

图13-110　选择"从上一项开始"选项

⓱ 用同样的方法，将表格6的退出动画和表格8的进入动画设置为同时发生，将表格8的退出动画和表格5的进入动画设置为同时发生。设置完成后，单击表格2进入效果，在"计时"命令组中设置动

画的持续时间和延迟时间，如图13-111所示。

图13-111　设置动画时间

⓲ 用同样的方法，依次设置各个动画效果的时间，如图13-112所示。

图13-112　设置所有动画的时间

⓳ 设置完成后，关闭"动画窗格"窗格。单击"幻灯片"窗格中的"播放动画"按钮，播放动画效果，如图13-113和图13-114所示。

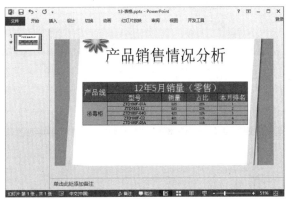

图13-113　动画效果1

图13-114　动画效果2

13.5.2　使用超链接

　　用户在播放幻灯片时，为了能够快速跳转到指定的幻灯片、文档、网页或邮件，可以在幻灯片中使用超链接，这样只需轻轻点下鼠标，就能立即跳转到指定的位置。下面介绍超链接的相关操作。

01 在幻灯片中选中需要插入超链接的文字，打开"插入"选项卡，单击"链接"按钮，弹出下拉列表，从中选择"超链接"选项，如图13-115所示。

02 弹出"插入超链接"对话框，在"链接到"列表框中单击"本文本框中的位置"按钮，在"请选择文档中的位置"列表框中选择"休闲T恤"选项，然后单击"确定"按钮，如图13-116所示。

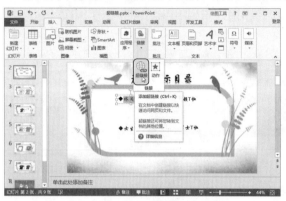

图13-115 选择"超链接"选项

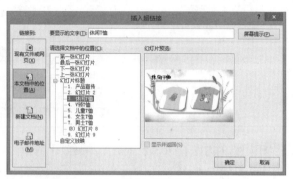

图13-115 "插入超链接"对话框

03 返回幻灯片编辑区后，可以看到插入了超链接的文字变成了蓝色，并添加了下划线。用同样的方法，为其他的文字插入超链接。全部插入超链接的效果如图13-117所示。

04 用户还可以设置插入的超链接，此处是修改超链接文字的颜色。打开"设计"选项卡，单击"变体"按钮，从其下拉列表中选择"颜色" | "超链接"选项，如图13-118所示。

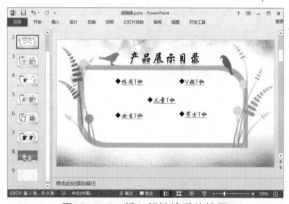

图13-117 插入超链接后的效果

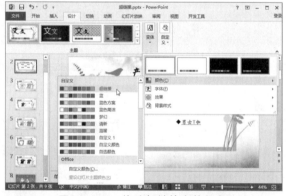

图13-118 修改超链接字体颜色

05 此时所有添加了超链接的文字都变成了指定的颜色。切换到目录幻灯片，按F5键放映幻灯片，单击"儿童T恤"即会切换到超链接指定的幻灯片，如图13-119和图13-120所示。

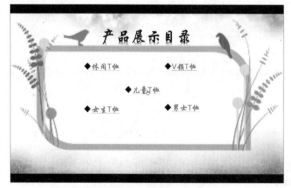

图13-119 放映幻灯片

图13-120 切换到指定幻灯片

下面将对学习过程中常见的疑难问题进行汇总，帮助读者更好地理解前面所讲的内容。

Q: 如何隐藏重叠的表格？

A: 打开"开始"选项卡，单击"绘图"命令组的"排列"按钮，弹出下拉列表，从中选择"选择窗格"选项，弹出"选择"窗格。在该窗格中，列出了当前幻灯片中的所有表格，每个表格项的右侧都有一个"眼睛"图标，如果要隐藏那个表格，单击该表格项右侧的眼睛图标即可。

Q: 如何保存演示文稿中的特殊字体？

A: 在幻灯片中会使用一些非常漂亮的字体，但是拷贝幻灯片到演示现场进行播放时，这些字体可能会变成普通字体。为了防止这种现象的发生，用户可以单击"文件"按钮，选择"另存为"命令，单击"计算机" | "浏览"按钮，弹出"另存为"对话框，单击"工具"下拉按钮，弹出下拉列表，从中选择"保存选项"选项，如图13-121所示。弹出"PowerPoint选项"对话框，从中勾选"将字体嵌入文件"复选框，选中"嵌入所有字符"单选按钮，然后单击"确定"按钮，如图13-122所示。之后再保存该文档即可。

图13-121 "另存为"对话框

图13-122 "PowerPoint选项"对话框

Q: 如何增加PPT中撤消操作的次数？

A: 用户在编辑演示文稿时，如果操作出错，最多可以撤消25次操作，但通过设定，可以将撤消次数增加到150次。方法是，单击"文件"按钮，选择"选项"命令，弹出"PowerPoint选项"对话框，从中打开"高级"选项卡，在"最多可取消操作数"增量框中输入"150"，单击"确定"按钮即可，如图13-123所示。

图13-123 "PowerPoint选项"对话框

13.7 拓展应用练习

为了让读者更好地掌握在幻灯片中应用动画效果，可以通过以下两个练习来巩固自己所学的知识。

⊙ 为目录添加动画效果

本例将为幻灯片中的各元素添加不同的进入动画效果，使观者对目录的每一条都印象深刻。目录幻灯片最终效果如图13-124所示。

操作提示

01 为目录添加向右切入的进入动画效果。

02 序号"1"放大淡出。

03 标题文本从左向右切入。

04 序号"2"自左向右擦除。

05 序号"4"自左向右切入。

06 调整播放顺序和时间。

图13-124　目录幻灯片

⊙ 为幻灯片添加路径动画

本例将在幻灯片中添加形状并设置三维格式，为"地球"和"火星"两个形状添加路径动画，使其围绕中心环转动，在圆环中间添加文字，并设置成艺术字效果。完成后的效果如图13-125所示。

操作提示

01 在幻灯片中添加两个圆并设置样式，使其成为中间的圆环型。

02 再次添加两个圆，设置不同的颜色，然后设置为相同的三维格式。

03 为两个圆形添加路径动画，使其绕圆环旋转。

04 插入文本框并输入文字。

05 将连个圆形动画设置成同时播放。

图13-125　最终效果

⚓ 知识点拨

在窗口模式下播放演示文稿的方法是，按住Alt键不放，依次按D键和V键。

第14章

演示文稿的放映和输出

📽 **本章概述**　在PowerPoint中制作幻灯片的最终目的是为了放映。放映幻灯片前，需要对其进行适当的设置，以使其完美地呈现在观众面前。同时，为了防止他人更改演示文稿，还需要对演示文稿进行保护。本章将对幻灯片的放映、打印、打包及输出操作进行详细介绍。

📖 **知识要点**
- 幻灯片的放映设置；
- 幻灯片的打印；
- 打包演示文稿；
- 输出演示文稿。

14.1　巧放映幻灯片

在幻灯片放映之前，用户需要对其放映方式进行设置，比如设置幻灯片放映的类型、放映的时间等。用户还可以事先设置放映方案，这样就可以按照方案进行演示了。

14.1.1　巧设方式和时间

设置幻灯片的放映方式，主要包括设置幻灯片的放映类型、放映选项，指定放映的幻灯片以及换片的方式等。设置放映的时间，也就是将预演时间记录下来，必要时可对时间进行调整，然后就可以按照记录的时间来播放幻灯片了。

1. 设置幻灯片的放映方式

【例14-1】设置幻灯片的放映方式，隐藏指定的幻灯片。

① 打开"幻灯片放映"选项卡，单击"设置"命令组的"设置幻灯片放映"按钮，如图14-1所示。

② 弹出"设置放映方式"对话框，从中选择"演讲者放映（全屏幕）"单选项，并对其他放映选项进行设置，最后单击"确定"按钮，如图14-2所示。

图14-1　单击"设置幻灯片放映"按钮

图14-2　"设置放映方式"对话框

③ 在演示文稿中，若不想放映某一幻灯片，可以将这张幻灯片隐藏起来。用户可以在"幻灯片"窗格中，在需隐藏的幻灯片上单击鼠标右键，从快捷菜单中选择"隐藏幻灯片"选项，如图14-3所示。

04 此时，"幻灯片"窗格中的该幻灯片变暗，旁边的数字被划上了"\"，在功能区中的"隐藏幻灯片"按钮被添加了底纹，表示该幻灯片被隐藏了，如图14-4所示。如果要取消隐藏，单击"隐藏幻灯片"按钮即可。

图14-3　选择"隐藏幻灯片"选项

图14-4　隐藏幻灯片后

2.设置排练时间

【例14-2】播放幻灯片，设置每张幻灯片的播放时间。

01 打开演示文稿，打开"幻灯片放映"选项卡，单击"设置"命令组的"排练计时"按钮，如图14-5所示。

02 此时幻灯片进入播放状态，在页面上出现一个"录制"浮动工具栏，其中显示了当前放映时间和总时间，如图14-6所示。

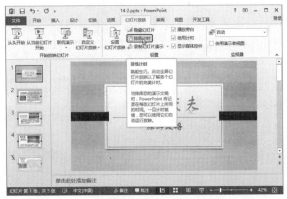

图14-5　单击"排练计时"按钮

图14-6　显示"录制"浮动工具栏

03 放映过程中，如果如要暂停计时，可以单击"录制"浮动工具栏中的"暂停"按钮。此时会暂停录制并弹出一个提示对话框，单击"继续录制"按钮，就可以继续计时了，如图14-7所示。

04 当需要切换到下一页时，用户可以在幻灯片上单击，或者在"录制"浮动工具栏中单击"下一页"按钮。此时"录制"浮动工具栏将继续计时，而不是重新开始，如图14-8所示。

05 完成所有幻灯片的计时后，按Esc键退出幻灯片放映状态。此时会弹出一个提示对话框，单击"是"按钮即可，如图14-9所示。

06 打开"视图"选项卡，单击"幻灯片浏览"按钮，切换到幻灯片浏览视图模式。此时在每张幻灯片的右下角会显示放映的时间。选中需要调整放映时间的幻灯片，打开"切换"选项卡，调整"设置自动换片时间"增量框中的值，即可调整该幻灯片的放映时间，如图14-10所示。

图14-7 暂停计时

图14-8 单击"下一页"按钮

图14-9 提示对话框

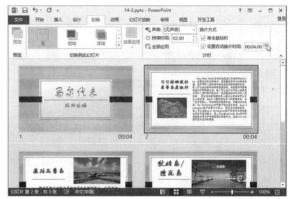

图14-10 调整排练计时的时间

知识点拨

如果所有幻灯片的播放时间都相同，可在设置完第一张幻灯片的时间后，单击"全部应用"按钮，即可将设置的时间应用到所有的幻灯片中。

14.1.2 指定放映的起始位置

用户在放映幻灯片时，可以选择从头开始放映，也可以选择从当前页开始放映。下面分别介绍这两种放映方式。

1. 从头开始放映幻灯片

【例14-3】从幻灯片第一页开始播放幻灯片。

① 打开"幻灯片放映"选项卡，单击"开始放映幻灯片"命令组的"从头开始"按钮，如图14-11所示。

② 此时进入幻灯片放映状态，幻灯片从第一张开始逐一放映，如图14-12所示。

图14-11 单击"从头开始"按钮

图14-12 播放状态

2. 从当前幻灯片开始放映

【例14-4】从第二页幻灯片开始播放。

01 打开"幻灯片放映"选项卡，单击"开始放映幻灯片"命令组的"从当前幻灯片开始"按钮，如图14-13所示。此时就可以从当前幻灯片开始放映。

02 或者单击状态栏中的"放映幻灯片"按钮，这样也可以从当前页开始放映幻灯片，如图14-14所示。

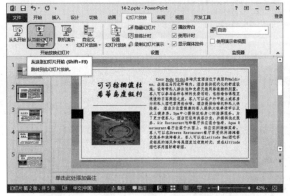
图14-13 单击"从当前幻灯片开始"按钮

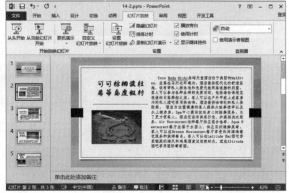
图14-14 单击"幻灯片放映"按钮

14.1.3 创建放映方案

有些演示文稿会被经常放映，但是对于不同的观众，需要放映的内容不同，如果分别制作演示文稿未免太麻烦，这时可以通过为一份演示文稿设置多种放映方案的方法来解决此问题。针对不同的观众，只需执行不同的放映方案即可。

【例14-5】创建名为"运动爱好者"的放映方案。

01 打开"幻灯片放映"选项卡，单击"自定义幻灯片放映"按钮，弹出下拉列表，从中选择"自定义放映"选项，如图14-15所示。

02 弹出"自定义放映"对话框框，在其中单击"新建"按钮，如图14-16所示。

图14-15 选择"自定义放映"选项

图14-16 "自定义放映"对话框

03 弹出"定义自定义放映"对话框，从中设置幻灯片放映名称，如"运动爱好者"。在"在演示文稿中的幻灯片"列表框中勾选需要放映的幻灯片，单击"添加"按钮，最后单击"确定"按钮，如图14-17所示。

04 返回到"自定义放映"对话框中，再次单击"新建"按钮，弹出"定义自定义放映"对话框。用同样的方法设置"蜜月"方案，设置完成后，单击"确定"按钮，如图14-18所示。

图14-17 "定义自定义放映"对话框　　　　图14-18 自定义"蜜月"方案

⑤ 返回"自定义放映"对话框，在列表框中选择合适的方案，然后单击"放映"按钮，即可播放该方案，如图14-19所示。所有的方案都设置完成后，单击"关闭"按钮关闭该对话框。

⑥ 单击"设置幻灯片放映"按钮，弹出"设置放映方式"对话框，从中选择"自定义放映"单选项，从打开的下拉列表框中选择需要使用的方案，然后单击"确定"按钮，即可按照设定的方案放映演示文稿，如图14-20所示。

图14-19 单击"放映"按钮　　　　图14-20 选择自定义放映方案

14.1.4 录制幻灯片演示

在一些自动播放的演示文稿中，经常需要添加旁白声音，对播放的内容作解释说明。下面介绍如何录制旁白声音。

【例14-6】为幻灯片录制旁白。

① 在"幻灯片"窗格中选中需要添加旁白的幻灯片，打开"幻灯片放映"选项卡，单击"设置"命令组的"录制幻灯片演示"按钮，如图14-21所示。

② 弹出"录制幻灯片演示"对话框，从中勾选"旁白和激光笔"复选框，然后单击"开始录制"按钮，如图14-22所示。

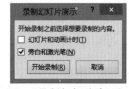

图14-21 单击"录制幻灯片演示"按钮　　　图14-22 "录制幻灯片演示"对话框

03 此时，就进入了录制状态，如图14-23所示。用户通过话筒读出旁白内容，完成一张幻灯片的旁白录制后，切换到下一张继续录制。当所有的旁白都录制结束后，按Esc键退出录制状态。

04 退出录制状态后，可在幻灯片中播放旁白，如图14-24所示。

图14-23　录制中

图14-24　播放旁白

14.1.5　控制幻灯片放映

进行演示文稿放映时，用户可以通过多种方法切换幻灯片，如可以放大幻灯片，还可以在幻灯片中勾画重点。

【例14-7】放映幻灯片，期间操作有切换幻灯片、放大显示幻灯片、黑屏设置及勾画重点。

01 打开演示文稿，按Shift+F5组合键，从当前位置放映幻灯片。进入幻灯片放映状态后，单击页面左下角的"下一张"按钮，即可切换到下一张幻灯片，如图14-25所示。

02 单击页面左下角的"放大"按钮，此时指针变成 ⊕ 形，在页面任意位置单击，即可放大幻灯片，效果如图14-26所示。

图14-25　单击"下一张"按钮

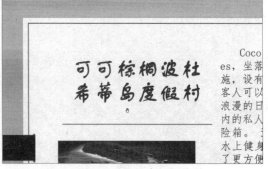

图14-26　放大幻灯片

03 在演示文稿放映状态下，按F1键，将会弹出"幻灯片放映帮助"对话框，在该对话框中列出了幻灯片放映操作的详细说明，如图14-27所示。

04 在幻灯片的播放页面上右击，弹出快捷菜单，从中选择"屏幕"｜"黑屏"选项，如图14-28所示。

05 此时，放映屏幕变成黑色。单击左下角的"幻灯片浏览"按钮，如图14-29所示。

06 此时会显示出所有设定放映的幻灯片，如图14-30所示。单击屏幕左上角的"返回"按钮，可返回白屏状态。

图14-27 "幻灯片放映帮助"对话框

图14-28 选择"黑屏"选项

图14-29 黑屏的效果

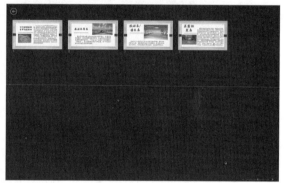

图14-30 浏览幻灯片

07 在放映页面上单击鼠标右键，弹出快捷菜单，从中选择"指针选项" | "荧光笔"选项，如图14-31所示。

08 单击页面左下角铅笔形按钮，弹出下拉列表，从中选择荧光笔的颜色，此处选择"红色"，如图14-32所示。

图14-31 选择"荧光笔"选项

图14-32 选择"红色"选项

09 接着在幻灯片需要标注的位置，按住鼠标左键并拖动鼠标，即可画出幻灯片中的重点。如果有地方画错了，还可以将其擦除，单击鼠标右键，从弹出的快捷菜单中选择"指针选项" | "橡皮擦"选项，如图14-33所示。

10 此时指针变成橡皮擦的形状，在要删除标记的位置上单击，即可将绘制的墨迹擦除。当标记好幻灯片后，可以按Esc键退出，此时将弹出提示对话框，从中单击"保留"按钮，即可保留墨迹注释，如图14-34所示。

图14-33 选择"橡皮擦"选项

图14-34 提示对话框

14.2 灵活打印幻灯片

　　一般情况下，演示文稿主要是用来放映的，但有时也需要将其打印出来共享。演示文稿的打印和Word文档以及Excel表格的打印方法基本相同。下面介绍打印演示文稿的相关操作。

14.2.1 设置大小和打印方向

　　为了适应打印纸张的大小，在打印演示文稿前，用户首先需要设置幻灯片的大小和打印方向。

【例14-8】设置幻灯片大小为"宽25.4厘米、高19.05厘米"，设置幻灯片方向为"横向"。

01 打开演示文稿，打开"设计"选项卡，单击"幻灯片大小"按钮，弹出下拉列表，从中选择"自定义幻灯片大小"选项，如图14-35所示。

02 弹出"幻灯片大小"对话框，从中设置幻灯片的大小、方向等，然后单击"确定"按钮，如图14-36所示。

图14-35 选择"自定义幻灯片大小"选项

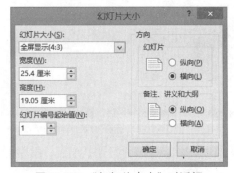

图14-36 "幻灯片大小"对话框

03 弹出提示对话框，从中单击"确保合适"按钮，如图14-37所示。

04 返回幻灯片编辑区后，打开"视图"选项卡，单击"幻灯片浏览"按钮，即可进入幻灯片浏览视图状态，查看设置后的打印效果了，如图14-38所示。

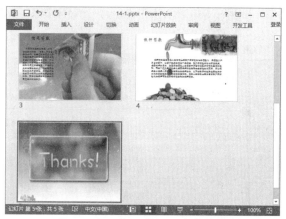

图14-37 提示对话框　　　　　　　　图14-38 浏览页面设置后的效果

14.2.2 打印设置

除了设置幻灯片的大小和方向外，用户还可以设置打印的份数、版式、范围等。下面详细介绍相关设置。

【例14-9】设置演示文稿的打印份数、版式、范围、页眉和页脚。

01 打开演示文稿，单击"文件"按钮，选择"打印"命令，在"份数"增量框中设置打印的份数，然后单击"打印机属性"按钮，如图14-39所示。

02 弹出相应的对话框，打开"布局"选项卡，从中设置打印的方向、页序和页面格式，如图14-40所示。

图14-39 单击"打印机属性"按钮　　　　图14-40 设置布局

03 打开"纸张/质量"选项卡，从中设置纸张来源和是否彩色打印，然后单击"确定"按钮，如图14-41所示。

04 单击"自定义范围"按钮，从下拉列表中选择合适的选项，设置打印的范围，也可以在其下面的"幻灯片"文本框中输入数值，设置打印的范围，如图14-42所示。

05 单击"整页幻灯片"按钮，弹出下拉列表，从中选择合适的选项，设置幻灯片的打印版式，如图14-43所示。

06 单击"编辑页眉和页脚"按钮，弹出"页眉和页脚"对话框。从中编辑页眉和页脚，然后单击"全部应用"按钮即可，如图14-44所示。

图14-41　设置纸张和颜色

图14-42　设置打印范围

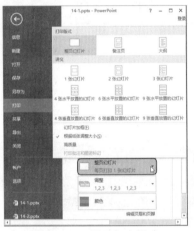

图14-43　设置打印版式

图14-44　设置页眉和页脚

14.3　打包与输出演示文稿

　　演示文稿制作完成后，可以根据需要，将演示文稿保存为多种形式。使用PowerPoint中的打包功能，可以使演示文稿包含播放器，这样即使其他计算机上没有安装PowerPoint，也可以播放演示文稿。用户还可以将幻灯片发布到一个共享位置以供其他人使用。下面介绍与演示文稿的输出和发布相关的操作。

14.3.1　将演示文稿打包

　　为了使演示文稿随时都能播放，用户可以对演示文稿进行打包，将演示文稿有关的文件都集中在一个文件夹中，同时自带播放软件。这样无论计算机上有没有PowerPoint，都可以播放演示文稿了。

　　【例14-10】将演示文稿打包成CD。

01 打开需要打包的演示文稿，单击"文件"按钮，选择"导出"命令，单击"将演示文稿打包成CD" | "打包成CD"按钮，如图14-45所示。

02 弹出"打包成CD"对话框，在"将CD命名为"文本框中输入打包文件的名称，此时在"要复制的文件"列表框中显示出要打包的文件。如果需要添加其他文件，可以单击"添加"按钮，如图14-46所示。

图14-45　单击"打包成CD"按钮　　　　图14-46　"打包成CD"对话框

03 弹出"添加文件"对话框，在对话框中选择需要添加的文件，然后单击"添加"按钮，如图14-47所示。

04 返回"打包成CD"对话框，此时在"要复制的文件"列表框中已经显示了添加的文件。单击"选项"按钮，弹出"选项"对话框，在该对话框中进行进一步设置，完成后，单击"确定"按钮，如图14-48所示。

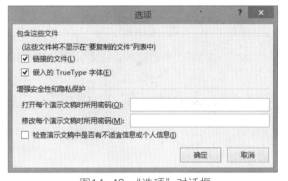

图14-47　"添加文件"对话框　　　　图14-48　"选项"对话框

05 返回"打包成CD"对话框，单击"复制到文件夹"按钮，如图14-49所示。

06 弹出"复制到文件夹"对话框，从中单击"浏览"按钮，如图14-50所示。

图14-49　单击"复制到文件夹"按钮　　　　图14-50　"复制到文件夹"对话框

07 弹出"选择位置"对话框，从中选择合适的打包文件放置的位置，然后单击"选择"按钮，如图 14-51所示。

08 返回"复制到文件夹"对话框后，单击"确定"按钮，如图14-52所示。

图14-51 "选择位置"对话框

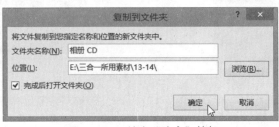

图14-52 单击"确定"按钮

09 弹出提示对话框，为了使打包的文件中包含幻灯片使用的链接文件，单击"是"按钮，如图 14-53所示。

图14-53 提示对话框

10 弹出"正在将文件复制到文件夹"对话框，如图14-54所示。

11 稍等片刻，弹出"相册CD"对话框，从中可以看到在指定位置已经出现了"相册CD"文件夹，在 文件夹中包含了演示文稿及其相关的支持文件和播放文件，如图14-55所示。

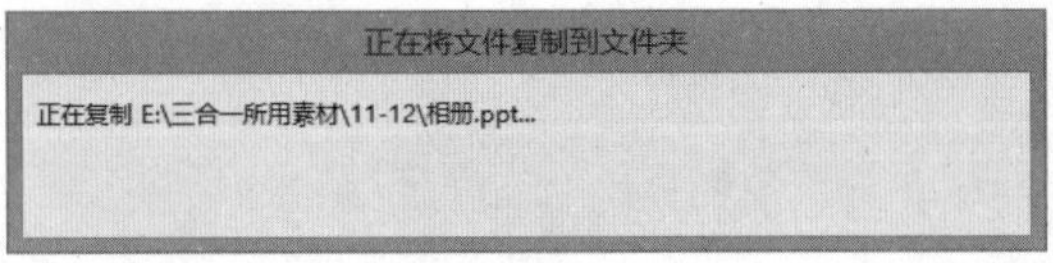

正在将文件复制到文件夹

正在复制 E:\三合一所用素材\11-12\相册.ppt...

图14-54 "正在将文件复制到文件夹"对话框

图14-55 打包生成的文件

14.3.2 演示文稿的输出

在PowerPoint中，根据不同的需求，用户可将演示文稿保存为不同的格式，比如图片、幻灯 片放映文件等格式。

1. 输出为图片文件

【例14-11】将幻灯片保存为图片格式。

01 选择要保存为图片的幻灯片，单击"文件"按钮，选择"导出"命令，选择"更改文件类型" | "JPEG文件交换格式（*.jpg）"选项，单击"另存为"按钮，如图14-56所示。

02 弹出"另存为"对话框。在对话框中设置文件的保存位置，此处选择"桌面"选项，在"文件名"文本框中输入保存的文件名称，然后单击"保存"按钮，如图14-57所示。

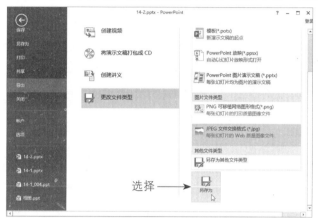

图14-56　单击"另存为"按钮　　　　　　　　　　图14-57　"另存为"对话框

03 此时，弹出提示对话框，询问导出哪些幻灯片。如果在对话框中单击"所有幻灯片"按钮，会将所有的幻灯片另存为图片格式；如果单击"仅当前幻灯片"按钮，则只将选中的幻灯片另存为图片格式。此处单击"仅当前幻灯片"按钮，如图14-58所示。

04 此时，在桌面上就创建了名为"宾馆"图片文件。双击该文件，即可查看保存图片的效果，如图14-59所示。

图14-58　提示对话框　　　　　　　　　　　　图14-59　查看图片文件

2. 输出为放映文件

【例14-12】将幻灯片保存为放映文件。

01 打开演示文稿，单击"文件"按钮，选择"另存为"命令，选择"计算机"选项，单击"浏览"按钮，如图14-60所示。

02 弹出"另存为"对话框。在对话框中设置文件的名称和保存位置，然后在"保存类型"下拉列表框中选择"PowerPoint放映（*.ppsx）"选项，单击"保存"按钮，如图14-61所示。

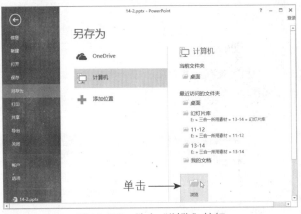

图14-60 单击"浏览"按钮　　　　　图14-61 "另存为"对话框

03 此时在指定的位置就出现了保存的自动播放文件，如图14-62所示。在该文件上双击，就会进入
演示文稿播放状态，此时单击可切换幻灯片，如图14-63所示。

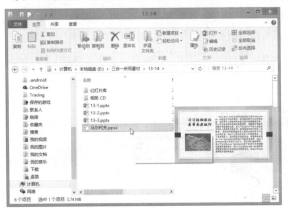

图14-62 保存的文件

图14-63 播放演示文稿

14.4 保护演示文稿

　　用户制作好演示文稿后，为了使演示文稿在播放过程中不会泄露隐私，需要将文稿中一些
私密内容删除。此外，为了防止他人更改演示文稿的内容，还需要设置密码等保护演示文稿。

14.4.1 保护我的文档

　　为演示文稿设置属性，可以方便用户管理演示文稿。演示文稿的属性包括大小、标题、作
者等。检查演示文稿，可以帮助用户再次审核文稿，删除一些不希望被别人看到的内容。下面
介绍这两种保护文档的方法。

1.设置演示文稿的属性

　　【例14-13】设置名为"14-2"的演示文稿的属性。

01 打开演示文稿，单击"文件"按钮，选择"信息"命令，此时在窗口的右侧显示演示文稿的属性
信息，如图14-64所示。

02 选中"标题"文本框中的内容，输入新的标题，即可更改演示文稿的标题，如图14-65所示。

03 向下移动右侧的滚动条至最下方，然后单击"显示所有属性"按钮，如图14-66所示。

04 此时，在窗口中会显示该文档的所有属性信息，包括主题、状态、类别、标记等。在这些属性后面的文本框中输入内容，即可修改该项属性，如在"单位"文本框中可重新输入单位名称，如图14-67所示。

图14-64 选择"信息"命令

图14-65 更改文稿标题

图14-66 单击"显示所有属性"按钮

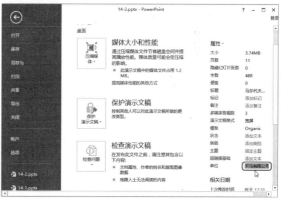

图14-67 输入单位名称

2. 检查文档

【例14-14】删除演示文稿中的个人信息。

01 打开演示文稿，单击"文件"按钮，选择"信息"命令，单击"检查问题"按钮，弹出下拉列表，从中选择"检查文档"选项，如图14-68所示。

02 如果该演示文稿修改后没有保存，则会弹出提示对话框，问是否立即保存文件，单击"是"按钮即可，如图14-69所示。

图14-68 选择"检查文档"选项

图14-69 提示对话框

03 弹出"文档检查器"对话框，从中勾选需要检查的内容，然后单击"检查"按钮，如图14-70所示。

04 之后，在"文档检查器"对话框中会显示出检查的结果。如果想要删除演示文稿中包含的某些内容，可以单击其右侧的"全部删除"按钮，如图14-71所示。设置完成后，单击"关闭"按钮即可。

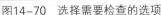

图14-70 选择需要检查的选项

图14-71 显示检查的结果

14.4.2 对演示文稿进行加密

保护演示文稿，还可以通过加密的方法来实现。比如设置密码，可以保护演示文稿不会被随意更改；设置修改权限，可以指定修改人的权限等等。下面介绍对文档进行加密的相关操作。

【例14-15】设置演示文稿的打开密码。

01 打开演示文稿，单击"文件"按钮，选择"信息"命令，单击"保护演示文稿"按钮，弹出下拉菜单，从中选择"用密码进行加密"选项，如图14-72所示。

02 弹出"加密文档"对话框，在"密码"文本框中输入密码，然后单击"确定"按钮，如图14-73所示。

图14-72 选择"用密码进行加密"选项

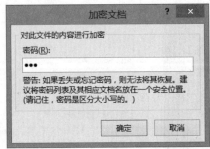

图14-73 "加密文档"对话框

03 弹出"确认密码"对话框，在"重新输入密码"文本框中再次输入密码，单击"确定"按钮，如图14-74所示。

04 这样就设置好了打开密码，保存后，关闭演示文稿。下次打开该演示文稿时，就会弹出"密码"对话框，只有在"密码"文本框中输入正确的密码才能打开该演示文稿，如图14-75所示。

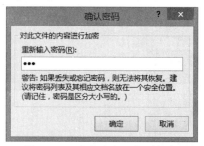

图14-74 "确认密码"对话框

图14-75 "密码"对话框

14.5 上机实训

通过对本章内容的学习，读者对演示文稿的放映和输出有了更深地了解。下面将再通过两个练习来温习和拓展前面所学的知识。

14.5.1 发布幻灯片

用户创建好演示文稿后，如果其中有几张幻灯片会常常用到，可以将这些幻灯片发布到幻灯片库中。这里的幻灯片库可以是计算机上的某个文件夹，也可以是某个共享网站。发布后，就可以方便地多次使用这些幻灯片了。

01 打开演示文稿，单击"文件"按钮，选择"共享"命令，选择"发布幻灯片"选项，单击"发布幻灯片"按钮，如图14-76所示。

02 弹出"发布幻灯片"对话框，在"选择要发布的幻灯片"列表框中勾选需要发布的幻灯片，然后单击"浏览"按钮，如图14-77所示。

图14-76 单击"发布幻灯片"按钮

图14-77 "发布幻灯片"对话框

03 弹出"选择幻灯片库"对话框，从中选择存放幻灯片的文件夹，此处选择名为"幻灯片库"的文件夹，然后单击"选择"按钮，如图14-78所示。

04 返回"发布幻灯片"对话框后，单击"发布"按钮，如图14-79所示。此时，就将幻灯片发布到"幻灯片库"文件夹中了。

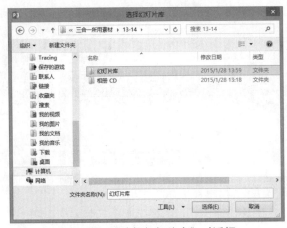

图14-78 "选择幻灯片库"对话框

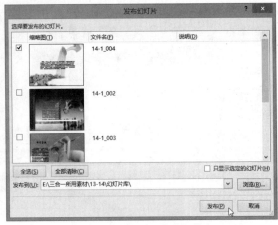

图14-79 单击"发布"按钮

14.5.2 创建视频

演示文稿不仅可以保存为图片文件、自动播放文件，还可以保存为视频文件。这样只要计算机上安装了合适的播放软件，即使没有安装PowerPoint，也可以在计算机上观看演示文稿。

01 打开演示文稿，单击"文件"按钮，选择"导出"命令，选择"创建视频"选项，单击"计算机和HD显示"按钮，弹出下拉列表，从中选择"Internet和DVD"选项，如图14-80所示。

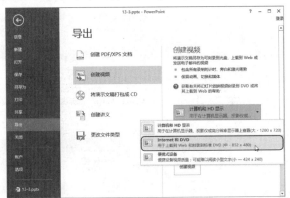

图14-80 设置视频显示的分辨率

02 单击"使用录制的计时和旁白"按钮，从弹出的下拉列表中选择"使用录制的计时和旁白"选项，如图14-81所示。

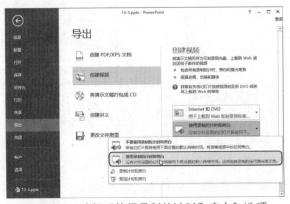

图14-81 选择"使用录制的计时和旁白"选项

⓷ 在"放映每张幻灯片的秒数"文本框中输入"10",然后单击"创建视频"按钮,如图14-82所示。

⓸ 弹出"另存为"对话框,从中设置视频的名称和保存位置,然后单击"保存"按钮,如图14-83所示。

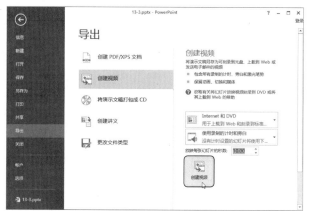

图14-82　单击"创建视频"按钮　　　　　　　　图14-83 "另存为"对话框

⓹ 这样,演示文稿将以视频文件的格式保存在指定的位置,如图14-84所示。在视频文件上双击,即可打开该视频文件,播放视频,如图14-85所示。

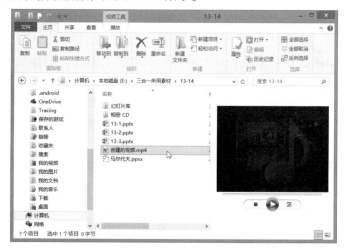

图14-84　保存的视频文件

图14-85　播放视频

下面将对学习过程中常见的疑难问题进行汇总，以帮助读者更好地理解前面所讲的内容。

Q：如何快速调节文字大小？

A： 在幻灯片中调节文字大小，通常用户是通过"字号"下拉列表来进行设置的。其实用户也可以选中文字后，按Ctrl+]组合键来放大文字，按Ctrl+[组合键来缩小文字。

Q：如何计算演示文稿的字数和段落？

A： 单击"文件"按钮，选择"信息"命令，在页面右侧的"属性"栏中会显示出演示文稿的字数、段落等信息。

Q：如何重复利用以前的幻灯片？

A： 打开"开始"选项卡，单击"幻灯片"命令组的"新建幻灯片"按钮，从弹出的下拉列表中选择"重用幻灯片"选项，在窗口的右侧会弹出"重用幻灯片"窗格。在"从以下源中插入幻灯片"文本框中输入文件名，按Enter键确认，或者单击"浏览"按钮，从弹出的下拉列表中选择"浏览文件"选项，打开"浏览"对话框，从中选择要插入的幻灯片即可。

Q：如何在放映幻灯片时快速定位幻灯片？

A： 在播放演示文稿时，如果要快进或者退回到第三张幻灯片，可以按数字3键，再按回车键。如果要从任意位置返回第一张幻灯片，可以同时按住鼠标左右键，并停留两秒以上即可。

Q：有些幻灯片用户不希望放映出来，此时就需要将这些幻灯片隐藏起来。那么如何隐藏幻灯片呢？

A： 在"幻灯片"窗格中，选中需要隐藏的幻灯片，单击鼠标右键，弹出快捷菜单，从中选择"隐藏幻灯片"选项即可。

Q：放映演示文稿时，如何让屏幕快速黑屏？

A： 在展示演示文稿时，如果想让屏幕黑屏，可以按B键。如果想要恢复，再按一下B键即可恢复正常。

Q：如何让幻灯片自动播放？

A： 要让PowerPoint中的幻灯片自动播放，只需要在打开演示文稿前，在演示文稿上单击右键，然后在弹出的菜单中选择"显示"选项即可。或者在打开文稿前将该文件的扩展名从PPT改为PPS后再双击它也可以。这样一来就避免了每次都要先打开文件才能播放所带来的不便和繁琐。

Q：如何压缩演示文稿的容量？

A： 打开演示文稿，执行"文件"|"另存为"命令，单击"计算机"|"浏览"按钮，打开"另存为"对话框，从中单击"工具"按钮，弹出下拉列表，从中选择"压缩图片"选项，打开"压缩图片"对话框，从中选择"Web/屏幕"选项，单击"确定"按钮，保存即可。

14.7 拓展应用练习

为了让读者能够更好地掌握演示文稿的放映和输出操作，可以通过做下面的练习进行巩固。

◉ 将演示文稿作为附件发送

本例将练习将演示文稿作为附件发送给其他用户，练习编辑演示文稿并保存，登录微软账号，输入收件人地址、添加备注及发送附件等操作。最终状态如图14-86所示。

图14-86 作为附件发送演示文稿

操作提示

01 单击"文件"｜"共享"｜"电子邮件"｜"作为附件发送"按钮。

02 登录微软账号。

03 输入收件人地址。

04 添加备注并发送。

◉ 放映演示文稿

本例将编辑如图14-87所示的演示文稿，练习幻灯片排练计时、勾画重点、定位幻灯片、以图片格式输出幻灯片、以视频格式输出幻灯片等操作。

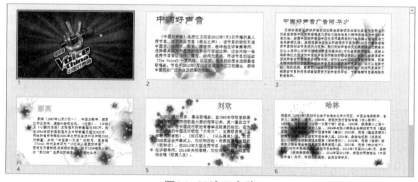

图14-87演示文稿

操作提示

01 打开演示文稿，对当前演示文稿进行排练计时。

02 从头开始放映幻灯片，在放映过程中使用激光笔，使用快捷键快速定位到所需的幻灯片。

03 放映结束后，将第一张幻灯片以图片格式输出。

04 用幻灯片创建视频。

05 设置并播放视频。

附录A　Word常用快捷键

序列	按键	功能介绍
1	F1	获取帮助
2	F2	移动文字或图形
3	F4	重复上一步操作
4	F5	选择"开始"选项卡上的"定位"命令
5	F6	前往下一个窗格或框架
6	F7	选择"审阅"选项卡上的"拼写"命令
7	F8	扩展所选内容
8	F9	更新选定的域
9	F10	显示快捷键提示
10	F11	前往下一个域
11	F12	选择"另存为"命令
12	Shift+F1	启动上下文相关"帮助"或显示格式
13	Shift+F2	复制文本
14	Shift+F3	更改字母大小写
15	Shift+F4	重复"查找"或"定位"操作
16	Shift+F5	移至上一处更改
17	Shift+F6	转至上一个窗格或框架
18	Shift+F7	执行"同义词库"命令
19	Shift+F8	减少所选内容
20	Shift+F9	在域代码及其结果间进行切换
21	Shift+F10	显示快捷菜单
22	Shift+F11	定位至前一个域
23	Shift+F12	执行"保存"命令
24	Shift+↓	将选定范围向下扩展至下一行
25	Shift+↑	将选定范围向上扩展至上一行
26	Shift+←	将选定范围向左扩展一个字符
27	Shift+→	将选定范围向右扩展一个字符
28	Shift+End	将选定范围扩展至行尾
29	Shift+Home	将选定范围扩展至行首
30	Shift+PageUp	将选定范围扩展至上一屏
31	Shift+PageDown	将选定范围扩展至下一屏
32	Shift+Tab	选定上一单元格的内容
33	Shift+Enter	插入换行符
34	Ctrl+F1	展开或折叠功能区
35	Ctrl+F2	执行"打印预览"命令
36	Ctrl+F3	剪切至"图文场"

序列	按键	功能介绍
37	Ctrl+F4	关闭窗口
38	Ctrl+F5	打开"查找和替换"对话框，并且"定位"选项卡处于打开状态
39	Ctrl+F6	前往下一个窗口
40	Ctrl+F9	插入空域
41	Ctrl+F10	将文档窗口最大化
42	Ctrl+F11	锁定域
43	Ctrl+F12	执行"打开"命令
44	Ctrl+ Enter	插入分页符
45	Ctrl+B	加粗字体
46	Ctrl+X	剪切所选文本或对象
47	Ctrl+C	复制所选文本或对象
48	Ctrl+V	粘贴所选文本或对象
49	Ctrl+I	倾斜字体
50	Ctrl+U	为文字添加下划线
51	Ctrl+Q	删除段落格式
52	Ctrl+Z	撤销上一步操作
53	Ctrl+Y	重复上一步操作
54	Ctrl+A	全选整个文档
55	Shift+Ctrl + ↓	将选定范围扩展至段尾
56	Shift+Ctrl + ↑	将选定范围扩展至段首
57	Ctrl+Tab	切换到对话框中的下一选项卡
58	Shift+Ctrl +Tab	切换到对话框中的上一个选项卡
59	Shift+Ctrl +空格键	创建不间断空格
60	Shift+Ctrl +连字符	创建不间断连字符
61	Shift+Ctrl +<	将字号减小一个值
62	Shift+Ctrl +>	将字号增大一个值
63	Ctrl+F	打开"导航"任务窗格（搜索文档）
64	Ctrl+H	替换文字、特定格式和特殊项
65	Ctrl+G	定位至页、书签、脚注、表格、注释、图形或其他位置
66	Shift+Ctrl+Enter	分栏符
67	Shift+Ctrl +C	从文本复制格式
68	Shift+Ctrl +V	将已复制格式应用于文本
69	Shift+Ctrl +F	打开"字体"对话框更改字体
70	Shift+Ctrl +*	显示非打印字符
71	Ctrl+1	单倍行距
72	Ctrl+2	双倍行距
73	Ctrl+5	1.5 倍行距
74	Ctrl+0	在段前添加或删除一行间距
75	Ctrl+E	在段落居中和左对齐之间切换
76	Ctrl+J	在段落两端对齐和左对齐之间切换
77	Ctrl+R	在段落右对齐和左对齐之间切换

续表

序列	按键	功能介绍
78	Ctrl+L	将段落左对齐
79	Ctrl+M	左侧段落缩进
80	Shift+Ctrl +M	取消左侧段落缩进
81	Ctrl+T	创建悬挂缩进
82	Shift+Ctrl +T	减小悬挂缩进量
83	Shift+Ctrl +S	打开"应用样式"任务窗格
84	Shift+Ctrl +N	应用"正文"样式
85	Shift+Ctrl +F3	插入"图文场"的内容
86	Shift+Ctrl +F5	编辑书签
87	Shift+Ctrl +F6	前往上一个窗口
88	Shift+Ctrl +F7	更新 Word 2013 源文档中链接的信息
89	Shift+Ctrl +F8+箭头键	扩展所选内容或块
90	Shift+Ctrl +F9	取消域的链接
91	Shift+Ctrl +F11	解除对域的锁定
92	Shift+Ctrl +F12	选择"打印"命令
93	Alt+F1	前往下一个域
94	Alt+F3	创建自动图文集词条
95	Alt+F4	退出Word
96	Alt+F5	还原程序窗口大小
97	Alt+F6	在打开的Word文档间切换
98	Alt+F7	查找下一个拼写错误或语法错误
99	Alt+F8	运行宏
100	Alt+F9	在所有域代码及其结果间进行切换
101	Alt+F10	显示"选择和可见性"任务窗格
102	Alt+F11	显示Microsoft Visual Basic代码
103	Alt+←	返回查看过的"帮助"主题
104	Alt+→	前往查看过的"帮助"主题
105	Alt+空格	显示程序控制菜单
106	Alt+Tab	切换到下一个窗口
107	Shift+Alt+Tab	切换到上一个窗口
108	Shift+Alt ++	扩展标题下的文本
109	Shift+Alt +-	折叠标题下的文本
110	Shift+Alt +O	标记目录项
111	Shift+Alt +I	标记引文目录项
112	Shift+Alt +X	标记索引项
113	Ctrl+Alt+F	插入脚注
114	Ctrl+Alt +E	插入尾注
115	Ctrl+Alt +M	插入批注
116	Ctrl+Alt +P	切换至页面视图
117	Ctrl+Alt +O	切换至大纲视图
118	Ctrl+Alt +N	切换至普通视图

续表

序列	按键	功能介绍
119	Ctrl+Alt +Y	重复查找（在关闭"查找和替换"窗口之后）
120	Ctrl+Alt +Z	在最后四个已编辑过的位置之间进行切换
121	Ctrl+Alt +Home	打开浏览选项列表。按箭头键选择一个选项，然后按 Enter键使用选定的选项对文档进行浏览
122	Shift+Alt+C	如果"审阅窗格"打开，则将其关闭
123	Alt+Ctrl+D	插入尾注
124	Shift+Alt +R	复制文档中上一节所使用的页眉或页脚
125	Ctrl+Alt +减号	长破折号
126	Ctrl+Alt +C	版权符号
127	Ctrl+Alt +T	商标符号
128	Ctrl+Alt +Page Up	移至窗口顶端
129	Ctrl+Alt +Page Down	移至窗口结尾
130	Alt+Home	一行中的第一个单元格
131	Alt+End	一行中的最后一个单元格
132	Alt+Page Up	一列中的第一个单元格
133	Alt+Page Down	一列中的最后一个单元格
134	Shift+Alt +向上键	上移行
135	Shift+Alt+向下键	下移行
136	Shift+Ctrl+Alt+S	打开"样式"任务窗格
137	Ctrl+Alt +K	启动"自动套用格式"
138	Ctrl+Alt +1	应用"标题 1"样式
139	Ctrl+Alt +2	应用"标题 2"样式
140	Shift+Alt +K	预览邮件合并
141	Shift+Alt +N	合并文档
142	Shift+Alt +M	打印已合并的文档
143	Shift+Alt +E	编辑邮件合并数据文档
144	Shift+Alt +F	插入合并域
145	Shift+Alt +D	插入"日期"域
146	Shift+Alt +P	插入页字段
147	Shift+Alt+T	插入时间域
148	Tab	移动到下一个选项或选项组
149	箭头键	在打开的下拉列表中的各选项之间或一组选项中的各选项之间移动
150	空格键	执行分配给所选按钮的操作；选中或清除所选的复选框
151	Esc	关闭所选的下拉列表；取消命令并关闭对话框
152	Enter	运行所选的命令
153	Home	移至条目的开头
154	End	移至条目的结尾
155	Backspace	打开所选文件夹的上一级文件夹
156	Delete	删除所选的文件夹或文件

附录B Excel常用快捷键

序号	按键	功能介绍
1	F1	显示"Excel帮助"任务窗格
2	Ctrl+ F1	显示或隐藏功能区
3	Alt+ F1	创建当前区域中数据的嵌入图表
4	Shift+ Alt+ F1	插入新的工作表
5	F2	编辑活动单元格并将插入点放在单元格内容的结尾。如果禁止在单元格中进行编辑，它也会将插入点移到编辑栏中
6	Ctrl+ F2	显示"打印"选项卡上的打印预览区域
7	Shift+ F2	添加或编辑单元格批注
8	F3	显示"粘贴名称"对话框，仅当工作薄中存在名称时才可用
9	Shift+ F3	显示"插入函数"对话框
10	F4	重复上一个命令或操作
11	Ctrl+ F4	关闭选定的工作簿窗口
12	Alt+ F4	关闭Excel
13	F5	显示"定位"对话框
14	Ctrl+ F5	恢复选定工作簿窗口的窗口大小
15	F6	在工作表、功能区、任务窗格和缩放控件之间切换
16	Shift+ F6	在工作表、缩放控件、任务窗格和功能区之间切换
17	Ctrl+ F6	切换到下一个工作簿窗口
18	F7	显示"拼写检查"对话框，以检查活动工作表或选定范围中的拼写
19	Ctrl+ F7	在工作簿窗口未最大化的时，对窗口执行"移动"命令
20	F8	打开或关闭扩展模式，在扩展模式中，"扩展选定区域"将出现在状态栏行中，并且按箭头键可扩展选定范围
21	Shift+ F8	可以使用箭头键将非邻近单元格或区域添加到单元格的选定范围中
22	Ctrl+ F8	当工作簿为最大化时，执行"大小"命令
23	Alt+ F8	显示用于创建、运行、编辑或删除宏的"宏"对话框
24	F9	计算所有打开的工作簿中的所有工作表
25	Shift+ F9	计算活动工作表
26	Ctrl+ F9	将工作簿窗口最小化为图标
27	Ctrl+ Alt+ F9	计算所有打开的工作簿中的所有工作表，不管它们自上次计算以来是否已更改
28	Shift+Ctrl+Alt+ F9	重新检查相关公式，然后计算所有打开的工作簿中的所有单元格，其中包括未标记为需要计算的单元格
29	F10	打开或关闭按键提示
30	Shift+ F10	显示选定项目的快捷菜单
31	Ctrl+ F10	显示用于"错误检查"按钮的菜单或消息
32	Shift+Alt+ F10	可最大化或还原选定的工作簿窗口
33	F11	在单独的图表工作表中，创建当前范围内数据的图表
34	Shift+ F11	插入一个新工作表

序号	按键	功能介绍
35	Alt+ F11	打开"Microsoft Visual Basic For Applications"编辑器
36	F12	显示"另存为"对话框
37	Ctrl+0	隐藏选定的列
38	Ctrl+1	显示"单元格格式"对话框
39	Ctrl+2	应用或取消加粗
40	Ctrl+3	应用或取消倾斜
41	Ctrl+4	应用或取消下划线
42	Ctrl+5	应用或取消删除线
43	Ctrl+6	在隐藏对象、显示对象和显示对象占位符之间切换
44	Ctrl+8	显示或隐藏大纲符号
45	Ctrl+9	隐藏选定的行
46	Ctrl+A	选择整个工作表；如果工作表中包含数据，则会选择当前区域；当插入点位于公式中某个函数名称的右边时，会打开"函数"对话框
47	Ctrl+B	应用或取消加粗格式设置
48	Ctrl+C	复制选定的单元格
49	Ctrl+D	将选定范围内最顶层单元格的内容和格式复制到下面的单元格中
50	Ctrl+F	打开"查找和替换"对话框，其中"查找"选项卡处于被选中状态
51	Ctrl+G	显示"定位"对话框
52	Ctrl+H	显示"查找和替换"对话框，其中"替换"选项卡处于被选中状态
53	Ctrl+I	应用或取消倾斜格式设置
54	Ctrl+K	为新的超链接显示"插入超链接"对话框，或为选定的现有超链接显示"编辑超链接"对话框
55	Ctrl+L	显示"创建表"对话框
56	Ctrl+N	创建一个新的空白工作簿
57	Ctrl+O	显示"打开"对话框以打开或查找文件
58	Ctrl+P	显示"打印"选项卡
59	Ctrl+R	使用"向右填充"命令将选定范围最左边单元格的内容和格式复制到右边的单元格中
60	Ctrl+S	使用其当前文件名、位置和文件格式，保存活动文件
61	Ctrl+T	显示"创建表"对话框
62	Ctrl+U	应用或取消下划线
63	Ctrl+V	在插入点处插入剪贴板的内容，并替换任何所选内容
64	Ctrl+W	关闭选定的工作簿窗口
65	Ctrl+X	剪切选定的单元格
66	Ctrl+Y	重复上一命令或操作
67	Ctrl+Z	使用"撤消"命令来撤消上一个命令或删除最后键入的内容
68	Ctrl+;	输入当前日期
69	Ctrl+ '	将公式从活动单元格上方的单元格复制到单元格或编辑栏中
70	Ctrl+`	在工作表中切换显示单元格值和公式
71	Ctrl+−	显示用于删除选定单元格的"删除"对话框
72	Shift+Ctrl+（	取消隐藏选定范围内所有隐藏的行

续表

序号	按键	功能介绍
73	Shift+Ctrl +&	将外框引用于选定单元格
74	Shift+Ctrl +–	从选定单元格中删除外框
75	Shift+Ctrl +~	应用"常规"数字格式
76	Shift+Ctrl +$	应用带有两位小数的"货币"格式
77	Shift+Ctrl +%	应用不带小数位的"百分比"格式
78	Shift+Ctrl +^	应用带有两位小数的"科学计算"格式
79	Shift+Ctrl +#	应用带有日、月和年的"日期"格式
80	Shift+Ctrl +@	应用带有小时和分钟以及AM或PM的"时间"格式
81	Shift+Ctrl +!	应用带有两位小数、千位分隔符和减号的数值格式
82	Shift+Ctrl +*	选择环绕活动单元格的当前区域;在数据透视表中,它将选择整个数据透视表
83	Shift+Ctrl +:	输入当前时间
84	Shift+Ctrl +"	将值从活动单元格的上方的单元格复制到单元格或编辑栏中
85	Shift+Ctrl ++	显示用于插入空白单元格的"插入"对话框
86	Shift+Ctrl +A	当插入点位于公式中某个函数名称的右边时,将会插入参数名称和括号
87	Shift+Ctrl +F	打开"设置单元格格式"对话框,其中的"字体"选项卡处于选中状态
88	Shift+Ctrl +O	选择所有包含批注的单元格
89	Shift+Ctrl +P	打开"设置单元格格式"对话框,其中的"字体"选项卡处于被选中状态
90	Shift+Ctrl +U	在展开和折叠编辑栏之间切换
91	Ctrl+ Alt+V	显示"选择性粘贴"对话框,只有在剪切或复制操作执行后执行
92	Ctrl+箭头键	移动到当前数据区域的边缘
93	Ctrl+ Home	移动到窗格左上角的单元格
94	Ctrl+ Page Down	移动到工作簿中下一个工作表
95	Ctrl+ Page Up	移动到工作簿中前一个工作表
96	Ctrl+BackSpace	滚动并显示活动单元格
97	Ctrl+Enter	用当前输入项填充选定的单元格区域
98	Ctrl+空格	选定整列
99	Alt+ Page Down	向右移动一屏
100	Alt+ Page Up	向左移动一屏
101	Alt+ Enter	在单元格中换行
102	Alt+空格	选定整行
103	Shift+ BackSpace	如果选定了多个单元格则只选定其中的活动单元格
104	Shift+ Page Down	将选定区域向下扩展一屏
105	Shift+ Page Up	将选定区域向上扩展一屏
106	Home	移动到首行
107	Ctrl+End	移动到工作表的最后一个单元格
108	Page Down	向下移动一屏
109	Page Up	向上移动一屏
110	End	打开或关闭"滚动锁定"模式
111	End, 箭头键	在一行或列内以数据块为单位移动
112	End, Home	移动到工作表的最后一个单元格
113	End, Enter	在当前行中向右移动到最后一个非空白单元格
114	ScrollLock	将选定区域扩展到窗口左上角的单元格

附录C　PowerPoint常用快捷键

序号	按键	功能介绍
1	F1	显示"PowerPoint帮助"任务窗格
2	F2	在图形和图形内文本间切换
3	F4	重复最后一次操作
4	F5	从头开始样式文稿
5	F6	在普通视图中的窗格间顺时针移动
6	F7	打开"拼写"对话框
7	F12	执行"另存为"命令
8	Ctrl+A	选择全部对象或幻灯片
9	Ctrl+B	应用（撤消）文本加粗
10	Ctrl+C	执行复制操作
11	Ctrl+D	生成幻灯片的副本
12	Ctrl+E	段落居中对齐
13	Ctrl+F	打开"查找"对话框
14	Ctrl+G	组合所选图形对象
15	Ctrl+H	打开"替换"对话框
16	Ctrl+I	应用（撤消）文本倾斜
17	Ctrl+J	段落两端对齐
18	Ctrl+K	插入超链接
19	Ctrl+L	段落左对齐
20	Ctrl+M	插入新幻灯片
21	Ctrl+N	生成新PowerPoint文件
22	Ctrl+O	打开PowerPoint文件
23	Ctrl+P	打开"打印"对话框
24	Ctrl+Q	关闭程序
25	Ctrl+R	段落右对齐
26	Ctrl+S	保存当前文件
27	Ctrl+T	打开"字体"对话框
28	Ctrl+U	应用或者撤消文本下划线
29	Ctrl+V	执行"粘贴"操作
30	Ctrl+W	关闭当前文件
31	Ctrl+X	执行"剪切"操作
32	Ctrl+Y	重复最后操作
33	Ctrl+Z	撤消上一步操作
34	Shift+Ctrl +F	打开"字体"对话框
35	Shift+Ctrl +G	组合对象
36	Shift+Ctrl +P	打开"字体"对话框

续表

序号	按键	功能介绍
37	Shift+Ctrl +H	解除组合
38	Shift+Ctrl +<	减小字号
39	Shift+Ctrl +>	增大字号
40	Shift+Ctrl +=	将文本更改为上标
41	Ctrl+ =	将文本更改为下标
42	Shift+Ctrl+ Tab	在"缩略图"窗格和"大纲视图"窗格之间切换
43	Ctrl+Enter	插入文本框
44	Alt+F4	关闭"帮助"窗口
45	Alt+Tab	在"帮助"窗口与活动程序之间切换
46	Alt+Home	返回到"PowerPoint 帮助和使用方法"目录
47	Shift+Alt + ←	提升段落级别
48	Shift+Alt +→	降低段落级别
49	Shift+Alt + ↑	上移所选段落
50	Shift+Alt + ↓	下移所选段落
51	Shift+Alt +1	显示 1 级标题
52	Shift+Alt ++	展开标题下的文本
53	Shift+Alt+ –	折叠标题下的文本
54	Alt+F9	显示或隐藏参考线
55	Shift+Tab	在"帮助"窗口中选择上一个项目
56	Shift+Tab	在"帮助"窗口中选择上一个项目
57	Shift+F6	在普通视图中的窗格间逆时针移动
58	Shift+F9	显示或隐藏网格
59	Tab	在"帮助"窗口中选择下一个项目
60	Esc	选择一个对象
61	Enter	选择对象内的文本
62	BackSpace	向左删除一个字符